21世纪普通高校计算机公共课程规划教材

C++程序设计教程

苏成 主编
姜薇 孙仁科 副主编

清华大学出版社
北京

内 容 简 介

本书是为以 C++语言作为程序设计入门语言的初学者而编写的，全书分为基础篇、能力篇和实验篇。基础篇共有 9 章，介绍 C++语言的语法、编程规范与技巧，有典型例题和大量习题。能力篇介绍 6 种常用算法的思想与趣味实例，这些贴近生活的实例可使学生触类旁通，举一反三。实验篇介绍了 14 个实验，每个实验由四部分组成，引导学生从分析程序、完善程序，到动手编程，最后得以进阶提高。

本书简洁易懂，深入浅出，内容取舍合理，重点突出，重视应用。针对初学者的思维特点和教材难点，每章末尾有常见错误分析板块，使学生少犯同样的错误。本书强调培养算法素养、良好编程风格以及面向对象的思维模式，例如第 10 章以"求三角形种类与面积"为例，讨论了一个小型的课程设计的开发过程，可以提高学生的综合编程能力。

本书是大学 C++程序设计教材，也可以作为程序设计爱好者自学以及参加计算机等级考试的参考资料。

图书在版编目(CIP)数据

C++程序设计教程/苏成主编. —北京：清华大学出版社，2013.1(2024.1重印)
(21 世纪普通高校计算机公共课程规划教材)
ISBN 978-7-302-30516-3

Ⅰ. ①C… Ⅱ. ①苏… Ⅲ. ①C 语言—程序设计 Ⅳ. ①TP312

中国版本图书馆 CIP 数据核字(2012)第 258068 号

责任编辑：魏江江 王冰飞
封面设计：何凤霞
责任校对：焦丽丽
责任印制：刘海龙

出版发行：清华大学出版社
网 址：https://www.tup.com.cn, https://www.wqxuetang.com
地 址：北京清华大学学研大厦 A 座　**邮 编**：100084
社 总 机：010-83470000　**邮 购**：010-62786544
投稿与读者服务：010-62776969，c-service@tup.tsinghua.edu.cn
质量反馈：010-62772015，zhiliang@tup.tsinghua.edu.cn
课件下载：https://www.tup.com.cn，010-83470236
印 装 者：三河市君旺印务有限公司
经 销：全国新华书店
开 本：185mm×260mm　**印 张**：22.5　**字 数**：543 千字
版 次：2013 年 1 月第 1 版　**印 次**：2024 年 1 月第10次印刷
印 数：12301 ～ 12600
定 价：34.50 元

产品编号：041774-01

出版说明

随着我国改革开放的进一步深化，高等教育也得到了快速发展，各地高校紧密结合地方经济建设发展需要，科学运用市场调节机制，加大了使用信息科学等现代科学技术提升、改造传统学科专业的投入力度，通过教育改革合理调整和配置了教育资源，优化了传统学科专业，积极为地方经济建设输送人才，为我国经济社会的快速、健康和可持续发展以及高等教育自身的改革发展做出了巨大贡献。但是，高等教育质量还需要进一步提高以适应经济社会发展的需要，不少高校的专业设置和结构不尽合理，教师队伍整体素质亟待提高，人才培养模式、教学内容和方法需要进一步转变，学生的实践能力和创新精神亟待加强。

教育部一直十分重视高等教育质量工作。2007 年 1 月，教育部下发了《关于实施高等学校本科教学质量与教学改革工程的意见》，计划实施“高等学校本科教学质量与教学改革工程(简称‘质量工程’)”，通过专业结构调整、课程教材建设、实践教学改革、教学团队建设等多项内容，进一步深化高等学校教学改革，提高人才培养的能力和水平，更好地满足经济社会发展对高素质人才的需要。在贯彻和落实教育部“质量工程”的过程中，各地高校发挥师资力量强、办学经验丰富、教学资源充裕等优势，对其特色专业及特色课程(群)加以规划、整理和总结，更新教学内容、改革课程体系，建设了一大批内容新、体系新、方法新、手段新的特色课程。在此基础上，经教育部相关教学指导委员会专家的指导和建议，清华大学出版社在多个领域精选各高校的特色课程，分别规划出版系列教材，以配合“质量工程”的实施，满足各高校教学质量和教学改革的需要。

本系列教材立足于计算机公共课程领域，以公共基础课为主、专业基础课为辅，横向满足高校多层次教学的需要。在规划过程中体现了如下一些基本原则和特点。

(1) 面向多层次、多学科专业，强调计算机在各专业中的应用。教材内容坚持基本理论适度，反映各层次对基本理论和原理的需求，同时加强实践和应用环节。

(2) 反映教学需要，促进教学发展。教材要适应多样化的教学需要，正确把握教学内容和课程体系的改革方向，在选择教材内容和编写体系时注意体现素质教育、创新能力与实践能力的培养，为学生知识、能力、素质协调发展创造条件。

(3) 实施精品战略，突出重点，保证质量。规划教材把重点放在公共基础课和专业基础课的教材建设上；特别注意选择并安排一部分原来基础比较好的优秀教材或讲义修订再版，逐步形成精品教材；提倡并鼓励编写体现教学质量和教学改革成果的教材。

(4) 主张一纲多本，合理配套。基础课和专业基础课教材配套，同一门课程有针对不同层次、面向不同专业的多本具有各自内容特点的教材。处理好教材统一性与多样化，基本教材与辅助教材、教学参考书，文字教材与软件教材的关系，实现教材系列资源配套。

(5) 依靠专家，择优选用。在制订教材规划时要依靠各课程专家在调查研究本课程教材建设现状的基础上提出规划选题。在落实主编人选时，要引入竞争机制，通过申报、评审确定主题。书稿完成后要认真实行审稿程序，确保出书质量。

繁荣教材出版事业，提高教材质量的关键是教师。建立一支高水平教材编写梯队才能保证教材的编写质量和建设力度，希望有志于教材建设的教师能够加入到我们的编写队伍中来。

21世纪普通高校计算机公共课程规划教材编委会

联系人：魏江江 weijj@tup.tsinghua.edu.cn

前　言

C++语言是当今应用广泛的一种混合型的高级程序设计语言。它既保持了C语言的高效和精练，支持面向过程的程序设计的特点，同时又是面向对象语言的杰出代表。

C++语言是众多高级语言中比较难学的一种，一是因为内容庞大，规则繁多，使用灵活，既要讲面向过程的程序设计，又要讲面向对象的程序设计。一般讲授C++语言有两种方式，一种是先学C语言，再学C++语言；另一种是直接讲授C++语言。由于受学时限制，很多学校采用第二种方式。由于C++作为入门语言，没有其他高级语言基础，所以从初学者的思维角度，应该先快速地引导他们认识面向过程的程序设计，熟悉选择结构、循环结构、函数、数组、指针等概念，然后转向面向对象的程序设计，重点掌握封装、继承、多态的概念。对于C语言中的一些重要概念，比如二维数组、指针、结构体、共用体等，在C++中不进行深入讨论，淡化"指针"，突出"引用"，将"结构体"作为一种特殊的"类"处理。

在学习C++语言的过程中，会不可避免地遇到如何处理面向过程的程序设计与面向对象的程序设计的关系。笔者认为不应将二者对立起来，前者是掌握C++的基础，后者是思维模式的转变与提高。对于一些简单的问题，采用面向过程的方法自然、实用，而且面向过程的方法更容易突出算法思想；对于一些较大规模的问题，从模块化程序设计转变到类与对象是一种自然的过渡。本书第10章列举了一个"求三角形种类与面积"示例，用不同的方法解决一个问题，可以帮助学生理清程序设计思路，选择合适的方法逐步求精，进而完善程序功能。

本书的目标

通过本课程的学习，希望读者能掌握C++语言的基本规则和概念，具备编写和调试一些简单程序的能力，在解决实际问题过程中，能够有意识地运用基本算法，并建立面向对象的思维模式。最后，读者学习本课程也为通过C++二级考试打好基础。

本书的特色

（1）详略得当，重点突出。本书以大学计算机基础教学的基本要求为依据，兼顾全国计算机等级考试（C++二级）大纲要求。C++语言的内容可以说是博大精深，如果把所有内容都罗列进来，不仅学时不够，而且学生也难以消化。所以，在内容选择上，一些不常用而且比较难的内容，比如异常处理、STL标准模板库等，都不在本书范围内。字符串处理是实际应用中经常遇到的问题，也是程序设计中的一个难点，关于这个难点，本书详细介绍了两种方法：传统的C语言处理方法和C++的string类的方法，读者可以体会各自的特点。

（2）理论与实践并重，强调算法思想和编程能力的培养。本书分为基础篇、能力篇和实验篇三部分。基础篇为第1～9章，主要介绍C++语言的语法、规则以及基本的编程方法。能力篇为第10章，针对初学者普遍存在的"看得懂，不会编程序"的问题，首先介绍一些常用的算法及其应用，比如枚举法、递推法、迭代法、递归法、分治法、贪心法等，这些算法在不少程序设计教材中也有涉及，但是都比较分散，本书集中讲解了各种算法，有利于读者系统地掌握算法的特点和应用技巧；然后讲解了开发一个综合实例的过程，从简单设计到逐步完善，从面向过程到面向对象，引导读者掌握开发一个有一定规模的程序的方法。实验篇包含14个实验，每个实验由分析程序、完善程序、编写程序和进阶提高四部分组成，遵循循序渐进、逐步提高的原则，先从验证性程序起步，然后是阅读和完善别人的程序，接着是学会独立编写和调试程序，最后是综合提高。

(3) 预先出错提醒，让学生尽量少犯错误，少走弯路。在第2～8章的每章最后，都有一节“常见错误分析”，总结初学者在编程中容易出现的错误以及容易混淆的概念。学生了解了编程中出错的位置和原因，才能不断进步，编写出正确的、高质量的程序。

(4) 遵循C++标准和规范。鉴于Visual C++ 6.0的广泛应用，并作为指定考试环境，本书所有程序都在该环境下调试通过。但是，程序要符合标准C++规范，对于Visual C++ 6.0不符合标准的地方以及一些bug给予明确说明，以保证程序在其他环境中也能正常运行。

(5) 习题丰富，类型多样。填空题包括概念填空题、完善程序题以及阅读程序、写运行结果等。编程题是初学者感觉比较困难的，需要加强训练。读者在学习有关内容和例题的基础上，可以编写出规范的、可读性好的程序，不局限于一个标准答案，鼓励“一题多解”，举一反三。简答题主要涉及一些初学者模糊不清的概念，通过这类题目可以使学生加深对基本概念的理解。

本书的内容

本书共分为3个部分。基础篇包括第1～9章的内容。第1章是C++语言概述；第2章是简单的程序设计，包括数据类型、变量、表达式以及选择结构与循环结构程序设计；第3章介绍用户自定义的数据类型，包括数组、指针、引用、字符串以及枚举、结构体与共用体等；第4章介绍函数以及程序结构、变量作用域与生存期等概念；第5章介绍类与对象；第6章介绍类的继承与派生；第7章介绍类的多态性；第8章介绍文件操作以及输入输出格式控制；第9章介绍函数模板和类模板。能力篇为第10章，首先介绍一些常用的算法，包括枚举法、递推法、迭代法、递归法、分治法、贪心法及模拟法等（动态规划、回溯法等超出本书范围，不作介绍）；然后以“求三角形种类与面积”为例，讨论了编写一个有一定规模的程序的过程和方法。实验篇包含14个实验，每个实验由浅入深，包括4个组成部分，可以根据学时灵活裁剪。附录A包含一套C++笔试模拟试题和上机操作题，基本以历年C++二级考试真题为蓝本，可以参考检验读者掌握C++的程度。

本书是面向C++语言初学者的入门教材，也可作为计算机二级考试的参考书。

苏成编写第3～5、7～10章，姜薇编写第1～2章，孙仁科编写第5章；实验篇以及第2～10章的习题由苏成、陈廷杰编写；全书由苏成统稿。

在本书的编写过程中得到了计算机学院、教务处的支持与帮助，C++课程的有关任课教师提出了许多宝贵意见，杨文嘉老师提出了许多好的建议，在此一并致谢。最后，感谢清华大学出版社员工的辛勤劳动，并感谢魏江江老师的大力支持。

由于水平所限，书中难免存在疏漏之处，敬请广大读者批评指正。

编　者

2012年10月

目 录

基 础 篇

能 力 篇

实 验 篇

基 础 篇

第1章 C++语言概述

1.1 C++语言的产生和发展

C++语言是20世纪80年代由美国AT&T贝尔实验室开发的通用程序设计语言，它是在C语言的基础上发展演化而来的，在程序设计的众多领域得到了广泛的应用。

C语言是1972年美国贝尔实验室的D. M. Ritchie在B语言基础上开发出来的程序设计语言，它最初用做UNIX操作系统的描述语言。后来，C语言又经过了多次改进。1977年出现了不依赖于具体机器的C语言版本。1978年以后，C语言被先后移植到各种机型的计算机上，并已独立于UNIX系统。由于C语言运算符和数据结构丰富，程序执行效率高，语言简洁灵活，可直接访问计算机的物理地址，兼有高级语言和低级语言的优点，有大量的库代码和较多的开发环境，具有良好的可读性和可移植性，支持结构化程序设计，所以很快广为流行，成为应用最广泛的程序设计语言之一。

然而，随着人们要求计算机解决问题的规模不断增大，C语言在处理大问题、复杂问题时产生了一些局限。如：C语言的类型检查机制相对较弱，使得程序中的一些错误不能在编译阶段由编译器检查出来；C语言本身几乎没有支持代码重用的语言结构；用C语言开发大型程序时，程序员就很难控制程序的复杂性；C语言不支持面向对象的程序设计。

为了克服C语言的上述局限，1980年美国贝尔实验室的Bjarne Stroustrup及其同事对C语言进行了扩充和改进，开发出了C++。它引入了类的机制，所以最初的C++被称为"带类的C"。在此后的数年，这个"带类的C"被用于十几个系统的开发，并取得了初步的成功。1983年正式取名为C++。1985年，由C++语言开发者编写的《C++程序设计语言》一书的出版宣布了C++ 1.0版的诞生。

C++语言设计的初衷是为了扩充C语言，并引入了面向对象的程序设计思想。同时，C++在设计时充分考虑了与C语言的兼容性，大量C语言的开发工作得以继承和发展，这是C++语言成功的重要原因之一。

C++和C的主要区别并非是对语法的扩充，而是其对数据抽象和面向对象程序设计方法的支持。C++语言开发的宗旨是使面向对象设计技术和数据抽象成为软件开发者的一种真正的实用技术。因此，C++语言的形成是一个不断发展和完善的过程，其研制和开发的过程以编译系统的有效实现为前提，这也是C++语言能够成功的重要原因。

自C++ 1.0推出以后的多年中，它的基本概念仍然在不断地扩充和形成。Bjarne Stroustrup和他的同事们又为C++引进了运算符重载、引用、虚函数等许多特性，使之更加精练,并于1989年推出了AT&T C++2.0版。随后,美国标准化协会ANSI和国际标准化组织一起进行了标准化工作,1994年制订了ANSI C++标准草案,1997年ANSI C++标准正式通过并发布,1998年被国际标准化组织(ISO)批准为国际标准ANSI/ISO C++,此后C++还在不断发展和完善。目前,C++语言已经成为主流的开发大规模软件的强有力工具。

1.2 C++语言的特点

C++语言是对C语言的扩展,具有C语言的众多优点,同时引入了面向对象程序设计的思想。它是一种既支持传统的结构化程序设计,又支持面向对象程序设计的混合型语言。C++语言的特点主要表现在以下方面。

1. C++是一种“更好的C语言”

C++语言保持了C语言简洁、高效和可直接访问计算机的物理地址等特点,并对C语言的类型进行了改革和扩充,提供了更好的类型检查和编译分析,改善了C语言的安全性,比C语言更可靠。

2. C++与C完全兼容

C++语言完全兼容C语言,这使得许多C语言代码不经修改就可为C++语言使用,用C语言编写的众多库函数和实用软件可以直接在C++语言中使用。

3. 支持面向对象程序设计

C++语言支持面向对象的机制,可方便地构造出模拟现实问题的实体和操作。由于面向对象的方法更接近人类认知世界的方法,因此C++语言对于问题更容易描述,程序更容易理解与维护,更利于大型程序的设计和开发。

4. 生成的代码质量高

C++语言生成的代码质量高,软件的可重用性、可扩充性、可维护性和可靠性等方面都有较大提高,使得大型程序的开发变得更容易。

1.3 C++程序的结构

下面通过两个简单的C++程序实例说明C++程序结构。

1.3.1 简单的C++程序实例

【例1-1】 编写程序,在屏幕上显示“Hello, this is my first program.”。

```
// 第一个 C++程序                          //注释
# include < iostream.h>                   //预编译命令,输入输出包含头文件
using namespace std;                       //命名空间
```

```
void main()                                   //主函数
{                                             //函数体开始
  cout <<"Hello, this is my first program."<< endl;
                                              //在屏幕上输出字符串信息
}                                             //函数体结束
```

上述程序经过编译、连接和运行后，屏幕上即会显示如下信息。

```
Hello, this is my first program.
```

【例 1-2】 计算两个整数的和。

```
//计算两个整数之和                              //注释
# include < iostream >                        //预编译命令，输入输出包含头文件
using namespace std;                          //命名空间
int main()                                    //主函数
  {                                           //函数体开始
    int add(int a, int b);                    //函数声明
    int x,y,sum;                              //定义 3 个整型变量 x,y,sum
    cout <<"Enter two numbers:"<< endl;       //提示用户输入两个数
    cin >> x;                                 //从键盘输入变量 x 的值
    cin >> y;                                 //从键盘输入变量 y 的值
    sum = add(x,y);                           //调用函数 add 计算 x + y 的值，并将其赋给 sum
    cout <<"The sum is:"<< sum <<"\n";        //输出 sum 的值
    return 0;
  }                                           //函数体结束
  int add(int a, int b)                       //定义 add 函数，函数返回值为整型
  {                                           //函数体开始
    int c;                                    //定义一个整型变量 c
    c = a + b;                                //计算两个数的和
    return c;                                 //将 c 的值返回主函数
  }                                           //函数体结束
```

该程序经过编译、连接和运行后，首先在屏幕上显示如下提示信息。

```
Enter two numbers:
```

这时，从键盘输入 x 和 y 的值，如输入 3 和 5，程序完成两数之和的计算后，在屏幕上输出如下信息。

```
The sum is:8
```

1.3.2 C++程序结构分析

通过以上两个程序可以看出 C++程序的具体结构。

1. C++程序的组成

C++程序是由一个或多个函数组成的，函数是构成 C++程序的基本单位。因此可以说 C++是函数式的语言，程序的全部操作都是由函数完成的。

每个 C++程序都必须有且只有一个名为 main 的函数，称为主函数，它可放在程序的前

部、中部或后部，但不论放在程序的什么位置，它总是第一个被执行的函数。其他函数都是被调用函数，它们可以是系统提供的库函数，也可以是用户自定义的函数。用户自定义的函数在使用前应给予"声明"。

2. 函数的组成

C++程序的函数由函数首部和函数体两部分组成。

1）函数首部

函数首部即函数的第 1 行，包括函数类型、函数名、函数参数（形式参数）和参数类型。如例 1-2 中 add 函数的首部为：

int	add(	int	a,	int	b)
↑	↑	↑	↑	↑	↑
函数类型	函数名	形参类型	形式参数	形参类型	形式参数

函数类型是函数返回值的类型，如 int、float 等。main 函数是由操作系统调用的函数，它的返回值类型是 void 或 int。当其返回值类型为 int 时，可使用 return 语句从 main 函数中返回一个整数值，如例 1-2 中的返回值为 0。函数可以有参数，也可以没有，但不论有无参数，函数名后面的圆括号()不能省略。

2）函数体

函数体即函数首部下面用{}括起来的部分，它一般包括声明部分和执行部分。

(1) 声明部分：用于定义函数中所用到的变量和声明所调用的函数。如例 1-2 的 main 函数中的变量定义"int x,y,sum;"和对所调用函数的声明"int add(int a, int b);"。

(2) 执行部分：由若干语句组成，每条语句以分号结束。如例 1-2 的 add 函数中的"c=a+b;"等。

在某些情况下，函数可以没有声明部分，也可以声明部分和执行部分都没有。声明部分和执行部分都没有的函数称为空函数，它不执行任何操作，但是合法。例如如下函数。

```
dump()
{
}
```

3. 编译预处理命令

编译预处理命令的作用是对源程序编译之前，先对这些命令进行预处理，然后将预处理的结果与源程序一起进行编译。C++语言中的编译预处理命令以＃开头，一行只能写一条预处理命令。例如，例 1-1 中的＃ include<iostream.h>是预处理命令，它的作用是告诉预处理器要在程序中包含输入输出流头文件"iostream.h"的内容。iostream.h 是 C++系统提供的头文件名，该文件提供了程序所需要的与输入输出操作相关的信息。如果在程序中使用输入输出操作，则要包含这个文件。

这里需要说明，不同的编译系统对 C++头文件的写法有不同的规定。在 VC++中，编译预处理命令中所包含的文件可以不带扩展名。

4. 命名空间

在大型程序设计中，一个程序通常由不同模块组成，不同模块可能由不同人员开发。不同模块中的类和函数之间可能发生同名，这就可能会引发命名冲突。为此，C++提供了命名空间，用于将相同的名字放在不同的空间中来防止命名冲突。C++标准库的所有标识符都被放在标准命名空间 std 内，如前面程序中用到的 cin、cout、endl 等标识符，因此程序中使用了“using namespace std;”语句，表明此后如没有特别声明，程序中所有对象均来自命名空间 std。

5. 语句

一个 C++程序一般包含若干条语句。C++语言以分号表示语句结束，分号是 C++语句的必要组成部分。C++程序中的每条语句、变量声明和函数声明都必须以分号结束，即使是程序的最后一条语句，也必须以分号结束。

C++语句书写格式自由，一行内可以写多条语句，一条语句也可分写在多行上。另外，C++语言对大小写敏感，因此在书写程序语句时要注意区分字母大小写。

6. 注释

注释是程序中的说明性文字，它可以增加程序的可读性。注释在编译时不产生目标代码，因此它也不会被执行。注释可以位于程序的任何位置，它可以占一行的一部分，也可以占一行或几行。在程序中添加注释是一种良好的程序设计习惯。

在 C++程序中，注释有两种方式，一是以注释符//开头，表示从注释符开始到本行结束的部分为注释；另一种是 C 语言原有的注释方式，以/*开头，以*/结尾，其间的所有内容都是注释。

1.4 C++程序的开发步骤和集成开发环境

1.4.1 C++程序的开发步骤

开发一个 C++程序一般要经过 4 个步骤，即编辑程序、编译程序、连接程序和执行程序。

1. 编辑程序

程序员编写 C++源程序，将源程序输入并保存到计算机中的过程即为编辑程序。C++源文件的扩展名为.cpp。

2. 编译程序

程序员发出编译命令，编译器对 C++源程序进行编译，将源程序翻译成目标代码。编译程序的过程分为词法分析、语法分析和目标代码生成。在编译过程中，如果系统检查到错误，会将错误显示给用户；如果没有错误，则生成目标代码文件。目标代码文件的扩展名为.obj(gcc 环境的目标文件为“*.o”)。

3. 连接程序

C++程序常常会引用标准库或其他程序模块中定义的数据或函数，C++编译器产生的目标代码会缺少这部分内容。因此，需要连接器将一个或多个目标程序与库函数连接成为一个整体，生成一个可执行文件。可执行文件的扩展名为.exe。

4. 执行程序

执行可执行文件，分析运行结果。

在编辑、编译、连接和执行程序的过程中，有可能出现各种错误，这时程序员要回到编辑阶段修改源程序，然后再对程序重新进行编译、连接和执行，直到获得正确的结果为止。

上述C++程序的开发流程如图1-1所示。

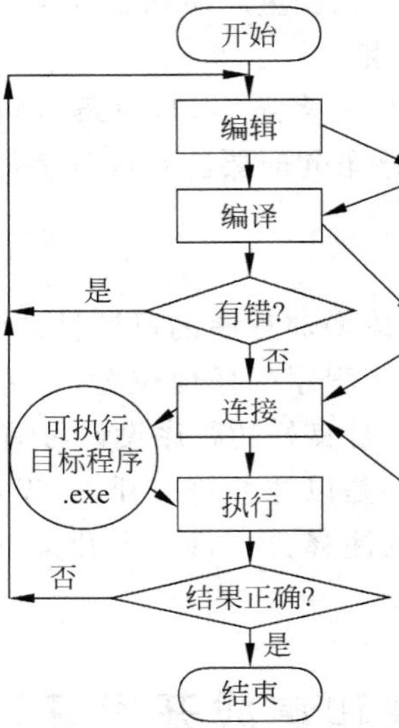

图1-1　C++程序的开发流程

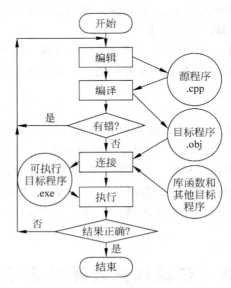

1.4.2　VC++ 6.0集成开发环境

C++程序开发工具有多种，如Turbo C++、Borland C++、Visual C++ 6.0等。其中，Visual C++ 6.0(VC++ 6.0)是目前Windows操作系统下应用最广泛的C++程序开发环境之一。VC++ 6.0是Microsoft Visual Studio套装软件中的一部分，是集程序编辑、编译、连接、调试和运行等功能为一体的集成开发环境。下面简要介绍运用VC++ 6.0开发C++程序的方法。

1. 安装和启动VC++ 6.0

如果计算机中未安装VC++ 6.0，需要先安装该软件。首先运行Visual Studio光盘中的文件setup.exe，启动安装向导，然后按照安装向导中的提示进行安装即可。安装完成后，在Windows的“开始”菜单的“程序”级联菜单中即会出现Microsoft Visual Studio 6.0命令。

启动VC++ 6.0的方法有很多种，常用的是单击“开始”按钮，在打开的菜单中选择“程序”命令，在展开的级联菜单中选择Microsoft Visual Studio下的Microsoft Visual C++ 6.0

命令。如果桌面上建立了 VC++ 6.0 快捷方式,则双击该图标进行启动。启动成功后,即会显示 VC++ 6.0 集成开发环境主窗口,如图 1-2 所示,用户可以在其中创建、编译、连接和运行应用程序。

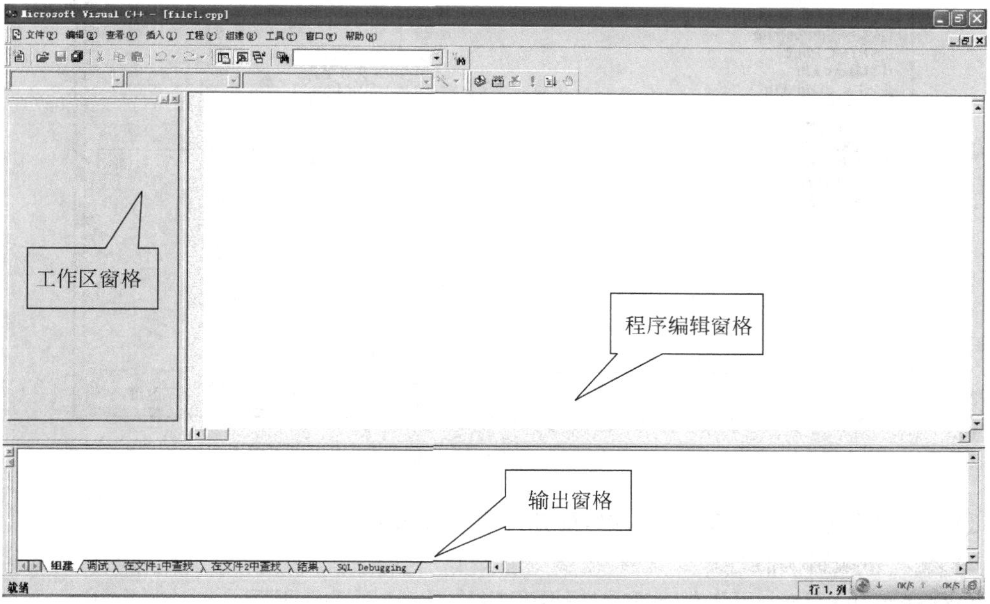

图 1-2　VC++ 6.0 集成开发环境主窗口

2. VC++ 6.0 主窗口

VC++ 6.0 主窗口的顶部是菜单栏,包括"文件"、"编辑"、"查看"、"插入"、"工程"、"组建"、"工具"、"窗口"和"帮助"9 个菜单项。每个菜单分别对应一个下拉命令菜单,单击某个命令,即可完成相应的功能。菜单栏的下面是工具栏,其中包括常用的一些命令按钮,它们的功能和对应菜单栏中的命令一致。

主窗口中有几个常用的窗格,左侧是"工作区窗格",用来显示所设定的工作区信息;工作区窗格的右边是"程序编辑窗格",用来输入和编辑源程序;最下边是"输出窗格",用来输出用户操作后的一些反馈信息,如编译信息、连接信息和调试信息等。另外还有一个调试器窗格,只在调试过程中显示。

3. 建立和编辑 C++源程序

1) 新建一个 C++源程序

① 在 VC++ 6.0 主窗口中选择"文件"菜单中的"新建"命令,弹出"新建"对话框,如图 1-3 所示。

② 切换到"文件"选项卡,在文件类型列表框中选择 C++ Source File 选项,表示要生成一个 C++源程序。

③ 在"文件名"文本框中输入 C++源程序的文件名。

④ 在"位置"文本框中输入或设置源程序文件的存储路径。

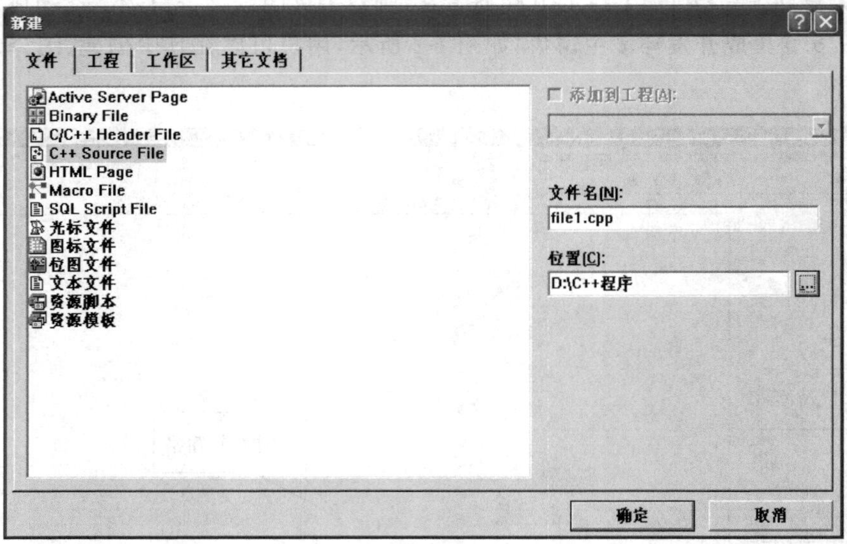

图 1-3 "新建"对话框

⑤ 单击"确定"按钮,返回主窗口,即建立了一个新的 C++源程序文件。

2) 输入和编辑源程序

在程序编辑窗格中可以输入和编辑源程序代码,如图 1-4 所示。

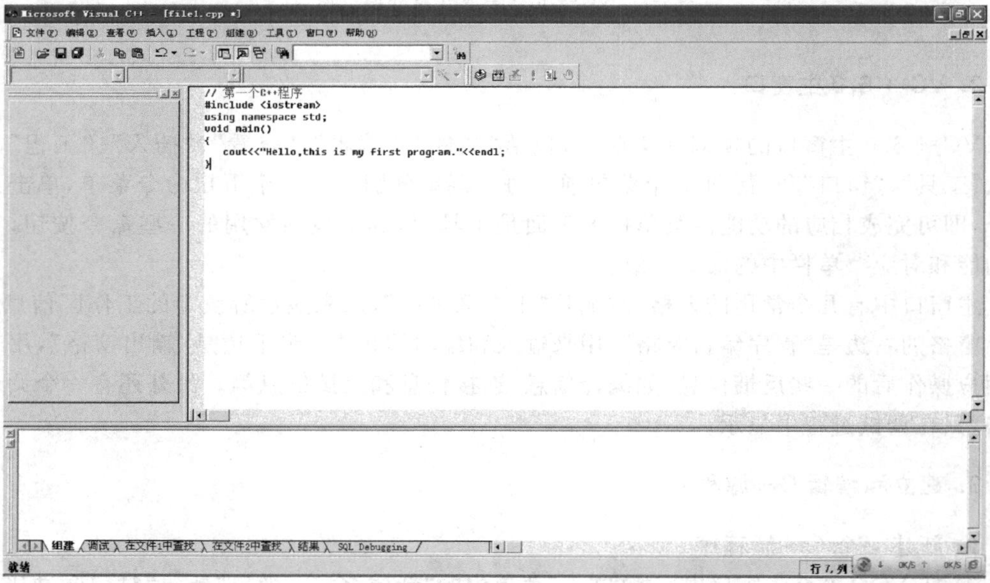

图 1-4 输入和编辑 C++程序

3) 打开已有的程序

如果要打开已经编辑并保存过的 C++源程序,可单击工具栏中的"打开"按钮。打开程序文件后,也可对原有的程序代码进行修改,修改后再重新保存。

4）保存源程序

选择“文件”菜单中的“保存”命令或单击工具栏中的“保存”按钮，可将源程序保存到相应的文件夹中。

如果要对修改后的程序换名保存，则可利用“文件”菜单下的“另存为”命令。

4. 编译程序

选择“组建”菜单中的“编译”命令或单击工具栏中的“编译”按钮即可开始对源程序进行编译，如图 1-5 所示。

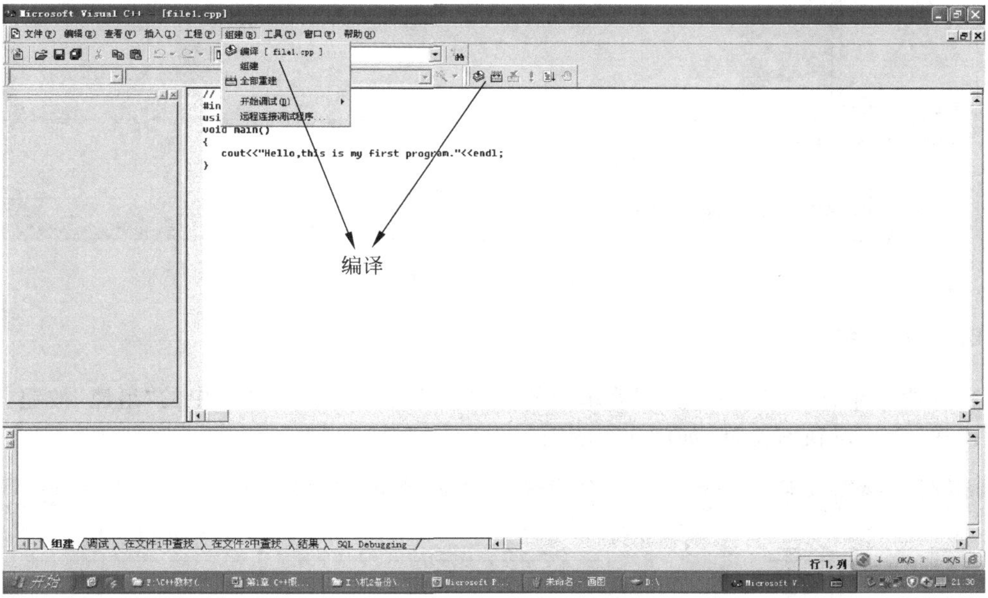

图 1-5　编译 C++程序

执行“编译”命令后，系统会弹出如图 1-6 所示的提示框，单击“是”按钮，表示同意由系统建立默认的项目工作区，然后开始编译。

图 1-6　建立默认工作区提示框

在编译过程中，编译系统会检查源程序中有无语法错误，然后在主窗口下部的输出窗格输出编译的信息，如图 1-7 所示。如果有错误，则会显示有关的错误信息。

错误包括两类，一类是致命错误，以 error 表示，这类错误使程序不能通过编译，无法形成目标文件；另一类是轻微错误，以 warning 表示，这类错误不影响生成目标程序，但有可能影响运行的结果。因此，程序员应根据错误提示修改源程序，排除所有错误后重新编译，直到编译成功，生成目标代码。

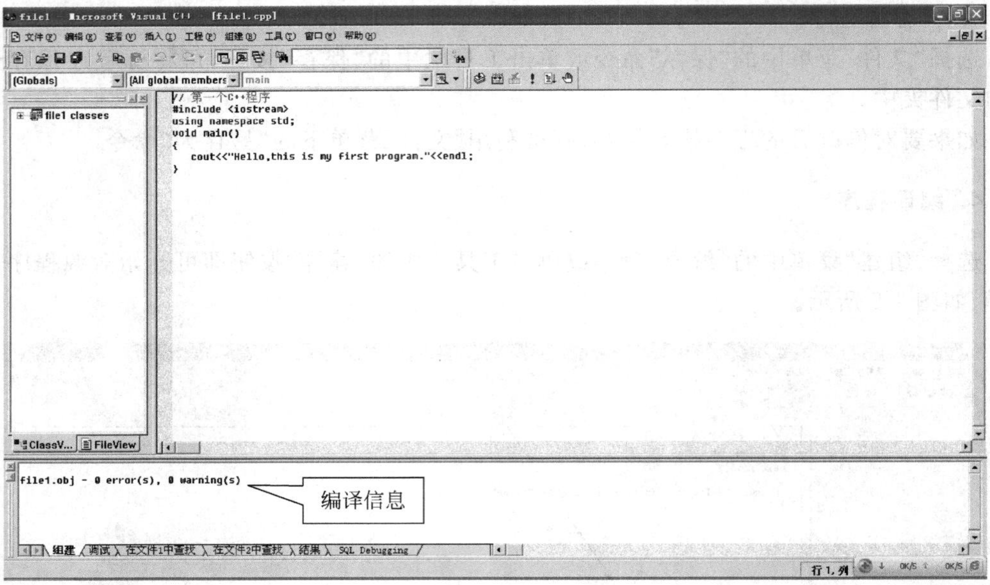

图 1-7　编译信息提示

5. 连接程序

程序通过编译后，选择“组建”菜单中的“连接”命令或单击工具栏中的“组建”按钮，即可完成连接，产生可执行文件，如图 1-8 所示。

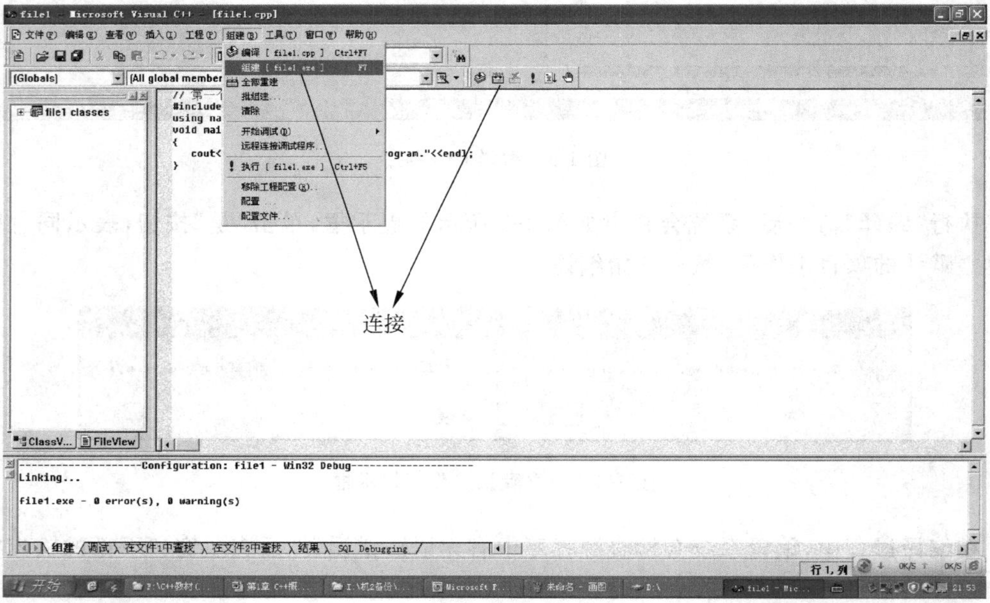

图 1-8　连接程序

在连接的过程中，连接的相关信息会显示在输出窗格中。如果有错误，程序员要根据提示修改源程序，然后再进行编译和连接，直到连接成功。

6. 执行程序

程序连接完成后，选择“组建”菜单中的“执行”命令或单击工具栏中的“执行”按钮，即可执行程序，如图 1-9 所示。

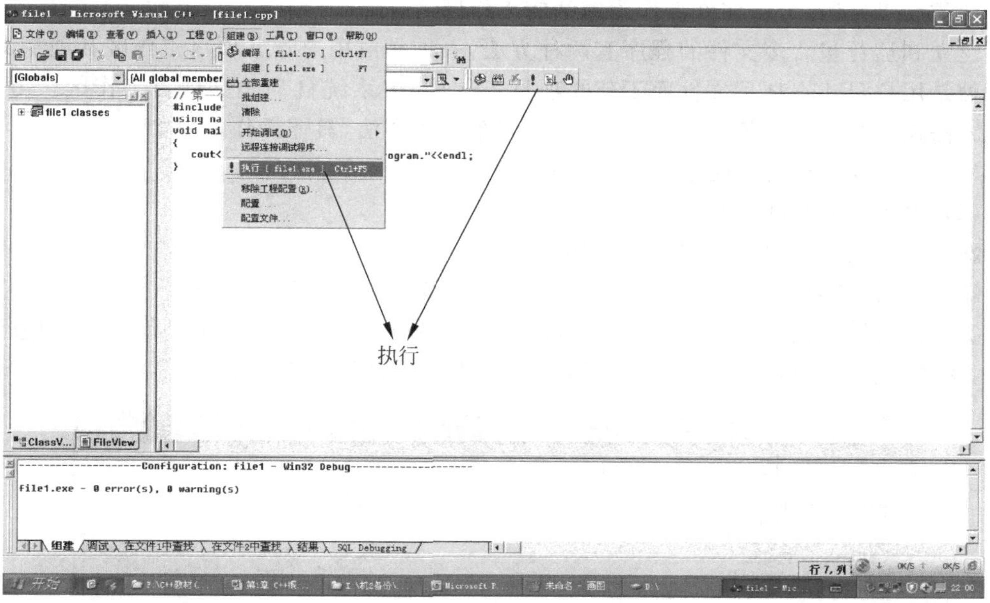

图 1-9　执行程序

被执行的程序会在控制台窗口中运行，如图 1-10 所示。

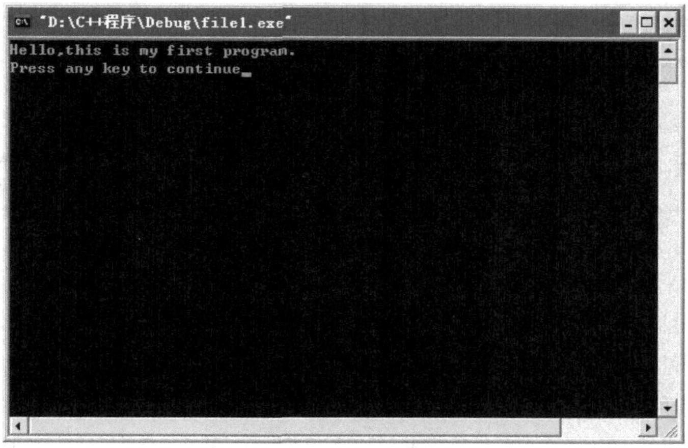

图 1-10　程序运行

7. 建立和运行包含多文件的程序

前面介绍了利用 VC++ 6.0 开发单文件程序的方法，即一个程序只包含一个源程序文件的情况。如果一个程序包含多个文件，则需要建立一个项目文件，在这个项目文件中包含多个文件。项目文件是放在工作区中并在工作区管理之下工作的，因此需要建立项目工作区，一个项目工作区可以包含一个以上的项目。

在建立单文件程序时，为了简化步骤，没有建立工作区和项目文件，而是直接建立源程序。实际上，在 VC++ 6.0 中，编译每个程序时都需要一个工作区，如果用户没有指定，系统会自动建立工作区，并以文件名作为默认的工作区名。

建立和运行包含多文件的程序有两种方法，一种是由用户建立项目工作区和项目文件；另一种是用户只建立项目文件而不建立项目工作区，由系统自动建立项目工作区。由于第一种方法操作步骤比较烦琐，因此本书只介绍第二种方法，具体操作步骤如下。

(1) 分别编辑好同一程序中的多个源程序文件。

(2) 建立一个项目文件。

新建项目文件的操作步骤如下所述。

① 在主窗口中选择"文件"菜单中的"新建"命令，弹出"新建"对话框。

② 切换到对话框中的"工程"选项卡，以便查看新的项目，如图 1-11 所示。在建立新项目时，系统会自动生成一个项目工作区，并将新的项目加入到该项目工作区中。

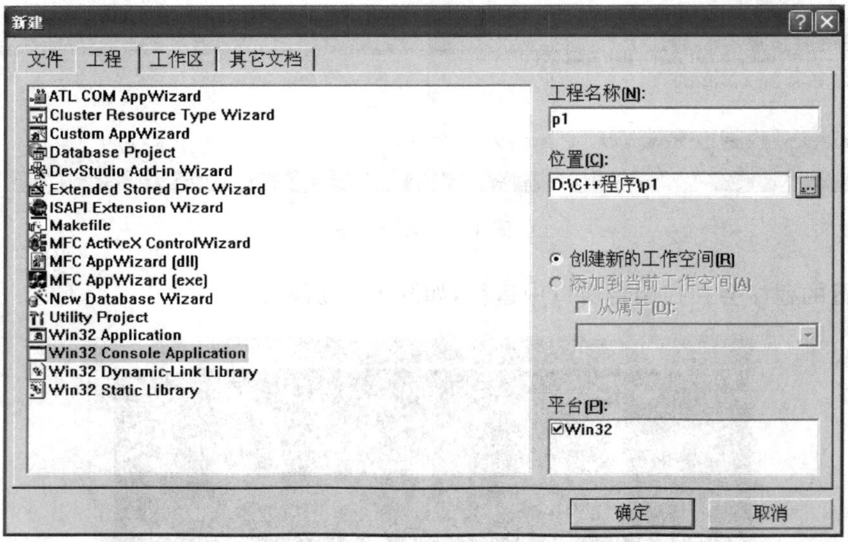

图 1-11 "新建"对话框

③ 在项目类型列表框中选择 Win32 Console Application 选项。

④ 在"位置"文本框中输入项目文件的存放路径。

⑤ 在"工程名称"文本框中输入项目名。

⑥ 单击"确定"按钮，弹出新建项目向导对话框，如图 1-12 所示。选中"一个空工程"单选按钮，单击"完成"按钮后会显示新建工程信息对话框，直接单击"确定"按钮后就产生了一个项目文件。

(3) 将 C++源程序文件加入到项目文件。

① 在 VC++ 6.0 主窗口的"工程"菜单中选择"增加到工程"级联菜单中的"文件"命令，弹出"插入文件到工程"对话框，如图 1-13 所示。

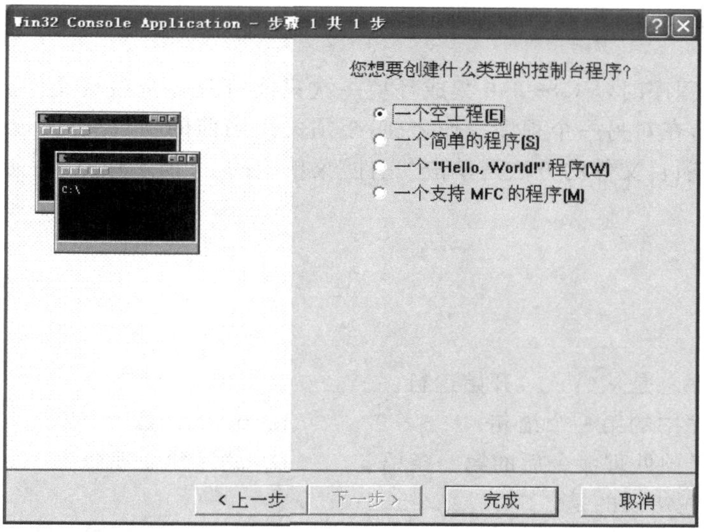

图 1-12 新建项目向导对话框

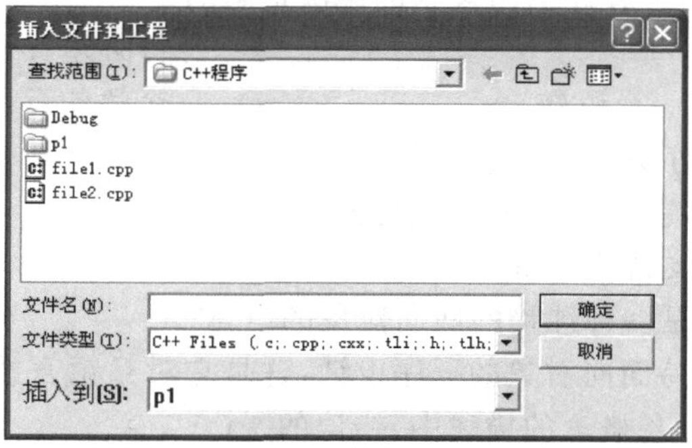

图 1-13 “插入文件到工程”对话框

② 在此对话框中选择所需加入到项目中的源程序文件,然后单击“确定”按钮,即可陆续将多个源程序文件加入到项目文件中。

(4) 编译、连接和执行项目文件。

对于包含多文件的程序,在编译时要先分别编译每个文件,然后将项目文件连接为一个整体,再与系统的有关资源连接,生成一个可执行程序,具体操作步骤如下。

① 选择“组建”菜单中的“编译”命令或单击工具栏中的“编译”按钮,对多个源程序分别进行编译。

② 选择“组建”菜单中的“组建”命令或单击工具栏中的“组建”按钮,对已建立的项目文件进行连接。

③ 选择“组建”菜单中的“执行”命令或单击工具栏中的“执行”按钮,执行项目文件。

在编译、连接和执行程序的过程中,如果发现错误,则要返回编辑阶段修改源程序,然后再进行编译、连接和执行,直至得到正确结果。

8. 关闭项目文件

在开发应用程序时，VC++ 6.0 集成环境一次只能打开一个项目文件。因此，当一个程序的操作完成后，在对另一个程序操作之前，必须关闭当前的项目文件，以结束对该程序的操作。关闭当前项目文件的方法是单击“文件”菜单中的“关闭工作空间”命令。

习题 1

1. 选择题

(1) C++程序总是从(　　)开始运行。

A. 程序中的第一个语句　　B. main 函数

C. 编译预处理命令后的第一条语句　　D. 编译预处理命令

(2) 以下叙述错误的是(　　)。

A. C++语句以分号作为结束符　　B. 程序的注释可以写在语句的后面

C. 函数是 C++程序的基本组成单位　　D. 主函数的名字不一定用 main 表示

(3) 下列关于 C++语言程序书写规则的说法正确的是(　　)。

A. 不区分大小写　　B. 每行必须有行号

C. 一行只能写一个语句　　D. 一个语句可以分几行写

(4) 关于 C++语言，下列说法错误的是(　　)。

A. C++语言具有简洁、高效和接近汇编语言的特点

B. C++语言不支持代码重用

C. C++语言不是一种纯粹的面向对象的语言

D. C++语言支持面向对象的程序设计，这是它对 C 语言的重要改进

(5) 下列关于面向对象概念的描述中，错误的是(　　)。

A. 面向对象方法比面向过程方法更加先进

B. 面向对象方法中使用了一些面向过程方法中没有的概念

C. 有了面向对象方法，就不再需要结构化程序设计方法了

D. 面向对象程序设计方法要使用面向对象的程序设计语言

(6) 下列各种高级语言中，不是面向对象程序设计语言的是(　　)。

A. C++　　B. C　　C. C#　　D. Java

(7) C++程序中，main 函数的位置(　　)。

A. 必须在最开始　　B. 必须在最后

C. 必须在自定义的函数后面　　D. 可以任意

(8) 面向对象程序设计把数据和(　　)封装在一起。

A. 数据隐藏　　B. 信息

C. 数据抽象　　D. 对数据的操作

(9) C++语言与 C 语言相比最大的改进是(　　)。

A. 安全性更高　　B. 效率更高

C. 采用面向对象思想　　D. 摒弃了面向过程的程序设计

(10) 以下叙述错误的是(　　)。

A. 函数是 C++程序的基本单位

B. C++程序可由一个或多个函数组成

C. C++程序有且只有一个主函数

D. C++程序的注释只能出现在语句的后面

2. 填空题

(1) C++程序中,有且仅有一个________函数。

(2) VC++ 6.0 环境中,C++源程序的扩展名是________。

(3) C++源程序经过________得到目标文件,再经过________得到可执行文件。

(4) C++程序中的“endl”在输出语句中的作用是________。

3. 编程题

(1) 编写一个 C++程序,在屏幕上输出以下信息。

```
**************************
欢迎学习 C++程序设计!
**************************
```

(2) 编写程序,输出用 * 组成的菱形图案。

(3) 编写程序,输入两个整数,计算它们的乘积并输出。

4. 简答题

(1) C++语言的主要特点是什么?

(2) 简述 C++程序的结构和格式特点。

(3) 开发一个 C++程序一般要经过哪几个步骤?

(4) 一个 C++源程序通过了编译、连接、执行,获得输出结果,这一结果是否一定正确?

(5) C++语言与 C 语言有什么关系?

(6) 程序中为什么要写注释? C++有哪两种注释方法?

第2章 简单的程序设计

学习程序设计语言，最基本的是学习语言基础。本章将介绍C++语言的基础知识，包括字符集、数据类型、运算符与表达式、程序的基本控制结构及语句。

2.1 C++语言的字符集、标识符与关键字

符号是组成程序的基本单位，每种语言都有自己的一套符号。它是由若干字符组成的具有一定意义的最小词法单元，如标识符、关键字、运算符、分隔符、常量及注释符等。能够出现在程序中的字符是有限的，组成符号的字符必须是这种语言字符集中的合法字符。

2.1.1 字符集

字符是组成程序的最小单位，也是组成词法符号的基本单位。字符集就是全体字符组成的集合，C++的字符集由下列字符组成。

(1) 大小写英文字母：a～z，A～Z。

(2) 数字字符：0～9。

(3) 特殊字符：空格！# %^ & * _-+=～>/\|.,;:?'"<>()[]{}～!=。

2.1.2 标识符

标识符就是一个名字，它可以用来命名程序中的变量、函数、数组及符号常量等。不同的语言对于标识符的组成形式有不同的规定，C++语言的标识符定义要遵循以下规则。

(1) 标识符由字母(A～Z，a～z)、数字符号(0～9)和下划线组成，第一个字符必须是字母或下划线。例如，nCount、n_system_time、_blank、Days、A1 及 ipad2 等都是合法的标识符，$Salary、rate%、smith@tsinghua、3x 及 No.1 等都是不合法的标识符。

(2) C++语言没有规定标识符的长度，但是各个具体的C++编译系统都有自己的规定。

(3) 字母大小写是有区别的，例如，Student、student、STUDENT 是不同的标识符。

(4) 标识符不能与关键字相同。

2.1.3 关键字

关键字是语言系统预定义的具有特殊意义的词法符号。程序员只能按照语言系统规定

的意义使用关键字，不能作他用。因此，关键字也被称为保留字。表 2-1 给出了 C++语言中的关键字。关于关键字的意义和用法将在本书的后续章节中分别介绍。

表 2-1　C++语言中的关键字

asm	default	float	operator	static_cast	union
auto	delete	for	private	struct	unsigned
bool	do	friend	protected	switch	using
break	double	goto	public	template	virtual
case	dynamic_cast	if	register	this	void
catch	else	inline	reinterpret_cast	throw	volatile
char	enum	int	return	true	wchar_t
class	explicit	long	short	try	while
const	export	mutable	signed	typedef	
const_cast	extern	namespace	sizeof	typeid	
continue	false	new	static	typename	

2.2 数据类型

在程序设计中，数据是程序处理的对象，它是程序的重要组成部分。数据类型是对程序所处理数据的一种抽象，它决定了数据的取值范围、存储空间大小以及运算方式。C++程序中的所有数据都具有某种类型，C++程序通过类型对数据赋予一些特性和约束，以便进行高效处理和语法检查。

2.2.1 C++语言的数据类型简介

C++语言具有丰富的数据类型，可分为基本数据类型、构造数据类型和类三大类，如图 2-1 所示。基本数据类型是 C++语言系统定义的类型，包括整型、实型（浮点型）、字符型、布尔型以及 void 型。构造数据类型是由基本数据类型构造出来的类型，包括数组类型、指针类型、引用类型、枚举类型、结构体类型及共用体类型。基本数据类型和构造数据类型是 C 语言本身就存在的数据类型，类是 C++新增的、最有特点的类型。本章重点介绍基本数据类型，其他数据类型将在后续章节中分别介绍。

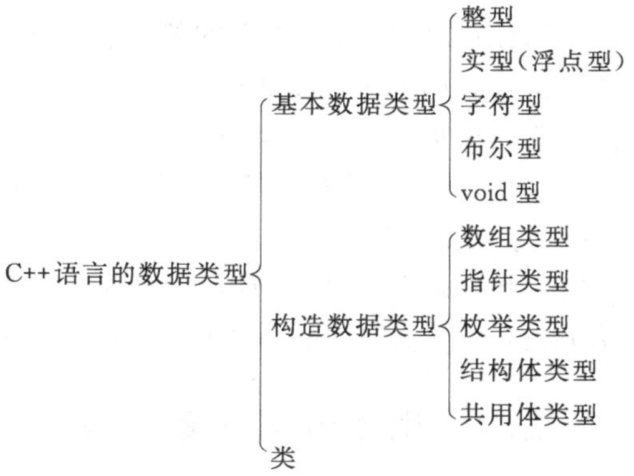

图 2-1　C++语言的数据类型

2.2.2 基本数据类型

整型分为短整型、整型、长整型，整型和字符型又可分有符号型和无符号型，实型可分为单精度型、双精度型和长双精度型。C++语言基本数据类型如表 2-2 所示。

表 2-2 C++语言的基本数据类型

修饰符	代码	存储空间	位数	取值范围
短整型	short [int]	2	16	−32 768～+32 767
整型	[signed] int	4	32	−2 147 483 648～+2 147 483 647
长整型	long [int]	4	32	−2 147 483 648～+2 147 483 647
无符号短整型	unsigned short [int]	2	16	0～65 535
无符号整型	unsigned [int]	4	32	0～424 967 295
无符号长整型	unsigned long [int]	4	32	0～4 294 967 295
单精度型	float	4	32	-3.4×10^{38}～$+3.4\times10^{38}$
双精度型	double	8	64	-1.7×10^{308}～$+1.7\times10^{308}$
长双精度型	long double	16	128	-3.4×10^{308}～$+3.4\times10^{308}$
字符型	[signed] char	1	8	−128～+127
无符号字符型	unsigned char	1	8	0～255

说明：

(1) 数据类型的描述确定了其所占内存空间的大小，也确定了其表示范围。各种数据类型占用的存储空间都是以字节为基本单位的，在不同的机器、不同的操作系统和不同的C++编译系统中，数据类型所占字节数不一定相同，因此数据表示的范围也有所不同。例如，在 16 位计算机中，整型占两个字节；而在 32 位计算机中，整型占 4 个字节。一般情况下，各种数据类型所占字节数满足"字符型≤短整型≤整型≤长整型≤单精度型≤双精度型≤长双精度型"的大小顺序。

(2) 整型数据用来存储整数，实型数据用来存储实数，字符型数据用来存储字符的 ASCII 码。字符型数据在计算机中实际上存储的是长度为一个字节的整数。

(3) 在基本数据类型的前面可以加上修饰符，用来改变基本类型的意义，适应各种情况的需要。修饰符有 long(长型符)、short(短型符)、signed(有符号)、unsigned(无符号)。例如，在 int 和 char 的前面可以加上 signed 或 unsigned。如果加上 signed，则数值以补码形式存放，其最高位用来表示数值的符号位；如果加上 unsigned，则数值没有符号位，表示无符号整数。在 int 前面可以加上 long 或 short，long int 表示长整型，short int 表示短整型。在 double 前面可以加上 long，long double 表示长双精度型。

(4) 表中符号[ ]表示可选，其中的内容可以省略。如[signed] int 表示 signed 可以省略，默认为 signed int。

(5) 用 sizeof(数据类型)可以测出某种数据类型的长度。例如，利用语句"cout << sizeof(int)<< endl;"可以在 32 位计算机上输出 int 型数据的长度为 4。

2.2.3 用 typedef 重定义类型

C++语言不仅提供了丰富的数据类型，而且还引入类型重定义语句，可以为已有的数据类型定义新的类型名称，即为已有的数据类型另外命名，从而满足用户自定义数据类型名称的需求，提高程序的可读性。

类型重定义语句的格式如下。

```
typedef 已有类型名 新类型名表;
```

其中,typedef 是关键字;已有类型名可以是基本数据类型或用户自定义的构造类型等;新类型名表中可以有多个标识符,之间用逗号隔开,表示用户可以为已有数据类型定义多个类型名称。

例如:

```
typedef int INTEGER;
typedef float REAL;
typedef double AREA,LENGTH;
```

利用 typedef 语句定义了新的数据类型名称,就可以用它们定义变量了。

例如:

```
INTEGER a,b;                    //等价于 int a,b;
REAL x,y,z;                     //等价于 float x,y,z;
AREA c,d;                       //等价于 double c,d;
LENGTH m;                       //等价于 double m;
```

使用 typedef 语句进行类型重定义时,应注意以下几点。

(1) typedef 语句的作用是为已有的类型增加新的名称,它没有创造新的数据类型。

(2) typedef 语句适用于类型名称定义,不能用来定义变量。

(3) typedef 与 define 有相似之处,但它们的功能不同。

2.3 常量与变量

2.3.1 常量

常量是指在程序运行过程中,其值不发生变化的量。C++语言中的常量分为直接常量(字面常量)和符号常量两大类。直接常量是以字面值直接出现的常量,按照其值的表示形式分为不同类型,包括整型常量、实型常量、字符型常量、字符串常量和布尔型常量。符号常量是用一个标识符代表一个常量。

1. 整型常量

C++语言中的整型常量可以用十进制、八进制和十六进制来表示。

1) 十进制整型常量

十进制整型常量是由正负号和数字 0～9 组成的十进制整数,正数前面的正号可以省略,但数字部分不能以 0 开头,如 234、0、－123 等。

2) 八进制整型常量

八进制整型常量是由正负号和以 0 开头的八进制数组成的整数,正数前面的正号可以省略,如 012、－057 等。

3) 十六进制整型常量

十六进制整型常量由正负号和以 0x 或 0X 开头的十六进制数组成的整数,正数前面的正号可以省略,如 0x34、−0x68 等。

当一个整型常量后面加 L 或 l,则该常量被认为是 long int 型常量,如 123L、34l;一个整型常量后面加 U 或 u,则该常量被认为是 unsigned int 型常量,如 123u、75U;一个整型常量后面加 U(或 u)和 L(或 l),则该常量被认为是 unsigned long 型常量,如 123ul、456lu、123Lu、456Ul 等。

2. 实型常量

实型常量又称浮点型常量,只能用十进制表示,表示形式有小数形式和指数形式。

1) 小数形式

它由整数部分、小数点和小数部分组成,可以只有整数部分或小数部分一部分,但不能同时省去。例如,+1.23、−25.12、5.、0.5 都是合法的小数形式。

2) 指数形式

指数形式又称科学表示法,它由尾数部分、E(或 e)和指数部分组成,用来表示很大或很小的数。注意,E(e)之前必须有数字,E(e)之后必须为整数,而且可正可负。如 1.234e+002、−1.5E2、2e−6 都是合法的实型常量,但 E-2 是不合法的指数形式。

一个实型常量后面加 F(或 f),则该常量被认为是 float 型常量,如 2.6E2f;一个实型常量后面加 L(或 l),则该常量被认为是 long double 常量,如 6.8e5L。

3. 字符型常量

字符型常量是用单引号括起来的字符,用来表示一个字符数据。它在内存中占用一个字节,其值是该字符所对应的 ASCII 码值。例如,'A'的 ASCII 码值是 65,'a'的 ASCII 码值是 97。字符常量有普通字符和转义字符两种表示形式。

1) 普通字符

普通字符是用一对单引号括起来的一个字符,如'A'、'a'、'b'、'0'、'#'及'?'等。

2) 转义字符

转义字符是以\开头的字符序列,用来表示控制字符、字母字符、图形符号和专用字符,如'\n'、'\t'、'\0'和'\101'等。常用的转义字符及其含义如表 2-3 所示。

表 2-3　C++中常用的转义字符及其含义

字　符	含　义
\n	回车换行(光标移到下一行开头)
\r	回车不换行(光标移到本行开头)
\t	水平制表符(光标横向跳格到下一个输出区的第一列)
\v	垂直制表符(光标竖向跳格符)
\b	退格(光标移到前一列)
\f	走纸换页(光标移到下一页开头)
\a	响铃
\\	反斜杠字符
\"	双引号字符
\'	单引号字符

续表

字　　符	含　　义
\0	空字符(字符串结束标志)
\ddd	1—3 位八进制数所代表的字符
\xhh	1—2 位十六进制数所代表的字符

表 2-3 中最后两个是用 ASCII 码(八进制或十六进制)表示的一个字符。如\101 代表字符 A,\376 代表图形字符■。

由于字符数据在计算机中实际存储的是该字符的 ASCII 码,它的存储形式与整数相同,因此一个字符数据既可以字符形式输出,也可以整数形式输出。字符型数据可以参加算术运算,如 a-32 得到的值为 A。字符数据和整型数据也可以互相赋值。

4. 字符串常量

字符串常量是用双引号括起来的字符或字符序列。字符串中可以出现普通字符和转义字符,也可以包含 C++语言以外的字符,如汉字等。字符串常量在内存中占用多个字节。如"hello"在实际内存中的存放形式如图 2-2 所示,该字符串长度为 6 个字节,其中\0 是系统自动加上的。C++规定字符\0 是字符串的结束标志,其 ASCII 码值为 0,代表空操作,不起任何控制作用,只表示字符串结束。

h	e	l	l	o	\0

图 2-2　字符串存放示意图

这里需要注意字符常量和字符串常量的区别。如'a'和"a"代表的含义就不同,'a'仅占用一个字节,用来存放字母 a 的 ASCII 码值;而"a"需要占用两个字节,其中一个字节用来存放字母 a 的 ASCII 码值,另一个字节用来存放字符串结束符\0 的 ASCII 码值。""是长度为 0 的字符串常量,其中只包含一个\0。

'a'、"a"和""的存储形式如图 2-3 所示。

'a'	"a"		""
a	a	\0	\0

图 2-3　'a'、"a"、""的存储形式示意图

5. 布尔型常量

C++语言中的布尔型常量有两个,即 true 和 false。其中,true 表示真,false 表示假。

6. 符号常量

在 C++语言中,有时为了编程方便以及增加程序的可读性和可维护性,可以使用标识符代表一个常量,称为符号常量。如某常量在程序中多处出现,若想修改该常量的值,则需要逐个修改,而使用符号常量,则只需要修改一处即可。

符号常量在使用之前,必须先用预处理命令定义,其定义形式如下。

```
# define 标识符 常量
```

该命令的功能是用标识符代替后面的常量。习惯上，符号常量名用大写，变量名用小写，以示区别。

例如，"#define PI 3.14159"，其中的PI就是一个符号常量，代表常量3.141 59。若在程序中多处出现PI，在预编译时都会替换为3.141 59。

【例2-1】 符号常量举例。

```
#include <iostream>
#define PI 3.14159
using namespace std;
void main()
{ float r,area;
  r = 10;
  area = PI * r * r;
  cout <<"area = "<< area << endl;
}
```

程序运行结果如下。

```
area = 314.159
```

注意：一旦某标识符被定义成了符号常量，该符号常量的值在其作用域内不能改变，也不能再被赋值。例如，上例中符号PI已经定义为符号常量，在程序中如用赋值语句"PI=3;"即是错误的。

2.3.2 变量

变量是在程序执行过程中其值可以变化的量。变量有3个重要的属性，即变量名、数据类型和变量的值。在程序执行过程中，大量需要处理的数据都是变量。程序编译运行时，每个变量占用一定的存储单元，并且变量名和内存单元地址之间存在一个对应关系，当引用一个变量时，计算机通过变量名寻址，从而访问其中的数据。因此，变量名也就是对其内存单元的命名，它代表一个变量的存储位置。

1. 变量名

程序中的变量必须用变量名进行标识。变量名应采用标识符的命名规则，例如sum、ave、num、total、student_name、_123是合法的变量名；而M. D. John、#av、$123、3G64、Ling lin、Zhang-hong是不合法的变量名。

说明：

(1) 在命名变量时，字母的大小写是有区别的，如num和NUM、Total和total是不同的变量。一般情况下，变量名用小写字母。

(2) 在程序设计中，为变量命名时采用的原则是"见名知意"，比如，num表示人数，name表示姓名等，这样可增加程序的可读性。

(3) 变量名不能与C++语言中的关键字、函数名和类名相同。

(4) C++语言中没有规定变量名的长度，在编写程序时应了解所用系统对标识符长度的规定。

2. 变量的声明

C++语言规定任何类型的变量都必须先声明后使用。变量声明有时也称为变量定义。声明一个变量即确定了它的名字、数据类型、允许的取值及合法操作，这样便于编译程序时为变量预先分配存储空间和进行语法检查。声明变量的格式如下。

```
类型标识符 变量1,变量2,变量3…,变量n;
```

例如如下语句。

```
int sum;                          //定义整型变量 sum
float average;                    //定义单精度实型变量 average
char ch;                          //定义字符型变量 ch
int a,b;                          //定义整型变量 a、b
```

C++程序中对变量的定义可以放在程序的任何位置，只要是使用该变量之前就可以，例如如下语句。

```
int a;                            //定义变量 a
a = 4;                            //对变量 a 赋值
float b;                          //定义变量 b
b = 3.8;                          //对变量 b 赋值
```

3. 变量初始化

C++语言中，可以在定义变量的同时给它赋以初值，即对变量进行初始化。为变量赋的初值可以是常量，也可以是表达式，例如如下语句。

```
int a = 3;
float b = 2.5;
char ch = 'A';
```

变量的初始化还可以用如下另一种形式。

```
int a(3);
float b(2.5);
char ch('A');
```

4. 常变量

C++语言中，在定义变量时，如果加上关键字 const，则变量的值在程序运行期间不能改变，这种变量就称为常变量。

常变量定义的一般格式如下。

```
const 数据类型 标识符 = 初始值;
```

例如如下语句。

```
const int a = 5;
```

注意：在定义常变量时必须同时对它初始化，此后它的值不能再改变，即某个变量一旦定义成常变量，它就不能再出现在赋值号的左边。例如，上面的长变量定义语句不能写成如下形式。

```
const int a;
a = 5;                                        //常变量不能被赋值
```

说明：

(1) 在一般情况下，变量的值是可以变化的，而常变量是在变量的基础上加上一个限定，使变量的值不允许变化，因此常变量又称为只读变量。

(2) 用#define命令定义的符号常量和用const定义的常变量是有区别的。符号常量只是用一个符号代替一个字符串，在预编译时把所有符号常量替换为所指定的字符串，它没有类型，在内存中没有以符号常量命名的存储单元；而常变量具有类型，在内存中有以它命名的存储单元，只是变量的值不能改变。由于符号常量只是简单的宏替换，编译时不作语法检查，可能成为引发一些错误的根源；而const定义像普通变量一样，编译时要对其进行类型检查，使得许多错误在编译阶段即被发现，从而大大降低了程序的出错率。

2.4 不同类型数据的转换

C++语言允许不同类型的数据进行转换，即可以将一种类型的数据转换成另一种类型。类型转换分为两种，即隐式类型转换和强制类型转换。

2.4.1 隐式类型转换

隐式类型转换是由系统自动隐含地进行的，因此也称为自动类型转换。当表达式中操作数据的类型不同时，编译系统会自动按照数据类型精度级别的高低将其转换为同一类型。C++语言的数据类型精度级别由高到低的顺序如图2-4所示。

隐式类型转换的基本规则如下。

(1) 表达式中如有char、short类型的数据时，自动将其转换成int类型。

(2) 不同类型数据转换成同一类型时，精度低的数据类型转换成精度高的数据类型。

(3) 在赋值表达式中，赋值运算符右边表达式的值的类型自动转换成左边变量的类型。这时如果左边变量类型的精度低于右边表达式值的类型，可能会丢失数据的精度。

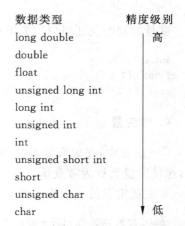

数据类型	精度级别
long double	高
double	
float	
unsigned long int	
long int	
unsigned int	
int	
unsigned short int	
short	
unsigned char	
char	低

图2-4　C++语言数据类型的精度级别

例如，设有以下变量定义：

```
int a = 2.3;
float b;
char c;
double d;
```

则变量 a 的值为 2，表达式“a+b * a−d/a+c”的数据类型为 double。

2.4.2 强制类型转换

强制类型转换又称显式类型转换，它把表达式值的类型强制转换成指定的类型。其表达形式为：

(类型)表达式

或者

类型(表达式)

例如：

```
(int)2.56                          //将 2.56 转换成整数 2
(double)5                          //将 5 转换成双精度浮点数 5.0
(double) 3/2  //先把整数 3 强制转换成双精度类型，再把 2 隐式转换成双精度类型，最后得到的值
              //是双精度数 1.5
(double) (3/2)                //先计算 3/2 得到整数值 1，再把 1 转换成双精度类型 1.0
```

强制类型转换也是一种运算符，称为单目运算符，有较高的优先级和自右至左的结合特性。

在类型转换中，由精度低、占用内存少的数据类型转换成精度高、占用内存多的数据类型时，仅改变类型，不改变它的值；反之，则不仅改变类型，也可能改变其值。

注意：强制类型转换后得到的是一个所需类型的中间变量，原来变量的类型没有发生任何变化。例如：

```
double a = 1.23;
int b;
b = (int)a;
```

则上述程序段执行后，b 的值为 1，a 的值仍为 1.23，a 的类型和值没有变化。

2.5 运算符与表达式

C++语言提供了丰富的运算符，以实现各种运算功能。由运算符和运算分量(操作数)一起可以构成表达式，程序通过表达式完成对数据的处理。本节将介绍 C++语言中常用的几类运算符和表达式，其他运算符将在后面陆续介绍。

2.5.1 C++运算符简介

C++语言的运算符主要包括算术运算符、赋值运算符、关系运算符、逻辑运算符、逗号运算符、位运算符、分量运算符、强制类型转换运算符、条件运算符及指针运算符等。

学习每种运算符，会涉及与之相关的 3 个基本概念，即目(元)、优先级和结合性。目是指参加运算的操作数的个数，根据目不同，运算符分为单目运算符、双目运算符和三目运算符。优先级反映了参加运算的先后次序，C++语言中的运算符按照优先级不同分为 15 级，

当表达式求值时,会按照优先级的高低次序进行。结合性是指操作数对运算符的结合方向,可分为两种,一种是自左向右结合(左结合),即操作数先与左边的运算符结合;另一种是自右向左结合(右结合),即操作数先与右边的运算符结合。

2.5.2 算术运算符与算术表达式

C++语言中的算术运算符包括:+(加)、-(减或取负)、*(乘)、/(除)、%(取余)、++(自增)及--(自减)。其中-(取负)、++、--为单目运算符,其余均为双目运算符。由算术运算符、操作数和括号构成的表达式称为算术表达式。例如,“$a+3$”、“$x*y$”、“$(a+b)/(c+d)$”、“$b*b-4*a*c$”等都是合法的算术表达式。

算术运算符的优先级与数学中的是一样的,即先乘除、后加减,同级运算自左向右进行。参加运算的数据类型可以是整型、实型、字符型的变量或常量。如果参加算术运算的数据是字符型,则取该字符对应的 ASCII 码参加运算。

除法运算(/)的操作数可以是整型或实型的常量、变量以及表达式。如果两个操作数均为整型数据,则结果取商的整数部分,小数部分被自动舍弃。如果操作数中有一个是实型,则结果为实型。例如,5/3 的结果为 1,1/2 的结果为 0,5.0/2 的结果为 2.5。

取余运算(%)要求两个操作数都必须为整型,它的优先级与/相同。当两个操作数均为正数时,结果的符号取正;当操作数存在负数时,其结果的符号与具体的编译器有关,通常情况下结果的符号与被除数相同。例如,5%3 的结果为 2,5%-3 的结果为 2,-5%3 的结果为-2。

++(自增)、--(自减)运算的操作数必须为变量,不能是常量和表达式。例如,“5++”、“$(a+b)$--”、“++$(2*i)$”都是不合法的。自增运算是将变量的值加 1,自减运算是将变量的值减 1。自增、自减运算符的结合性是右结合。

自增、自减运算符有前置和后置两种形式,它们是有区别的。前置是先将变量的值增(或减)1,然后使用变量的值进行其他运算。后置是先使用变量的值进行其他运算,然后将变量的值增(或减)1。

例如:

```
int i = 1, j = 2;
++i                                   //先将 i 的值自增 1,然后再用 i 的值
i++                                   //先用 i 的值,然后再将 i 的值自增 1
--j                                   //先将 j 的值自减 1,然后再用 j 的值
j--                                   //先用 j 的值,然后再将 j 的值自减 1
cout << i++;                          //首先输出 i 的当前值 1,然后 i 的值自增为 2
cout << ++i;                          //首先使 i 自增为 2,然后输出 i 的值 2
```

注意:尽量不要在一个表达式中对同一变量多次使用++、--,否则可能会引起副作用,出现意想不到的结果。例如,i 的值为 4,则表达式“(++i)+(++i)”的值为 12;表达式“(i++)+(i++)”的值可能为 9,而在有些系统中,它的值为 8。

2.5.3 赋值运算符与赋值表达式

C++语言中的赋值运算符是=,用于进行赋值运算。由赋值运算符将变量和一个表达

式连接起来的表达式称为赋值表达式，其形式为：

```
变量 = 表达式
```

赋值运算的作用是将赋值运算符右边的表达式的值赋给其左边的变量。

赋值表达式的类型为赋值号左边变量的类型，其值为赋值运算符左边变量的值。赋值运算的结合性为自右向左。例如：

```
a = 5                      表达式的值为 5
a = b = c = 5              表达式的值为 5,a、b、c 的值均为 5
a = 5 + (c = 6)            表达式的值为 11,a 的值为 11,c 的值为 6
a = (b = 4) + (c = 6)      表达式的值为 10,a 的值为 10,b 的值为 4,c 的值为 6
a = (b = 10)/(c = 2)       表达式的值为 5,a 的值为 5,b 的值为 10,c 的值为 2
```

除了＝以外，C++语言还提供了复合的赋值运算符，为＋＝、－＝、＊＝、/＝、%＝、<<＝、>>＝、&＝、^＝及|＝。它们都是双目运算符，与＝优先级相同，结合性也是自右向左。例如：

```
a += 3                     等价于 a = a + 3
x * = y + 5                等价于 x = x * (y + 5)
a += a -= a * a            等价于 a = a + (a = a - a * a)
a % = b                    等价于 a = a % b
m& = n                     等价于 m = m&n
```

2.5.4 关系运算符与关系表达式

关系运算符用于对数据进行大小关系的比较运算。C++语言中的关系运算符包括＝＝（相等）、＞（大于）、＜（小于）、＞＝（大于等于）、＜＝（小于等于）及!＝（不等于）。关系运算的结果为 true（真）或 false（假），结合性是自左向右。

用关系运算符将两个操作数连接起来就是关系表达式，其中的操作数可以是常量、变量、算术表达式、逻辑表达式、字符表达式和赋值表达式等。

下面是一些合法的关系表达式：

```
5 > 3
2 < 0
a > b
x == y
a + b > c + d
'a'<'b' + 'c'
```

注意：

(1) 关系运算符的操作数可以是任何基本类型的数据，但由于实数在计算机中有误差，因此应避免对两个实数作相等或不相等的比较。当需要对实数进行是否相等的比较时，通常是指定一个极小的精度值，判断两数差的绝对值是否在这个精度内，若是，则认为两实数相等。例如，x、y 为实数，要判断 x 是否等于 y，则可写成“fabs($x-y$)＜1e－6”；要判断 x 是否不等于 y，则可写成“fabs($x-y$)＞1e－6”。

(2) 关系运算符中的相等运算符为＝＝，不要写成赋值运算符＝。

2.5.5 逻辑运算符与逻辑表达式

逻辑运算符用来进行逻辑判断，运算结果为 true 或 false。C++中的逻辑运算符有!(逻辑非)、&&(逻辑与)、‖(逻辑或)。其中，!是单目运算符，具有右结合性；&& 与 ‖ 都是双目运算符，具有左结合性。逻辑运算符的优先级按照由高到低的顺序为!、&&、‖。

逻辑运算的规则可以用真值表来说明，如表 2-4 所示，列示了操作数 *a* 和 *b* 值的各种组合以及逻辑运算的结果。

表 2-4 逻辑运算真值表

a	*b*	!*a*	*a*&&*b*	*a*||*b*
true	true	false	true	true
true	false	false	false	true
false	true	true	false	true
false	false	true	false	false

用逻辑运算符将关系表达式或逻辑量连接起来的表达式称为逻辑表达式，常用来表示一个复杂的条件。例如，闰年的判断条件是：能被 4 和 400 整除，但不能被 100 整除，假设设年份用 year 表示，则判断 year 是否闰年的条件用逻辑表达式可表示如下：

```
(year % 4 == 0)&&(year % 100! = 0)||year % 400 == 0
```

设学生成绩用 grade 表示，则判断 grade 是否在 70 和 80 之间的条件，可用逻辑表达式表示如下：

```
(grade> = 60)&&(grade< = 70)
```

这里需要特别指出：C++语言中的逻辑运算符遵循“短路求值”的规则，即在逻辑表达式求值时，从左向右进行运算，一旦结果能够确定，就不再运算下去。也就是说，逻辑表达式在运算过程中，表达式中的运算并不一定都要进行。

2.5.6 逗号运算符与逗号表达式

C++语言中的逗号运算符用来将若干个表达式连接起来构成逗号表达式，其作用是按照顺序逐个计算表达式的值。因此，逗号运算符又称为顺序求值运算符。逗号表达式的一般形式为：

```
表达式 1,表达式 2,…,表达式 n
```

逗号表达式的运算顺序是从左向右依次计算表达式的值，整个逗号表达式的值是表达式 *n* 的值。例如：

```
a = 3 * 5,a * 4
```

由于赋值运算符的优先级高于逗号运算符，因此应先计算 $a=3*5$，得到 *a* 的值为 15，然后计算 $a*4$，得到 60，整个逗号表达式的值为 60。

2.5.7 位运算符

位运算是对数据按照二进制位进行的操作和运算，它是 C 语言的重要特色之一，C++语言继承了这一特色。

C++语言中提供了 6 种位运算符，为 &(按位与)、|(按位或)、^(按位异或)、~(按位取反)、<<(左移运算)及>>(右移运算)。其中，除了取反运算符为单目运算符，其余都是双目运算符。参加位运算的数据只能是整型或字符型数据，不能是实型数据。

1. 按位与

按位与运算的作用是将两个操作数对应的每一位分别进行逻辑与运算。运算规则：对应的两个二进制位均为 1 时，结果为 1，否则为 0。

例如，计算 2&7，可用如下算式计算。

```
    00000010
&   00000111
------------
    00000010
```

使用按位与操作可以将操作数中的某些位清 0 或保留某些位。例如，把 int 型变量 *a* 的高 8 位清 0，保留低 8 位，可作 *a*&255 运算。

2. 按位或

按位或运算的作用是将两个操作数对应的每一位分别进行逻辑或操作。运算规则：对应的两个二进制位有一个为 1 时，结果为 1，否则为 0。

例如，计算 2|7，可用下列算式计算。

```
    00000010
|   00000111
------------
    00000111
```

使用按位或操作可以将操作数中的某些位置 1。例如，将 int 型变量 *a* 的低字节置 1，可作 *a* | 0xff 运算。

3. 按位异或

按位异或运算的作用是将两个操作数对应的每一位进行逻辑异或。运算规则：若对应位相同，则该位的运算结果为 0；若对应位不同，则该位的运算结果为 1。

例如，计算 28 ^ 82，可用下列算式计算。

```
    00011100
^   01010010
------------
    01001110
```

使用按位异或操作可以将操作数中的若干特定位翻转(与 0 异或保持原值，与 1 异或取反)。例如，要使 01111010 低 4 位翻转，可以与 00001111 进行异或。

4. 按位取反

按位取反运算的作用是对一个二进制数的每一位取反。例如~9,可用下列算式计算。

$$
\begin{array}{r}
\sim \quad 00001001 \\
\hline
11110110
\end{array}
$$

5. 左移运算

左移运算是按照指定的位数将一个数的二进制值向左移位,左移后,移出的高位舍弃,低位补 0。

例如,a=00000011,a << 4 表示把 a 的各二进制位向左移动 4 位,结果为 00110000。

6. 右移运算

右移运算是按照指定的位数将一个二进制数向右移位,右移后,移出的低位舍弃。如果是无符号数则高位补 0;如果是有符号数,则高位补 0 或补 1 取决于编译系统的规定。

例如,a=00001111,则 a >> 2 表示把 a 的各二进制位向右移动 2 位,结果为 00000011。

2.6 C++语言的基本控制结构及语句

用高级语言进行程序设计,必须使程序具备良好的控制结构。按照结构化程序设计的思想,所有程序都要由 3 种基本结构实现,即顺序结构、选择结构和循环结构。C++程序也应由这 3 种基本结构的语句构成。本节将介绍 C++语言的 3 种基本控制结构及实现语句。

2.6.1 C++语句概述

语句是高级语言的基本成员,C++程序的执行部分是由语句组成的,程序的功能也是由执行语句实现的。C++语句可分为 5 类:表达式语句、函数调用语句、复合语句、控制语句和空语句。

1. 表达式语句

表达式语句由一个表达式加一个分号;组成,一般形式为:

```
表达式;
```

例如:

```
i++;
x = 5;
```

从 C++语言的语法来说,任何表达式后加分号都可构成 C++语句,比如“x+y;”也是一个 C++语句,但这种语句没有实际意义。一般来说,其执行能使某些变量的值改变或能产生某种效果的表达式才能称为有意义的表达式语句。

2. 函数调用语句

函数调用语句是由函数调用表达式之后加上分号构成的，例如：

```
sqrt(4);
```

它构成了一个函数调用语句，用来求解一个数的平方根。

3. 复合语句

在 C++程序中可以用大括号"{}"把若干条语句括起来，构成复合语句，一般形式为：

```
{
   语句 1;
   语句 2;
   ⋮
   语句 n;
}
```

大括号内可以包含任何 C++语句，包括复合语句。也就是说，复合语句是可以嵌套的。复合语句内的各条语句都必须以分号";"结尾，在括号"}"外不能加分号。

例如，利用下面的复合语句可以实现交换 a、b 两个变量的值：

```
{
    t = a;
    a = b;
    b = t;
}
```

4. 控制语句

控制语句用于控制程序的流程。C++语言有以下 9 种控制语句。

(1) if…else 语句。

(2) switch 语句。

(3) do while 语句。

(4) while 语句。

(5) for 语句。

(6) break 语句。

(7) continue 语句。

(8) return 语句。

(9) goto 语句。

5. 空语句

只有分号";"组成的语句称为空语句。

空语句在语法上占据一个语句的位置，但它不具备任何可执行功能，即编译时不产生任何指令，在运行时不产生任何动作。但这并不意味着空语句毫无用途。在程序中，空语句可用做空循环体，当要循环执行的动作已全部由循环控制部分完成时，就需要一个空循环体。

2.6.2 顺序结构

顺序结构是指构成程序的若干条语句按照从上向下的顺序执行。顺序结构是最简单的一种控制结构。C++程序中实现顺序结构的语句是赋值语句。此外，C++程序中数据的输入和输出是通过 I/O 流操作完成的，它们也是顺序执行的。

1. 赋值语句

赋值语句是由赋值表达式后面加上一个分号构成的，其形式为：

```
变量 = 表达式;
```

它的作用是将＝右边表达式的值赋给其左边的变量。

比如：

```
x = x + 2;
m = n = 3;
```

此外，由自增、自减表达式构成的语句实质上也是赋值语句，如：

```
i++;
```

相当于：

```
i = i + 1;
```

注意：赋值语句的使用规则与赋值表达式一致，要求赋值号左边必须为变量。当表达式的类型与变量的类型不一致时，要将表达式的类型转换为变量的类型。

2. 数据的输入和输出

数据的输入和输出为计算机提供了与用户进行交互的功能。C++程序中没有输入和输出语句，用户可以通过 I/O 流对象实现输入和输出。C++语言把进行数据传送操作的设备抽象成对象，将“流”作为输入输出设备(如键盘、显示器等)和程序之间通信的通道，当进行输入操作时，数据从键盘流向程序，输出时数据则从程序流向显示器。

C++程序中的输入和输出是 iostream 流类库支持的。在 iostream 流类库中，用对象 cin 对应标准输入流(通常是键盘)，用对象 cout 对应标准输出流(通常是显示器)。iostream 类库的接口部分包含在几个头文件中。头文件 iostream. h 包含了操作所有输入输出流所需要的基本信息，因此 C++程序一般都应该包含这个头文件。

1) 通过对象 cout 输出数据

流插入运算符<<和 cout 结合在一起使用，可向显示器屏幕输出数据。一般形式为：

```
cout << <表达式 1> [<< <表达式 2> <<… <<<表达式 n>];
```

其中，流插入运算符<<用于从标准输入流中提取信息，它的作用是把表达式的值输出到屏幕上。表达式可以是各种类型的常量、变量或者由它们组成的表达式。

输出时，程序根据表达式的类型和数值大小采用不同的默认格式输出。若要输出多个数据，可以连续使用流插入运算符<<。

为了增强输出数据的可读性，在输出多个数据时，可以通过插入空格符、制表符或其他提示信息组织。

例如：

```
int a = 3,b = 4;
cout << "Welcome to study C++!\n ";
cout << "a = "<< a << " b = "<< b;
```

输出结果为：

```
Welcome to study C++!
a = 3 b = 4
```

用户还可以用流操纵算子 endl(行结束)实现转义字符\n(换行符)的功能。例如：

```
cout << "Welcome to study C++! "<< endl;
cout << "a = "<< a << "b = "<< b;
```

输出结果为：

```
Welcome to study C++!
a = 3 b = 4
```

2）通过对象 cin 输入数据

流读取运算符>>和 cin 结合在一起使用，可从键盘输入数据。一般形式为：

```
cin >><变量名 1 >[>><变量名 2 >>>…>><变量名 n>];
```

其功能是从键盘输入数据并将其赋给相应的变量。从键盘输入的数据的类型应和变量相一致。也可以连续使用>>实现从键盘对多个变量输入数据，这要求从键盘输入数据的个数、类型与变量列表相一致。各数据之间要有分隔符，分隔符可以是一个或多个空格符、制表符或回车符等。

【例 2-2】 流读取运算符>> cin 的使用。

```
#include < iostream >
using namespace std;
void main()
{
  char c;
  int i;
  float x,y;
  cout <<"Enter:\n";
  cin >> i >> x >> y;
  c = i;
  cout <<"c = "<< c <<"\ti = "<< i;
  cout <<"\tx = "<< x <<"\ty = "<< y <<"\n";
}
```

程序运行时显示：

```
Enter:
```

从键盘输入一个整数和两个实数,中间用一个或多个空格键作分隔符,如输入:

```
65  3.4  5.6
```

屏幕显示:

```
c = A     i = 65     x = 3.4   y = 5.6
```

在该程序中,\n 和\t 是转义字符,分别表示换行符和横向跳格到下一输出区的首列。字符变量 *c* 和整型变量 *i* 的值都是 65,表示字母 A 的 ASCII 码,但由于它们的数据类型不同,因此输出形式不同。

2.6.3 选择结构

选择结构是根据所给定的条件值的真或假决定流程的去向。C++程序中实现选择结构的语句有 if 语句与 switch 语句。

1. if 语句

if 语句有 3 种形式,即单分支选择语句 if 语句、双分支选择语句 if…else 语句、多分支选择语句 if…else…if 语句。此外,if 语句还可以嵌套,嵌套的 if 语句也可应用于多分支选择结构。

1) 单分支选择语句 if 语句

语句格式为:

```
if (表达式)
    语句;
```

其执行过程为:

(1) 计算表达式的值。

(2) 判断表达式的值,并根据判断结果决定是否执行语句。若表达式的值为 true 或非 0,则执行语句;若表达式为 false 或 0,则结束 if 语句。

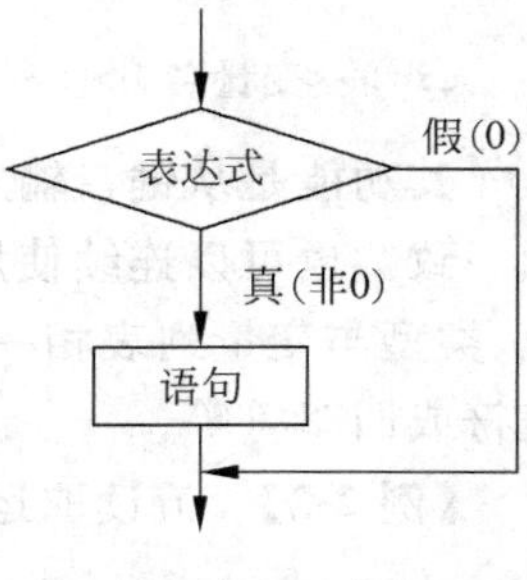

图 2-5 if 语句的执行流程

if 语句的执行流程如图 2-5 所示。

说明:

(1) if 语句中括号内的表达式一般为逻辑表达式或关系表达式。

(2) if 语句中,条件判断表达式必须用括号括起来。其中的语句可以是表达式语句,也可以是由{}构成的复合语句。

【例 2-3】 从键盘上输入两个整数,输出其中的大数。

分析:读入两个整数,先将第一个放在 max 中,然后将 max 与另一个数进行比较,如果比 max 大,则将其赋值给 max。最后 max 的值即为两数中的大者。程序代码:

```
#include <iostream>
using namespace std;
```

```
int main()
{
    int a,b,max;
    cout << "Please input two integers:" << endl;
    cin >> a >> b;
    max = a;
    if(b > max)
        max = b;
    cout << "大数为: "<< max << endl;
    return 0;
}
```

程序运行结果：

```
Please input two integers:3 5
大数为: 5
```

2）双分支选择语句 if…else 语句

语句格式为：

```
if(表达式)
   语句 1;
else
   语句 2;
```

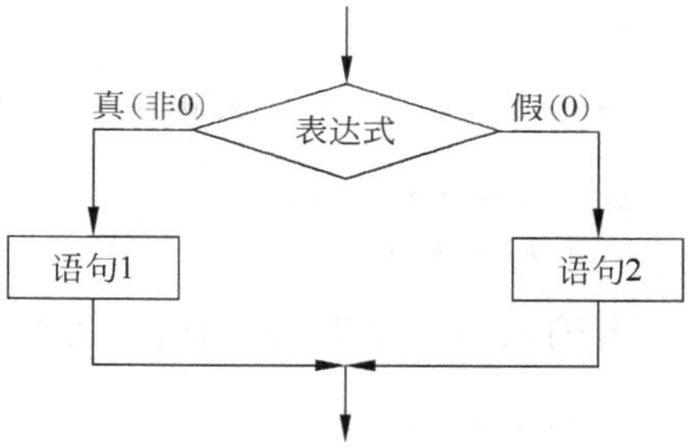

图 2-6　if…else 语句的执行流程

其执行过程如下：

(1) 计算表达式的值。

(2) 判断表达式的值并选择执行语句。若表达式的值为 true 或非 0，则执行语句 1；否则执行语句 2。

if…else 语句的执行流程如图 2-6 所示。

【例 2-4】 用双分支选择语句改写例 2-3 的程序。

```
#include < iostream >
using namespace std;
int main()
{
   int a,b,c,max;
   cout << "Please input two integers: "<< endl;
   cin >> a >> b;
   if(a > b)
      max = a;
   else
      max =  b;
   cout << "大数为: "<< max << endl;
   return 0;
}
```

程序运行结果：

```
Please input two integers:
```

```
5 8
大数为: 8
```

【例 2-5】 输入一个年份,输出其是否闰年。

分析:设年份用 year 表示,则根据闰年的判断条件,如果表达式"(year%4==0&&year%100!=0||year%400==0)"的值为真,则为闰年,否则不是闰年。

程序如下:

```
#include <iostream>
using namespace std;
int main()
{   int year;
   cout <<"Enter the year: ";
   cin >> year;
     if(year % 4 == 0&&year % 100! = 0||year % 400 == 0)
        cout << year <<" is a leap year."<< endl;
   else
        cout << year <<" is not a leap year."<< endl;
   return 0;
}
```

该程序执行后,若输入年份为 2000,则运行结果为:

```
Enter the year: 2000
2000 is a leap year.
```

若输入年份为 2010,则运行结果为:

```
Enter the year: 2010
2010 is not a leap year.
```

3) 多分支选择语句 if…else…if 语句

当有多个分支选择时,可采用 if…else…if 语句。语句格式为:

```
if (表达式 1)
       语句 1;
else if (表达式 2)
       语句 2;
else if(表达式 3)
       语句 3;
⋮
[else
       语句 n; ]
```

if…else…if 语句的执行过程:依次判断表达式的值,当出现某个值为真时,则执行其对应的语句,然后跳出整个 if 语句,继续执行 if 语句后面的语句;如果所有的表达式均为假,则执行 else 后面的语句。

if…else…if 语句的执行流程如图 2-7 所示。

【例 2-6】 输入一个学生的分数,输出其分数和对应的等级。

学生的百分制成绩与五分制成绩对应如下:

分数	等级
90～100	A
80～89	B
60～79	C
0～59	D

分析：由于本例中学生成绩分为 4 个等级，因此判断某个分数属于哪个等级，可采用多分支选择语句 if…else…if 语句实现。

设学生成绩用 score 表示，等级成绩用 grade 表示，程序如下：

```
#include<iostream>
using namespace std;
int main()
{
  char grade;
  int score;
  cout<<"请输入学生成绩(0-100):\n";
  cin>>score;
  if(score>=90)
       grade='A';
  else if(score>=80)
       grade= 'B';
  else if(score>=60)
       grade= 'C';
  else
       grade= 'D';
  cout<<"学生成绩:"<<score<<" 评定等级:"<<grade<<endl;
  return 0;
}
```

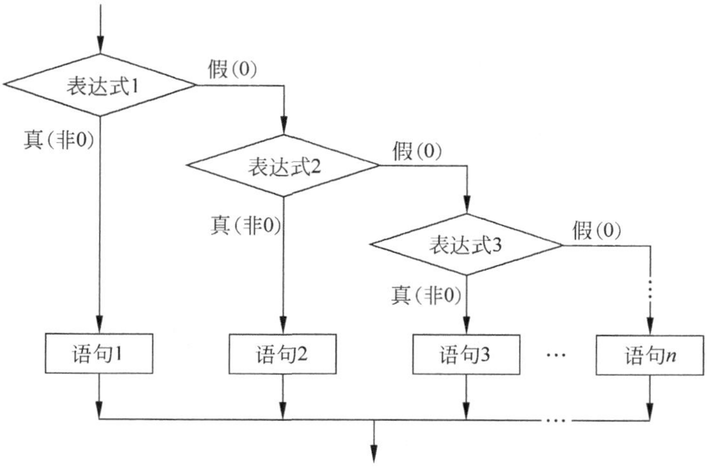

图 2-7　if…else…if 语句的执行流程

【例 2-7】　某公司要购买一种货物，每件价格是 100 元，若购 100 件以上 500 件以下，打九五折；500 件以上 1000 件以下，打九折；1000 件以上 2000 件以下，打八五折；2000 件以上 5000 件以下，打八折；5000 件以上，打七五折。输入购买件数，求总款数。

分析：设变量 n 为购买总件数，p 为单价，total 为总款数，则 total $= n * p$，其中 p 的值根据购买件数 n 的不同分为多种情形，因此，本例可采用多分支的 if 语句解决。

程序如下：

```
#include<iostream>
using namespace std;
int main()
{
  float total,p=100.0;
  int n;
  cin>>n;
  if(n>=5000)
     p=p*0.75;
  else if(n>=2000)
     p=p*0.8;
  else if(n>=1000)
     p=p*0.85;
  else if(n>=500)
     p=p*0.9;
  else if(n>=100)
     p=p*0.95;
  total=n*p;
  cout<<"n="<<n<<" p="<<p<<"\n";
  cout<<"total="<<total<<endl;
}
```

程序运行结果：

```
6000
n=6000 p=75
total=450000
3000
n=3000 p=80
total=240000
1500
n=1500 p=85
total=127500
500
n=500 p=90
total=45000
200
n=200 p=95
total=19000
```

4) if 语句的嵌套

当 if 语句中的执行语句又是 if 语句时，则构成了 if 语句嵌套的情形。其一般形式有如下 3 种。

形式 1：

```
if(表达式 1)
    if(表达式 2) 语句 1;
    else 语句 2;
```

形式 2：

```
if(表达式 1)
  语句 1;
else
  if(表达式 2) 语句 2
  else 语句 3;
```

形式 3：

```
if(表达式 1)
  if(表达式 2) 语句 1;
  else 语句 2;
else
  if(表达式 3) 语句 3;
  else 语句 4;
```

嵌套的 if 语句中会出现多个 if 和多个 else，这时要注意 if 和 else 的配对问题。C++语言规定，在 if 语句嵌套时，else 总是与它上面最接近且未曾匹配的 if 配对。例如：

```
if(表达式 1)
    if(表达式 2)
       语句 1;
else
      语句 2;
```

从程序的书写格式来看，编程者欲使 else 与外层的 if 匹配，组成一个 if…else 语句，并在外层的 if 下嵌套一个 if 语句。但根据 else 与 if 的匹配原则，编译系统实际上把 else 与内层的 if 匹配，从而导致错误。该语句只要做如下改动即可符合编程者的需要。

```
if(表达式 1)
{
   if(表达式 2)
      语句 1;
}
else
     语句 2;
```

【例 2-8】 求一元二次方程 $ax^2+bx+c=0$ 的根。

分析：求一元二次方程的根，要根据以下几种不同情形求解。

(1) 若 $a=0$，则不是二次方程；

(2) 若 $b^2-4ac>0$，则方程有两个不等的实根：(−b+sqrt(b * b−4 * a * c))/(2 * a)和(−b−sqrt(b * b−4 * a * c))/(2 * a)。

(3) 若 $b^2-4ac=0$，则方程有两个相等的实根：−b/(2 * a)。

(4) 若 $b^2-4ac<0$,则方程有两个不等的虚根:$(-b+\text{sqrt}(4*a*c-b*b))/(2*a)i$ 和 $(-b+\text{sqrt}(4*a*c-b*b))/(2*a)i$。

本例采用嵌套的 if 语句实现,程序如下:

```
#include <iostream>
#include <math.h>
using namespace std;
int main()
{
    float a,b,c,d,x1,x2;
    cout << "Input a,b,c: " << endl;
    cin >> a >> b >> c;
    d = b * b - 4 * a * c;
    if(fabs(a)< 1e-6)
       cout <<"不是二次方程!"<< endl;
    else
    {
    if(d > 1e-6)
       {   x1 = ( - b + sqrt(d))/(2 * a);
           x2 = ( - b - sqrt(d))/(2 * a);
           cout <<"x1 = "<< x1 <<" x2 = "<< x2 << endl;
       }
       else if(fabs(d)< 1e-6)
       {  x1 = - b/(2 * a);
          x2 = - b/(2 * a);
          cout <<"x1 = x2 = "<< x1 << endl;
       }
       else
       { cout <<"x1 = "<< - b/(2 * a)<<" + "<< sqrt(4 * a * c - b * b)/(2 * a)<<"i"<< endl;
         cout <<"x2 = "<< - b/(2 * a)<<" - "<< sqrt(4 * a * c - b * b)/(2 * a)<<"i"<< endl;
       }
     }
   return 0;
}
```

程序运行结果:

```
Input a,b,c: 0 1 2
不是一元二次方程!
Input a,b,c: 2 4 1
x1 = - 0.2983 x2 = - 1.70711
Input a,b,c: 1 2 1
x1 = x2 = - 1
Input a,b,c: 4 2 3
x1 = - 0.25 + 0.829156i
x2 = - 1.71 - 0.829156i
```

说明:本例的程序中调用了求绝对值的函数 fabs 和开平方的函数 sqrt,它们都是数学库中的函数。凡是在程序中用到数学库中的函数,在程序的开头都要用 # include 命令将头文件“math.h”包含进来。

在使用 if 语句编程时，要注意采用缩进对齐的格式书写。

5）条件运算符与条件表达式

条件运算符是 C++语言中唯一的一个三元运算符，它有 3 个运算分量，它们用 ? 和 : 隔开。由条件运算符构成的表达式称为条件表达式，语法格式为：

```
(表达式 1)? (表达式 2):(表达式 3)
```

条件表达式的执行过程：先计算表达式 1 的值，然后判断表达式 1 的值，若表达式 1 的值为真，则整个表达式的值为表达式 2 的值；若表达式 1 的值为假，则整个表达式的值为表达式 3 的值。

条件运算符的优先级高于赋值运算符，低于逻辑运算符，结合方向为自右向左。

例如：

```
int a = 3,b = 5,x;
x = a < b?a:b;
```

则 x 的值为 3。它的功能是相当于：

```
if(a < b)
   x = a;
else
   x = b;
```

由此可以看出，在 if 语句中，如果被判断的表达式的值为“真”或为“假”时，都给同一个变量赋值，这时可以用条件表达式来处理。

注意：条件表达式和 if 语句是有区别的，条件表达式是有值的，而 if…else 语句没有值，所以 if…else 语句不能替代条件运算符。例如，下面的代码不能由 if…else 替代：

```
cout <<(m < n?m:n)<< endl;
```

2. switch 语句

switch 语句是多分支选择结构的语句，其语句格式如下：

```
switch(表达式)
{
    case 常量表达式 1:
        语句序列 1; [break;]
    case 常量表达式 2:
        语句序列 2; [break;]
              ⋮
    case 常量表达式 n:
        语句序列 n; [break;]
    default:
        语句序列 n + 1
}
```

执行 switch 语句时，先计算表达式的值，然后依次将该值与各 case 之后的常量表达式的值比较,并根据下列情况,选择执行相应的语句。

(1) 当表达式的值与某个常量表达式的值相等时,即执行其后的语句,然后不再进行判断,继续执行后面所有 case 标号中的语句。也就是说,switch 语句中的"case 常量表达式"部分只起语句标号的作用,而不进行条件判断。因此,如果在执行一个 case 后面的语句后,要使流程跳出 switch 语句,即终止 switch 语句的执行,可用一个 break 语句来实现。

(2) 如果没有相匹配的常量表达式,就执行 default 后面的语句。

(3) 如果没有相匹配的常量表达式,也没有 default,则结束 switch 语句。

switch 语句的执行流程如图 2-8 所示。

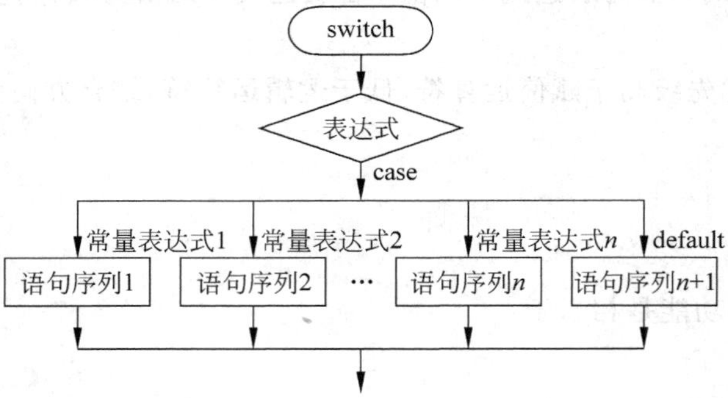

图 2-8　switch 语句的执行流程

说明:

(1) switch 后面括号内的表达式只限于整型表达式、字符型表达式或枚举型表达式。

(2) case 后面常量表达式的值要求互不相同,并与 switch 后面括号内的表达式值的类型相一致。

(3) case 后面的语句序列可由若干条合法的 C++语句构成,也可以没有语句。

(4) 多个 case 可以共用一组执行语句。

(5) default 可以没有,但至多出现一次,通常将它写在全部情况之后。

(6) if 语句和 switch 语句都可以用来处理多分支的问题,在它们之间有一些差别,if 语句可以用来判断一个值是否在一个范围内,而 switch 语句则要求其相应分支的常量必须与某一值相等。

【例 2-9】 将例 2-6 的程序改用 switch 语句来求学生成绩的等级。

程序如下:

```
#include <iostream>
using namespace std;
int main()
{
  char grade;
  int score;
  cout << "请输入学生成绩(0 - 100): \n";
  cin >> score;
  switch(score/10)
  {
```

```
    case 10:
    case 9:
        grade = 'A'; break;
    case 8:
        grade =  'B'; break;
    case 7:
    case 6:
        grade =  'C'; break;
    default:
        grade =  'D';
    }
    cout << "学生成绩: "<< score << " 评定等级: "<< grade << endl;
    return 0;
}
```

2.6.4 循环结构

循环结构是指当给定的条件满足时，对同一个程序段重复执行若干次。被重复执行的部分称为循环体，决定循环继续或中止的判断条件称为循环控制条件。循环体和循环控制条件一起组成循环语句。在循环过程中，每循环一次，需进行一次判断，以决定是否继续循环。

C++语言提供了 3 种循环语句，分别为 while 语句、do…while 语句和 for 语句。

1. while 语句

一般格式为：

```
while(表达式)
      语句;
```

其中，表达式是循环控制条件，语句为循环体。

while 语句的执行过程为：

① 计算表达式的值。

② 判断表达式的值，当表达式的值为 true 或非 0 时，转步骤③；如表达式的值为 false 或 0，则结束 while 语句。

③ 执行 while 语句的循环体，并转步骤①。

while 语句的执行流程如图 2-9 所示。

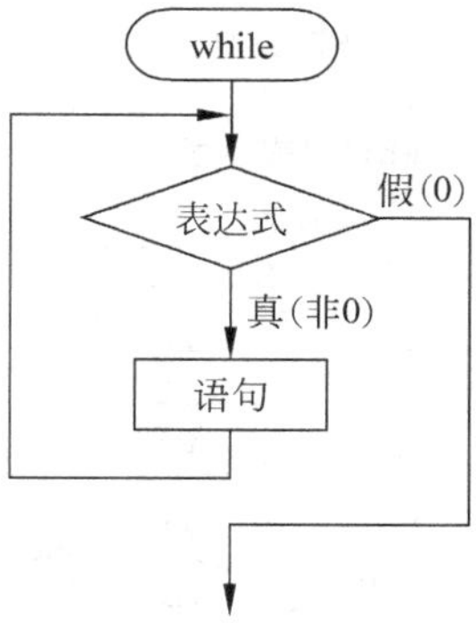

图 2-9 while 语句的执行流程

【例 2-10】 求 1＋2＋3＋…＋100 的结果。

分析：本例需要采用累加算法，算法流程如图 2-10 所示。累加过程是一个循环过程，可以用 while 语句实现。

程序如下：

```
#include <iostream>
using namespace std;
int main()
{  int i = 1, sum = 0;
   while(i <= 100)
```

```
    {
        sum = sum + i;
        i++;
    }
    cout <<"sum = "<< sum << endl;
}
```

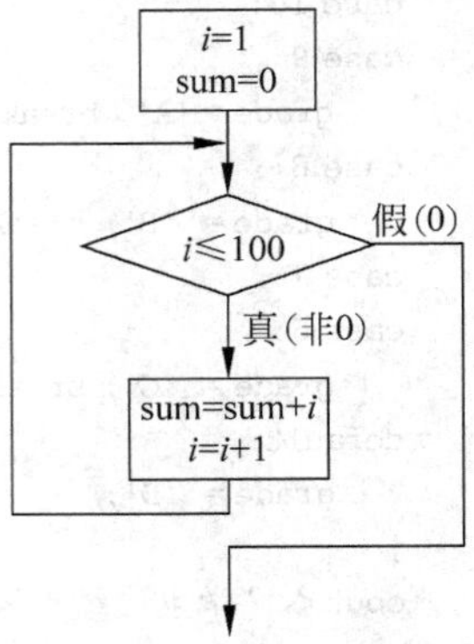

图 2-10　例 2-10 算法流程图

运行结果为：

```
sum = 5050
```

说明：

(1) while 语句的特点是先判断表达式的值，然后执行循环体中的语句，因此如果表达式的值一开始就为“假”，则循环体将一次也不执行。

(2) 循环体内如果包含一个以上的语句，则必须用{}括起来，组成复合语句。否则，循环体会在第一个语句结束标志“;”处结束。

(3) 为了使循环最终能够结束，而不至于产生“无限循环”，每执行一次循环体，表达式的值都应该有所变化，因此，在循环体内应有趋向于循环结束的语句。

2. do…while 语句

一般形式为：

```
do
{
   语句;
}
while(表达式);
```

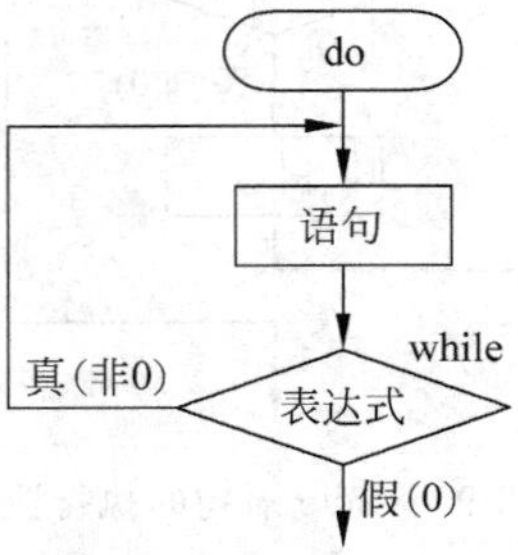

图 2-11　do…while 语句的执行流程

其中，表达式是循环控制条件，语句为循环体。

do…while 语句的执行过程：

(1) 执行 do…while 语句的循环体。

(2) 计算 while 后面表达式的值。

(3) 判断表达式的值，当表达式的值为 true 或非 0 时，转步骤(1)；当表达式的值为 false 或 0 时，结束 while 语句。

do…while 语句的执行流程如图 2-11 所示。

【例 2-11】 用 do…while 语句实现例 2-10 的程序效果。本例的算法流程如图 2-12 所示，程序如下：

```
#include <iostream>
using namespace std;
int main()
{   int i = 1,sum = 0;
         do
         {
              sum = sum + i;
```

```
            i++;
        } while(i<=100);
        cout<<"sum="<<sum<<endl;
}
```

运行结果:

```
sum=5050
```

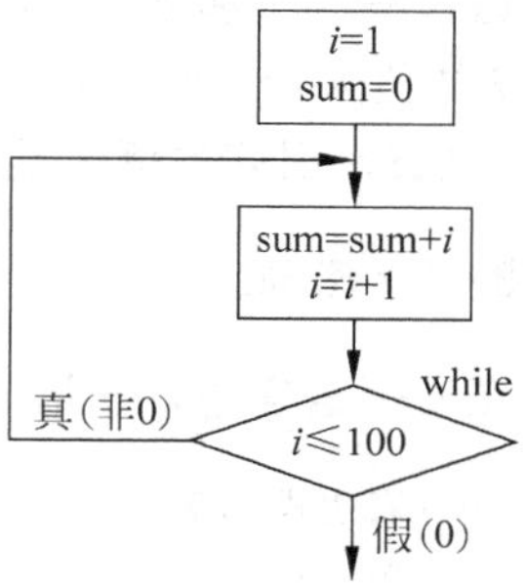

图 2-12 例 2-11 算法流程图

说明:

(1) 由于 do…while 语句先执行循环体,然后再判断表达式的值,所以,无论开始表达式的值为"真"或"假",循环体语句至少被执行一次。

(2) 循环体可以是任何类型的语句,无论是何种类型的语句,最好使用{}括起来,以提高程序的可读性。

(3) 循环体中应包含趋向于循环结束的语句。

(4) 一般情况下,用 while 语句和 do…while 语句处理同一问题时,如果循环控制条件和循环体都相同,两者的结果也相同,可以互换。但当 while 语句中的条件表达式一开始为假时,这两种循环的结果就不同了,这时两种循环语句不能互换。

【例 2-12】 从键盘输入一个整数,求该数到 100 的和。

下面是分别采用 while 语句和 do…while 语句两种方法编写的程序。

程序 1:

```
#include <iostream>
using namespace std;
int main()
{   int i,sum=0;
    cin>>i;
    while(i<=100)
    {
      sum=sum+i;
      i++;
    }
    cout<<"sum="<<sum<<endl;
}
```

程序 2:

```
#include <iostream>
using namespace std;
int main()
{   int i,sum=0;
    cin>>i;
    do
    {
      sum=sum+i;
      i++;
    } while(i<=100);
    cout<<"sum="<<sum<<endl;
}
```

运行程序 1 和程序 2，可以看到，当输入 i 的值小于或等于 100 时，两者的结果相同；当输入 i 的值大于 100 时，两者的结果不同。根据题意，当输入 i 的值大于 100 时，循环应该一次也不执行，因此本题只能采用 while 语句实现。

3. for 语句

在 C++语言中，for 语句使用最为灵活，它和 while 语句比较常用。其一般形式为：

```
for (表达式 1;表达式 2;表达式 3)
    语句;
```

其中，表达式 1 的作用是对控制循环的有关变量赋初值，表达式 2 是循环条件，表达式 3 的作用是循环变量增值，语句为循环体。for 语句的格式也可用以下形式表示：

```
for (循环变量赋初值; 循环条件; 循环变量增值)
    循环体;
```

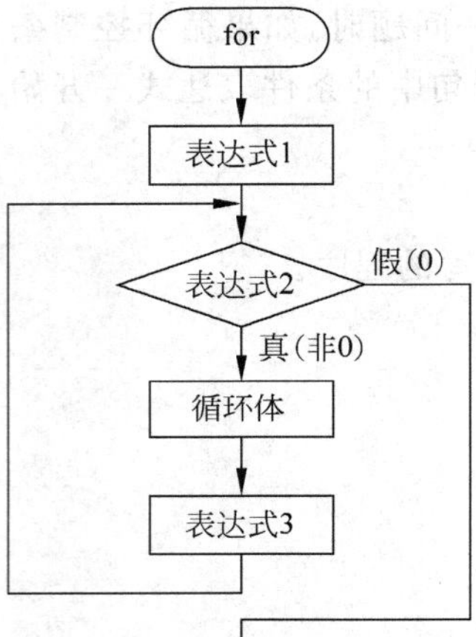

图 2-13 for 语句的执行流程

for 语句的执行过程为：

(1) 计算表达式 1。

(2) 计算表达式 2 的值，当其值为 true 或非 0 时，转步骤(3)；否则结束 for 语句。

(3) 执行循环体。

(4) 计算表达式 3。

(5) 转向步骤(2)。

for 语句的执行流程如图 2-13 所示。

for 语句的功能可用 while 语句描述如下：

```
表达式 1;
while(表达式 2);
{
    语句;
    表达式 3;
}
```

【例 2-13】 利用 for 语句求 1 到 100 的和。

本例算法流程如图 2-14 所示。

程序如下：

```
#include <iostream>
using namespace std;
int main()
{
    int i,sum = 0;
    for (i = 1;i <= 100;i++)
    {
        sum = sum + i;
    }
    cout <<"sum = "<< sum << endl;
```

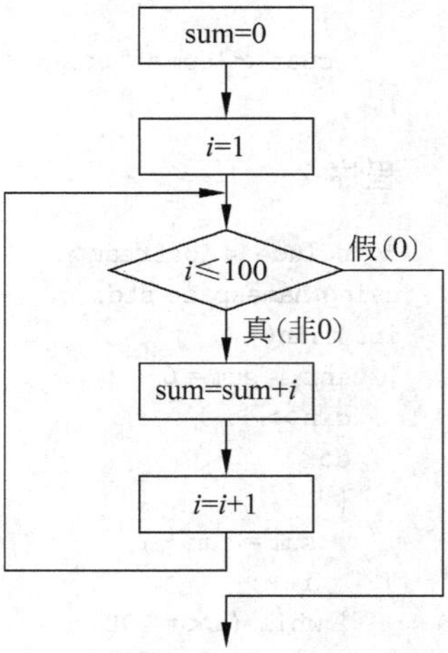

图 2-14 例 2-13 算法流程图

```
    return 0;
}
```

运行结果：

```
sum = 5050
```

说明：

(1) for语句中的任何一个表达式都可以省略，但其中的分号一定要保留。

① 省略表达式1，表示不对循环控制变量赋初值，或在for语句之前已为有关变量赋了初值，或确实没有特别的初值。例如：

```
i = 1,sum = 0;
for (;i <= 5;i++)
{
    sum = sum + i;
}
```

② 省略表达式2，表示循环条件总为"真"，相当于"无限循环"，这时应在for语句的循环体中设置与循环控制条件相应的语句，以结束循环。

③ 省略表达式3，则表示循环控制变量不发生变化，此时可在循环体中加入修改循环控制变量的语句，以保证循环能正常结束。例如：

```
for (i = 1;i <= 100;)
{
    sum = sum + i;
    i++;
}
```

(2) for语句中的表达式1和表达式3可以是简单表达式，也可以是逗号表达式。例如：

```
for(i = 0,j = 100;i <= j;i++,j-- )
    s = i + j;
```

(3) 表达式1是设置循环控制变量的赋值语句，也可以是与循环控制变量无关的其他表达式。

(4) 表达式2一般是关系表达式或逻辑表达式，但也可以是数值表达式或字符表达式，只要其值为非零，就执行循环体。

4. 循环嵌套

在循环体语句中又包含另一个循环语句时，称为循环嵌套。在嵌套的循环语句中，处于内层的循环称为内循环，处于外层的循环称为外循环。内嵌的循环中还可以再嵌套循环，称为多层循环。C++语言中的3种循环都可以互相嵌套，例如，下面几种语句形式都是合法的嵌套循环语句。

(1)
```
while()
  { ⋮
    while()
```

```
        {
          ⋮
        }
    }
```

```
(2) do
    { ⋮
      do
      {
       ⋮
      }while();
    }while();
```

```
(3) for()
    { ⋮
      for()
      {
        ⋮
      }
    }
```

```
(4) while()
    { ⋮
      do
      {
        ⋮
      }while();
    }
```

```
(5) for()
    { ⋮
      while()
      {
       ⋮
      }
    }
```

```
(6) do
    { ⋮
      for()
      {
       ⋮
      }
    }while();
```

说明：

① 外层循环可包含两个以上内循环，但不能相互交叉。

② 可以从循环体内跳到循环体外，提前结束循环。但不允许从外层循环跳入内层循环，也不允许跳入同层的另一循环。

③ 外循环每执行一次，内循环要执行与之相应的所有次数。

【**例 2-14**】 应用循环嵌套编程输出九九乘法表。

分析：本例可以采用双重循环控制按照 9 行 9 列形式输出乘法表，用外循环变量 i 控制行数，i 从 1 到 9 取值；用内循环变量 j 控制列数，j 从 1 到 i 取值。外循环每执行一次，内循环执行 i 次。

程序如下：

```
#include <iostream>
using namespace std;
int main()
{
    int i,j;
    for (i=1;i<=9;i++)
    {
        for (j=1;j<=i;j++)
        {
            cout<<i<<"×"<<j<<"="<<i*j<<"\t";
        }
    }
    cout<<endl;
    return 0;
}
```

程序运行结果如图 2-15 所示。

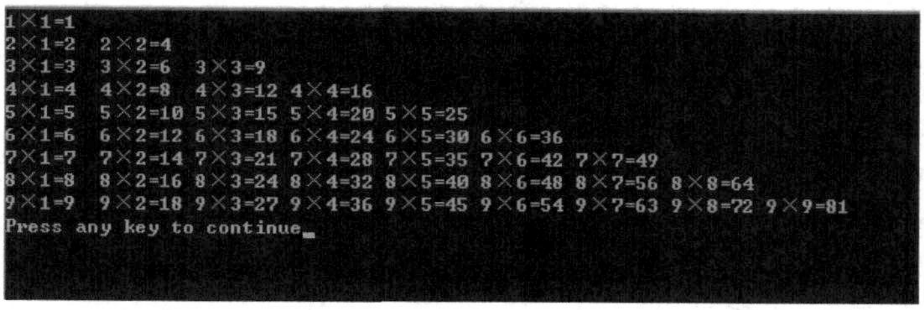

1×1=1
2×1=2 2×2=4
3×1=3 3×2=6 3×3=9
4×1=4 4×2=8 4×3=12 4×4=16
5×1=5 5×2=10 5×3=15 5×4=20 5×5=25
6×1=6 6×2=12 6×3=18 6×4=24 6×5=30 6×6=36
7×1=7 7×2=14 7×3=21 7×4=28 7×5=35 7×6=42 7×7=49
8×1=8 8×2=16 8×3=24 8×4=32 8×5=40 8×6=48 8×7=56 8×8=64
9×1=9 9×2=18 9×3=27 9×4=36 9×5=45 9×6=54 9×7=63 9×8=72 9×9=81
Press any key to continue

图 2-15 例 2-14 运行结果

2.6.5 辅助控制语句

1. break 语句

break 语句可以用于提前中止循环。当循环体中的 break 语句被执行时，程序流程立即无条件地从包含 break 语句的所在循环体中跳出，转去执行循环语句的下一条语句。break 语句是终止语句，它只能用于循环语句和 switch 语句。

break 语句的一般形式如下：

```
break;
```

其执行流程如图 2-16 所示。

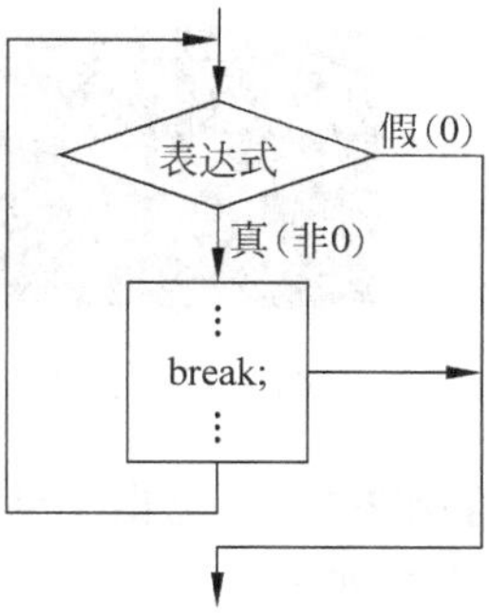

图 2-16 break 语句的执行流程

在循环语句嵌套的情况下，break 语句只能跳出（或终止）其所在层的循环，而不能同时跳出（或终止）多层循环。

【例 2-15】 计算并输出圆的面积，当面积大于 100 时停止。

```
#include <iostream>
#define PI 3.14159
using namespace std;
int main()
{
    int r;
    float area;
    for(r=1;r<=10;r++)
    {   area=PI*r*r;
        if(area>100)
          break;
        cout<<"r="<<r<<" area="<<area<<endl;
    }
  return 0;
}
```

运行结果如图 2-17 所示。

2. continue 语句

continue 语句只能出现在循环体中，它的作用与 break 语句不同。continue 并不使整个循环终止，而仅仅是跳过循环体中剩余的语句，结束本次循环，然后进行下一次是否循环的判断。continue 语句常与 if 条件语句一起使用，用来加速循环。

continue 语句的一般形式如下：

```
continue;
```

其执行流程如图 2-18 所示。

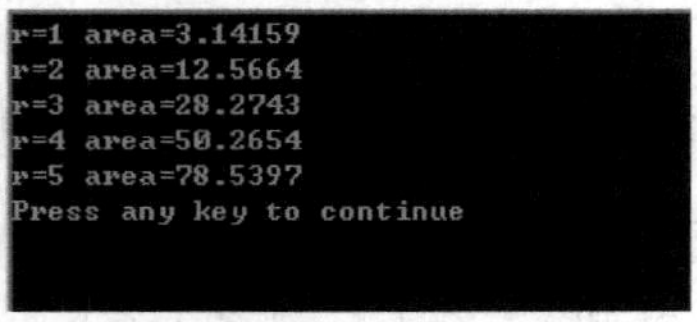

图 2-17 例 2-15 运行结果

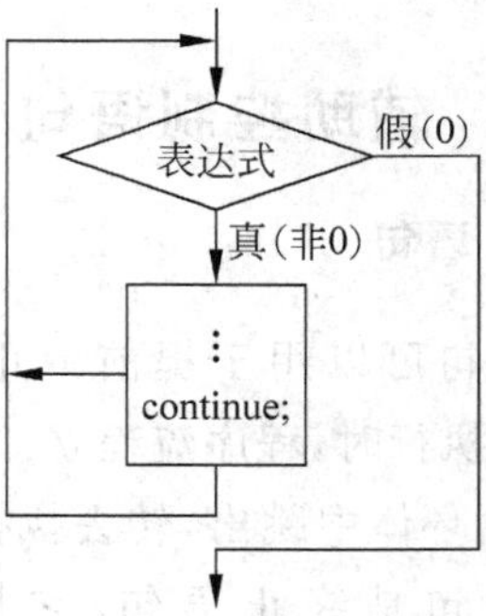

图 2-18 continue 语句的执行流程

【例 2-16】 输出 100～200 之间不能被 3 整除的数。

程序如下：

```
#include <iostream>
```

```
using namespace std;
int main()
{
    int n;
    for(n = 100;n <= 200;n++)
       { if(n % 3 == 0)
             continue;
         cout << n <<" ";
       }
    cout << endl;
}
```

程序运行结果如图 2-19 所示。

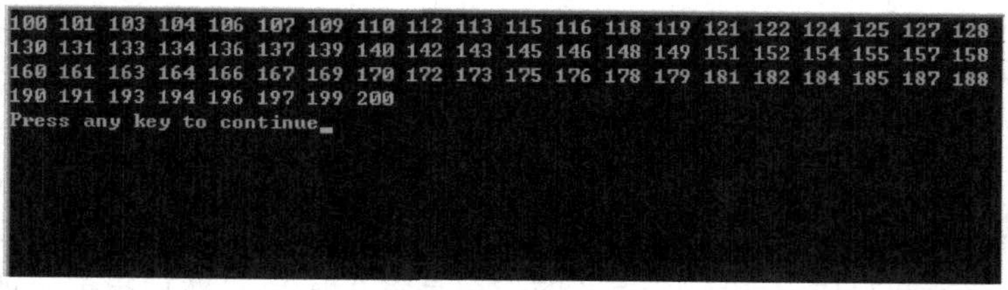

图 2-19　例 2-16 运行结果

2.7　常见错误分析

(1) 将数学公式直接当作 C++表达式使用,导致错误。

① 不了解整数除法规则：两个整数相除的结果是只保留商的整数部分,小数部分舍掉(不是四舍五入)。

② 将算术运算中的乘法符号省略,在数学公式中可以,但是 C++表达式中不允许省略,否则编译系统将 * 前后的符号当成一个标识符。

③ 数学中的条件式“$0<x<100$”不能直接用到 C++程序中,必须分成两个条件,并且条件要用圆括号括起来：

```
((x > 0) &&(x < 100))
```

例如,温度转换的数学公式“c＝5/9(F－32)”写成 C++语句为：

```
c = 5/9(F - 32);                    //错误
c = 5.0/9.0 * (F - 32);             //正确
```

分析下面的语句：

```
cout << x, y << endl;               //编译语法错误
cout <<(x, y)<< endl;               //编译正确!但是输出结果不是 x、y 的值,而只有 y 的值
```

(2) 不清楚整除运算符/和模除运算符(求余数)%的区别。

假设 n 是一个介于 100～999 之间的整数,那么 $n/100$ 表示 n 的百位数数值；$n\%10$ 表示 n 的个位数数值。

(3) 将关系运算符==写成赋值运算符=。

在很多情况下,程序也能编译通过,但是其逻辑含义已经改变了,这种错误往往很难发现。例如,如下程序:

```
#include<iostream>
using namespace std;
int main()
{
    int x = 5;
    while(1)
    {   if(x = 0)     break;              //本来是 x == 0,误写成 x = 0
        x--;
    }
    cout <<"x = "<< x << endl;
    return 0;
}
```

说明:如果按照程序的本意,x 不断减 1,当 x 变到 0 时跳出循环,输出 $x=0$。但是,由于将判断条件 $x==0$ 写成 $x=0$,而 $x=0$ 的作用是将 0 赋给 x,然后根据 x 的值是 0 判断条件为假。在循环体中不论 x 怎么变化,跳出循环的 break 语句始终不会执行,因此,该循环是死循环。

(4) 在用 cin 和 cout 进行输入输出多个变量时,用法不当。例如:

```
int x,y,z;
cin>> x,y,z;                        //错误!不能用逗号分隔各变量
cin>> x >> y >> z;                  //正确
cin>> x + y;                        //错误!只能从键盘上给变量输入值,而不能是表达式
```

(5) 自增、自减操作中,对前置、后置的理解有问题。C++语言中设置++i、i++、--i、i--运算符的本意是方便编程。如果在复杂的表达式中有多个自增、自减运算,建议一是添加圆括号,防止发生歧义;二是把一条语句拆分成几条语句,不要为了节省代码而破坏程序的可读性。

(6) 对于 switch 语句,初学者常犯如下错误。

① 将 case 后面的常量表达式写成关系表达式或者含有变量,例如:

```
case a>= 60
case x == 100
```

② case 后面忘记用 break。在一个分支条件得到满足时,执行该分支的语句序列,如果没遇到 break 语句,程序就一直往下执行。如果需要在执行完一个分支后结束 switch 语句,别忘记在该分支的最后写 break 语句。

(7) 使用 if 语句、for 语句、while 语句,要注意如下两个问题。

① 不要在语句中间随便加分号";",例如:

```
for(int i = 0;i < 10;i++);          //后面多加了一个语句结束符";",循环体就是空语句了
    cout << i;
```

② 对于满足某条件,需要执行若干语句的,要用花括号"{}"括起来。例如:

```
if(a<b)                     //如果 a<b,则借助中间变量 t,交换 a 和 b
    {t=a;a=b;b=t;}          //这里的一对花括号不可少
```

(8) do…while 语句容易出错的地方,一是漏掉条件末尾的分号";",二是把循环条件搞反了。

注意:do…while 语句的循环体是在条件满足时执行,条件不成立时退出循环。比如,要求当 y 的绝对值小于 10^{-5} 时结束迭代计算,那么程序应该为:

```
do{
   循环体;
 }while(fabs(y)>=1e-5);          //注意:是>=而不是<
```

习题 2

1. 基本概念题

(1) 下列哪些是合法的标识符?

Program	test	page-1	3ab	x_2	if	A_B_C_D
integer	_name	#num	char	x.3	@mail	$sum

(2) 下列哪些是合法的常量?

0123	.234	1.234E2.5	1.23E5	56L	0x567	false
"world"	'x'	'abc'	"xy"	'\t'	'\012'	'\287'

(3) 计算下列算术表达式的值。

① 10%3*3-7/2

② x=5

③ x+a%3*(int)(x+y)%2/4　　设 x=2.5, y=4.7, a=7

④ (float)(a+b)/2-(int)x%(int)y　　设 a=2, b=3, x=3.5, y=2.5

⑤ 'a'+x%3+5/2-'\24'　　设 x=8

(4) 设有变量声明"int a=3, b=2, c=1;",求下列关系表达式的值。

① a>b　　② b<=c

③ (a>b)==c　　④ a-b!=c

⑤ a<b<c

(5) 设有变量声明:

```
int a=3, b=1, x=2, y=0;
char ch='D';
```

求下列逻辑表达式的值。

① a>b && x>y　　② !a|| a>b

③ (y||a) && (y||b)　　④ x>10 && y<9

⑤ x++||y++　　⑥ ch>= 'A'&& ch<= 'Z'

(6) 设有变量声明“int a=3,b=5,c=8,x,y;”,计算下列表达式的值。

① $c=b=a$　　② $a+=a*=a$

③ $c=b/=a$　　④ $d=(c=a/b+15)$

⑤ $x=(a+b,b+c,c+a)$　　⑥ $y=a,x=y+b$

(7) 若 $a=1$, $b=2$, $c=3$,计算下列各式的值。

① $a|b-c$　　② a ^ $b\&c$

③ $a\&b|c$　　④ $\sim a|b$

⑤ $a>>2$

2. 选择题

(1) 下列变量名中,不合法的是(　　)。

A. Float　　B. My_age　　C. My-str　　D. intx

(2) 下列运算符中,不能用于浮点数操作的是(　　)。

A. ++　　B. /　　C. *=　　D. &(双目)

(3) 下列运算符中,优先级最低的是(　　)。

A. ==　　B. ?:　　C. |　　D. &&

(4) 已知 int b(9),下列表达式中正确的是(　　)。

A. b="a"　　B. ++(b+2)　　C. b%2.5　　D. b=3, b+1, b+2

(5) 下列表达式中,值为 0 的是(　　)。

A. 5/8　　B. ! 0　　C. 3>7? 0: 1　　D. 2&&2||0

(6) 下列关于开关语句的描述中,错误的是(　　)。

A. 开关语句中,case 子句的个数是不受限制的

B. 开关语句中,case 子句的语句序列中一定要有 break 语句

C. 开关语句中,default 子句可以省略

D. 开关语句中,case 后面的表达式不能包含变量

(7) 已知 int i(3),下列 do…while 循环语句的循环次数是(　　)。

```
do{
        cout << i -- << endl;
        i --;
}while(i! = 0);
```

A. 0　　B. 3　　C. 1　　D. 无限

(8) 以下程序的运行结果是(　　)。

A. 3　　B. 4　　C. 10　　D. 100

```
#include < iostream >
using namespace std;
int main()
{    int a,b;
     for(a = 1,b = 1;a < = 100;a++)
     {
          if(b > = 10) break;
          if(b % 3 == 1) b += 3;
```

```
    }
    cout << a <<'\n';
    return 0;
}
```

(9) 以下程序的运行结果是(　　)。

A. $x=1$　　B. $x=2$　　C. $x=4$　　D. $x=6$

```
#include <iostream>
using namespace std;
int main()
{
        int i,j,x = 0;
        for(i = 0;i < 2;i++)
        { x++;
          for(j = 0;j <= 3;j++)
          { if(j % 2) continue;
            x++;
          }
        }
        cout <<"x = "<< x <<'\n';
        return 0;
}
```

(10) 以下程序的功能是计算 $s=1+1/2+1/3+\cdots+1/10$。

```
#include <iostream>
using namespace std;
int main()
{
        int n;
        float s;
        s = 1.0;                      //A
        for(n = 10;n >= 1;n -- )      //B
            s = s + 1/n;              //C
        cout << s <<'\n';             //D
        return 0;
}
```

程序运行后输出了错误结果，导致程序错误的程序行是(　　)。

A. A 行　　B. B 行　　C. C 行　　D. D 行

3. 填空题

(1) 以下程序的运行结果为________。

```
#include <iostream>
using namespace std;
int main()
{       int i,j,m,n;
        i = 8;
        j = 10;
        m = ++i;
```

```
        n = j++;
        cout << i <<'\t'<< j <<'\n';
        cout << m <<'\t'<< n <<'\n';
        return 0;
}
```

(2) 以下程序的运行结果为________。

```
#include <iostream>
using namespace std;
int main()
{   int a = 2, b = -1,c = 2;
    if(a < b)
          if(b < 0)
              c = 0;
          else
              c = c + 1;
    cout << c << endl;
    return 0;
}
```

(3) 以下程序的运行结果为________。

```
#include <iostream>
using namespace std;
int main()
{   int i = 10;
    switch(i)
    {
      case 9:   i = i + 1; break;
      case 10:   i = i + 1;
      case 11:   i = i + 1; break;
      default:   i = i + 1;
    }
    cout << i << endl;
    return 0;
}
```

(4) 下面程序的运行结果是________,循环次数是________。

```
#include <iostream>
using namespace std;
int main()
{   int n = 4, sum = 0;
    while(n -- )
      {
        sum = sum + n;
      }
    cout <<"sum = "<< sum << endl;
    return 0;
}
```

(5) 以下程序,若从键盘输入 1298,则输出结果为________。

```
#include <iostream>
using namespace std;
int main()
{    int n1,n2;
     cin >> n1;
     do {
          n2 = n1 % 10;
          n1/ = 10;
          cout << n2;
          }while(n1! = 0);
          return 0;
}
```

(6) 下面程序的功能是输出 100 以内能被 3 整除且个位数为 6 的所有整数,请填空。

```
#include <iostream>
using namespace std;
int main()
{
     int i,j;
     for(i = 0;____①____;i++)
       {
       j = i * 10 + 6;
       if(____②____) continue;
       cout << j <<'\t';
       }
  return 0;
}
```

(7) 下面的程序是求斐波那契数列前 $n(n>1)$个数,要求按 5 个为 1 行输出。斐波那契数列的特点:第 1、第 2 个数是 1,从第 3 个数开始,每个数都是其前两个数之和。请填空。

```
#include <iostream>
using namespace std;
int main()
     {
       int f1 = 1,f2 = 1,n,i;
       cin >> n;
       for(i = 2;i < n;i++)
       {____①____;
        ____②____;
         cout << f2 <<"\t";
         if(____③____)
           cout << endl;
       }
       return 0;
     }
```

(8) 以下程序的输出结果是________。

```
#include <iostream>
using namespace std;
int main()
{
    int a(6);
    for(int i(1);i<=a;i++)
    {
      for(int j=1;j<=a-i;j++)
         cout<<' ';            //一个空格
      for(j=1;j<=2*i-1;j++)
         cout<<'A';
      cout<<endl;
    }
}
```

4. 编程题

(1) 编写程序,求 1+3+5+…+99 的值。

(2) 编写程序,输入整数 n 的值,求 n 的阶乘。

(3) 编程计算 1!+2!+3!+…+10!的值。

(4) 编写程序,输出 3~100 之间既能被 3 整除,又能被 5 整除的所有整数。

(5) 编程求所有的水仙花数。所谓"水仙花数"是指一个 3 位数,其各位数字的立方和等于该数本身。例如,153 即是一个水仙花数,$153=1^3+5^3+3^3$。

(6) 编程求 1000 以内的完数。"完数"是指一个数等于它的因子之和。例如,6 是一个完数,它的因子为 1、2、3,6=1+2+3。

(7) 一个球从 100m 的高度自由落下,每一次落地后反弹回原高度的一半处再落下,求它在第 10 次落地时共经过多少米?第 10 次反弹有多高?

(8) 输入一串字符,分别统计其中英文字母、数字、空格和其他字符的个数。

(9) 编写程序,输入一个字符串,对该字符串加密。加密的规则是:若字符为字母,则转换为其后的第 4 个字母。例如,A 转换为 E,B 转换为 F,…,W 转换为 A,X 转换为 B,Y 转换为 C,Z 转换为 D;若为其他字符,则不转换。

(10) 编写程序,输入圆柱体的半径和高,求圆柱体的侧面积、底面积和体积。

(11) 编写程序,实现从键盘输入 3 个整数,按照由小到大的次序输出。

(12) 编写程序,输入一个字符,判断它是否大写字母,如果是,则输出 Y,否则输出 N。

(13) 编写程序,输入一个实数 x 的值,根据以下函数关系计算 y 的值。

$$\begin{cases} y = x(x+2), & 2 < x \leqslant 10; \\ y = 2x, & -1 < x \leqslant 2; \\ y = x-1, & x = -1 \end{cases}$$

当 x 不在上述范围内时,提示输入非法数据,需要重新输入。当 $x=0$ 时,程序结束。

5. 简答题

(1) 为什么变量要先定义后使用?变量的 3 个要素是什么?

(2) C++语言中的常量分为哪几种类型?常变量相比于符号常量有什么优越性?

(3) 字符常量和字符串常量有什么区别?

(4) 0、"0"、'0'、"\0"、'\0'有什么不同?

(5) 什么是转义字符?

(6) 短路表达式是什么意思?

(7) 在 C++程序中如何判断两个 double 型变量 a 和 b 是否相等? 采用($a==b$)可以吗?

(8) break 语句和 continue 语句有什么区别?

(9) 开关语句中必须含有 default 分支吗?

第3章 构造数据类型

数组是C++语言中广泛使用的一种数据类型,它为使用相同类型的一组数据提供了简单的方法。指针是C语言中最有特色、功能强大的一种数据类型,同时它又很难被掌握,可能使程序隐藏错误甚至导致系统崩溃;C++语言保留了C语言的指针特性,同时将指针的部分功能采用“引用”来代替。引用是C++语言新增的一种数据类型,其用法类似于简单变量,而作用类似于指针。C++语言中处理字符串的方式很多,既可以采用C语言风格的字符数组、字符指针方式,也可以用C++风格的sting类的形式。本章将详细介绍数组、指针、字符串和引用的基本概念和用法。

3.1 数组

在程序设计中,为了方便处理,把具有相同类型的若干变量按有序的形式组织在一起,这些按序排列的同类数据元素的集合称为数组。数组属于构造数据类型。一个数组可以含有多个数组元素,这些数组元素可以是基本数据类型或构造类型。因此,按数组元素的类型不同,数组又可分为数值数组、字符数组、指针数组、结构数组及对象数组等。

数组中的所有元素具有相同的数据类型和相同的名字,为了区别各个元素在数组中的顺序,需要给每个元素一个唯一的序号,称为下标。只有一个下标的数组称为一维数组,有两个下标的数组称为二维数组,依此类推。同基本变量类似,C++程序中,数组也必须先定义,后使用。

3.1.1 一维数组

一维数组是一种常用的数据组织形式,适合于描述向量、集合、序列等。

1. 一维数组的定义

定义一个一维数组需要完成3项任务:既然数组也是变量,就要给它起个名字;规定这个数组最多可包含多少个相同类型的元素;确定数组元素的类型是什么。

综上,定义一维数组的一般格式为:

```
类型名 数组名[整型常量表达式];
```

例如:

```
int score[30];
```

定义了一个名字为 score 的一维数组，它共有 30 个元素，每个元素的类型都是 int 型。

说明：

(1) 数组元素的类型不仅可以是基本类型（如 int、float、double 等），还可以是用户自定义的一些类型，比如结构体类型、类等。

(2) 描述数组大小是通过方括号内的“整型常量表达式”实现的。需要注意的是，第一，数组名后面是方括号[ ]，而不是圆括号( )；第二，由于要定义数组元素的个数，所以方括号内的表达式必须是整型，不能是 float、double 等类型；第三，该表达式必须是常量表达式，也就是说不能含有变量。即使先给一个变量赋了初值，也不能出现在方括号内的表达式中。由于数组的大小在编译时（而不是在运行时）就要确定，分配存储空间，所以方括号内的表达式必须是常量表达式。

(3) 相同类型的若干变量、数组可以在一个类型描述符下一起定义，它们之间用逗号分隔开。例如：

```
float x, y, a[10], b[20];
```

2. 一维数组的存储

定义了数组之后，编译系统就为这个数组开辟了一片连续的存储空间，用于存放数组里的所有元素。例如，定义以下数组：

```
int a[10];
```

假设第 1 个元素 a[0]的起始地址是 1000 号存储单元，由于 int 型数据占用 4 个字节，那么第 2 个元素 a[1]的起始地址应当是 1004……最后一个元素 a[9]的起始地址是 1000＋(10－1)×4 ＝1036。

再举一个例子，如果定义了以下数组：

```
double a[10];
```

假设第 1 个元素 a[0]的起始地址是 1000 号存储单元，由于 double 型数据占用 8 个字节，那么第 2 个元素 a[1]的起始地址应当是 1008……最后一个元素 a[9]的起始地址是 1000＋(10－1)×8＝1072。

3. 一维数组的引用

数组定义以后，就可以引用其中的元素了。引用一维数组元素的形式是：

```
数组名[下标表达式]
```

说明：

需要强调的是，引用数组元素时一定要注意下标表达式的取值范围，一定不要“越界”。例如，定义了一个一维数组“double a[10];”那么，该数组共有 10 个元素，其中第 1 个元素是 a[0]，而不是 a[1]；最后一个元素是 a[9]而不是 a[10]。如果引用 a[10]，就发生“越界”了，编译系统并不指出这种错误，因此 a[10]是可以引用的，但是 a[10]的值是无法预料的，它有可能是其他变量的值。一般地说,如果一个一维数组有 n 个元素,那么它的首个元素的下标是 0,最后一个元素的下标是 $n-1$。

4. 一维数组的初始化

在定义一个数组时,如果没有对它初始化,那么该数组的元素的值是不确定的(静态数组除外,静态数组元素的默认值是 0。详见 4.8.3 节)。

一维数组的初始化方法,就是定义数组时在方括号后面加上赋值号以及在一对花括号内依次排列的元素初值表。数组初始化有以下 3 种形式。

(1) 全部初始化。例如:

```
int a[5] = {66,80,75,92,55};
```

全部初始化以后,各数组元素的值为 a[0]=66,a[1]=80,a[2]=75,a[3]=92,a[4]=55。

(2) 部分初始化。例如:

```
int a[5] = {66,80,75};
```

部分初始化以后,各数组元素的值为 a[0]=66,a[1]=80,a[2]=75,a[3]和 a[4]采用默认值 0。

(3) 如果是全部初始化,可以省略数组大小的说明,也就是可以省略方括号内的表达式,因为根据初始化表里的元素个数,编译系统可以推算出数组的大小。例如:

```
int a[ ] = {66,80,75,92,55};
```

注意:

(1) 花括号内的初始化表中的元素个数如果等于数组元素的总数,则进行全部初始化;如果小于数组元素的总数,则进行部分初始化;如果大于数组元素的总数,则编译出错。

(2) 如果是部分初始化,则不能省略数组大小的说明。

【例 3-1】 有 5 名学生,他们的英语成绩存放在数组 score 中,要求输出平均分数以及高于平均分的成绩。

程序如下:

```
#include <iostream>
using namespace std;
int main()
{   int score[5] = {60,75,90,88,56};
    int i;
    float mean = 0;                 //mean 用于求平均分,先置初值 0
    for(i = 0;i < 5;i++)
        mean += score[i];           //在 for 语句中累加 5 个学生的总分存放在 mean 中
    mean/ = 5;                      //总分除以 5 得到平均分数
    cout <<"平均分: "<< mean << endl;
    for(i = 0;i < 5;i++)
        if(score[i]> mean)          //输出超过平均分的成绩
            cout << score[i]<< endl;
    return 0;
}
```

运行结果如图 3-1 所示。

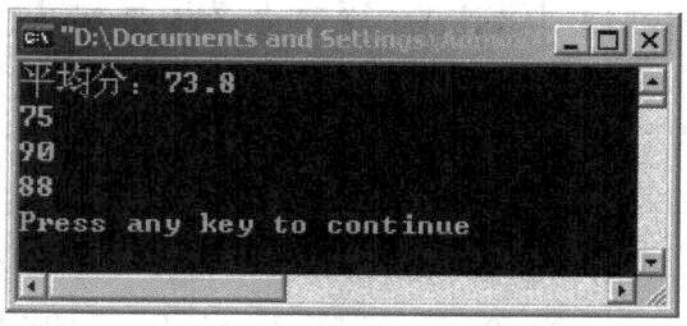

图 3-1 例 3-1 运行结果

3.1.2 二维数组

有两个下标的数组称为二维数组。C++语言对于数组的下标数目没有限制，但二维以上的数组很少使用，其特性与二维数组相似。二维数组是我们经常用到的，比如矩阵、行列式、二维表格等都适合用二维数组来描述。

1. 二维数组的定义

二维数组的定义的一般形式为：

```
类型名  数组名[整型常量表达式 1][整型常量表达式 2];
```

从以上定义可以看出，二维数组的定义与一维数组定义类似，只不过在数组名后面有两个方括号，用于定义两个下标的取值范围。通常，我们把第 1 个下标称为行下标，第 2 个下标称为列下标。

例如：

```
int a[2][3];
```

以上语句定义了一个二维整型数组，由 2 行、3 列共 6 个元素组成，每个元素都是 int 型。

2. 二维数组的存储

二维数组在内存中跟一维数组相似，也是按顺序连续存储的，这个顺序就是先按“行”再按“列”进行存储。例如，对于二维数组“int a[2][3];”，先存放第 1 行的 3 个元素 a[0][0]、a[0][1]、a[0][2]，再存放第 2 行的 3 个元素 a[1][0]、a[1][1]、a[1][2]。

假设 a[0]0]存放在 1000 号字节开始空间，那么最后一个元素 a[1][2]存放在 1020 号字节开始的单元，如图 3-2 所示。

地址编号：	1000	1004	1008	1012	1016	1020
数组元素：	a[0][0]	a[0][1]	a[0][2]	a[1][0]	a[1][1]	a[1][2]

图 3-2 二维数组的存储示意

3. 二维数组的引用

引用二维数组元素的规定与引用一维数组元素类似。二维数组元素的引用形式是：

```
数组名[下标表达式 1][下标表达式 2]
```

例如，对于二维数组“int a[2][3]; ”，引用其最后一个元素为 a[1][2]。

注意：引用不能使用形式“a[1,2]”或“a(1,2)”。

对于二维数组元素的引用，还是强调要保证引用的合法性，因为 C++系统不检查引用是否“越界”，要靠程序员自己控制。一般地说，一个 M 行 N 列的二维数组，它的最后一个元

素的行下标是 $M-1$,列下标是 $N-1$。

4. 二维数组的初始化

二维数组初始化有以下 3 种形式。

(1) 全部元素初始化。例如:

```
int a[2][3] = {{1,3,5},{6,7,8}};
```

初始化以后的数组如下:

$$\begin{pmatrix}1 & 3 & 5\\6 & 7 & 8\end{pmatrix}$$

对于全部数组元素的初始化,还可以使用采用以下形式:

① int a[2][3]={1,3,5,6,7,8};

也就是取消内层的花括号,这种省略不会影响编译系统分配存储空间,系统能够按顺序依次存放各个元素。

② int a[ ][3]={1,3,5,6,7,8};

也就是说,在全部元素初始化的前提下省略定义二维数组的行大小的表达式,但是二维数组的列大小的表达式不能省略。反之,保留行的大小、省略列的大小也不行。之所以这样规定,是因为二维数组是按行存储的,因此系统要知道每行有多少个元素,也就是列数。例如:

```
int a[2][] = {1,3,5,6,7,8};                    //错误
int a[ ][] = {1,3,5,6,7,8};                    //错误
```

(2) 部分元素初始化。例如:

```
int a[2][3] = {{1},{6,7}};
```

初始化以后的数组如下:

$$\begin{pmatrix}1 & 0 & 0\\6 & 7 & 0\end{pmatrix}$$

可以看出,没有获得初值的那些数组元素取默认值 0。

注意:这时的初始化表中的花括号不能省略,否则系统对数组元素的内存分配就不同了。例如,"int a[2][3]={1,6,7};"初始化以后的数组如下:

$$\begin{pmatrix}1 & 6 & 7\\0 & 0 & 0\end{pmatrix}$$

【例 3-2】 编写程序,实现矩阵转置。例如,输入矩阵 $\boldsymbol{A}$,转置后变为矩阵 $\boldsymbol{B}$。

$$\boldsymbol{A}=\begin{pmatrix}1 & 2 & 3\\4 & 5 & 6\end{pmatrix}\quad \boldsymbol{B}=\begin{bmatrix}1 & 4\\2 & 5\\3 & 6\end{bmatrix}$$

程序如下:

```
#include< iostream >
using namespace std;
int main( )
```

```
{     int A[2][3] = {{1,2,3},{4,5,6}};
      int B[3][2];
      int i,j;
      cout <<"矩阵 A: "<< endl;
      for(i = 0;i < 2;i++)
      {     for(j = 0;j < 3;j++)
                cout << A[i][j]<<'\t';                    //输出矩阵 A
            cout << endl;
      }
      for(i = 0;i < 3;i++)
            for(j = 0;j < 2;j++)
                B[i][j] = A[j][i];                        //矩阵 A 转置为矩阵 B
      cout <<"矩阵 B: "<< endl;
      for(i = 0;i < 3;i++)
      {     for(j = 0;j < 2;j++)
                cout << B[i][j]<<'\t';          //输出矩阵 B
            cout << endl;
      }
      return 0;
}
```

运行结果如图 3-3 所示。

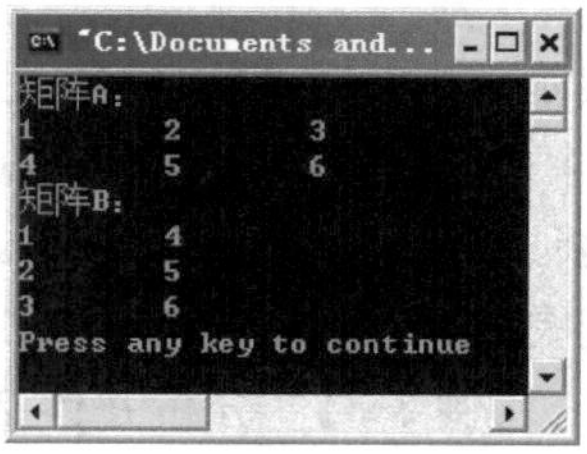

图 3-3　例 3-2 运行结果

3.2 指针

指针是 C 语言中的重要概念，同时也是 C 语言的一个特色。指针的优势在于使用灵活、功能强大、处理效率高；而指针的缺点是难于掌握，指针引起的错误也不容易被发现。所以，能否有效地使用指针，是衡量一个程序员水平的重要标志。C++语言保留了 C 语言中指针的特色，如果你熟练掌握了指针的用法，可以尽情地使用它；如果你不喜欢用指针，也可以尽量少使用它，在很多情况下，可以使用指针的替代品——引用。

尽管指针在 C++语言中的地位不如在 C 语言中那么高，但是深入理解并灵活使用指针仍然是程序员的一项基本功。

3.2.1 指针的概念

在引入指针之前，先回顾一下一个普通变量的含义。假设有如下定义：

```
int x = 123;
```

那么，有以下结论：

(1) 变量名 x 有两层含义，一是表示它存放的内容，即整数 123；二是存放这个数值的地址。

(2) x 的内容可以通过赋值来改变，但是 x 的地址是不变的。

(3) 变量 x 的存储空间大小是由它存储的变量类型决定的(在 32 位系统中，整型变量需要 4 个字节来存放)。

(4) 变量的存储空间的地址本身也是数据，对这个地址也可以进行存储和操作。

最后一条的意义很重要，它说明我们不仅可以操作普通的数据，还可以存储和操作变量的地址。能够存储和操作地址的变量就是指针变量。

定义指针变量要说明3个问题，一是指针变量的名字；二是该变量是一个指针（它存储的是一个地址）；三是这个指针是何种类型的指针，也就是哪一种类型的变量的地址。

指针变量的定义形式如下：

```
类型名   *指针变量名
```

说明："类型名"是指针所指向的地址中存放的变量的类型，而不是指针本身的类型。*表示紧跟在它后面的变量是一个指针变量，而不是普通变量。例如：

```
double   *p;
```

表示 p 是一个指针变量，它所指向的只能是 double 类型的变量，而不能是其他类型的变量（除非对指针类型进行强制转换）。就指针变量本身而言，p 不是 double 型的，p 是用于存放地址的，而地址一般用 long int 型数据表示，所以对于任何指针变量 p，它所占用的存储空间是相同的。

【例 3-3】 分析并体会以下程序的运行结果。

```
#include <iostream>
using namespace std;
int main ( )
{
    double x = 3.14, *p = &x;
    cout << sizeof(&p)<< endl;
    cout << sizeof(p)<< endl;
    cout << sizeof( *p)<< endl;
    cout << &p << endl;
    cout << p << endl;
    cout << *p << endl;
    return 0;
}
```

运行结果如图3-4所示。

上述结果表明，$\&p$ 和 p 都是地址，为 long int 型数据，占4个字节；$*p$ 其实就是 double 型变量 x，占8个字节。指针 p 的存储空间为 0012FF74～0012FF77 共4个字节，它存放的数值是 0012FF78，即 x 的地址的第一个字节，表示 p 指向 x。变量 x 为双精度类型数据，其存储空间为 0012FF78～0012FF7F 共8个字节，它存放的数值是3.14，如图3-5所示。

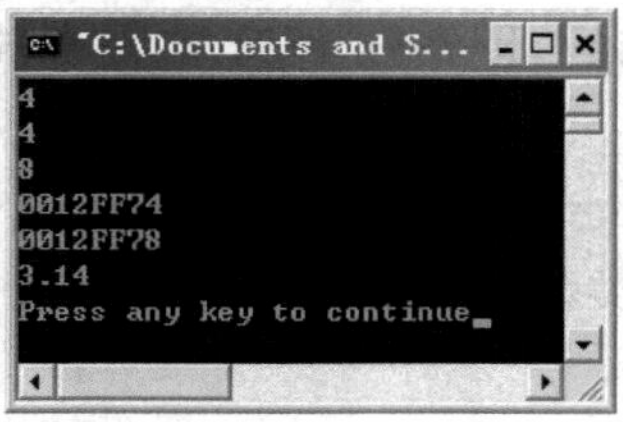

图 3-4　例 3-3 运行结果

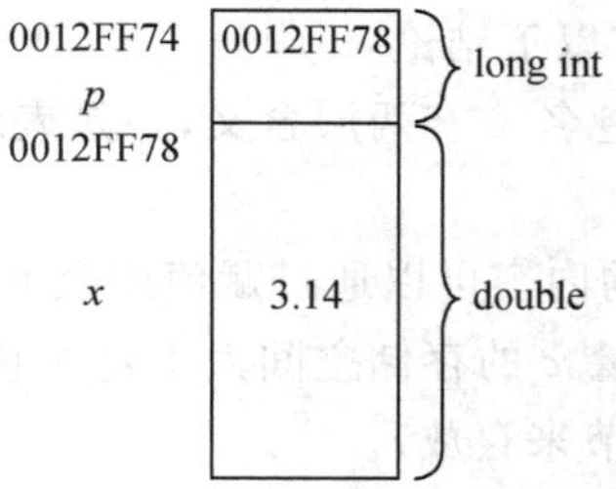

图 3-5　指针的概念示意

3.2.2 指针的基本操作与运算

指针的基本操作有两个，一是让指针指向某个地址；二是访问指针所指向的内容。

1. 让指针指向某个地址

让指针指向某个地址就是给指针变量赋值。需要指出的是，与普通变量的赋值不同，直接将一个地址值赋给一个指针变量是行不通的，比如对于“int *p;”，执行赋值语句“p=0012FF78;”是错误的，因为通常你无法确定这个地址存储哪个变量，你无法确定是否有权访问这个单元。

C++语言提供了让指针指向某个地址的方法，就是采用取地址运算符“&”。例如如下定义：

```
float x;
float *p;
```

如果想让指针 p 指向变量 x，也就是说将 x 的地址赋给 p，可采用下面的语句：

```
p = &x;
```

以上两个语句可以合并为更紧凑的一个语句：

```
float x, *p = &x;
```

注意：指针变量一定要定义并且已经赋值以后才能使用。指针变量没有赋值以前，其值是随机的，这时引用该指针可能是无意义的，甚至是危险的，比如可能破坏了操作系统中的某个存储单元。

如果定义了一个指针，但还没有明确的地址指向，为了避免指针“胡乱”地指向某个地址，可以将空指针 NULL 赋给该指针变量。NULL 是 C++语言中定义的一个符号常量，其值为 0，表示不指向任何地址。例如：

```
p = NULL;
```

2. 访问指针所指向的内容

访问指针所指向的内容可以采用间接运算符“*”，简称为“取内容”运算。间接运算符的作用是通过指针访问它所指向的变量。

例如，假设有定义：

```
int i(3), *p = &i;
```

那么，语句“cout << *p;”的作用与语句“cout << i;”的效果完全相同。“cout << i;”是直接访问变量 i，而“cout << *p;”则是通过指针 p 间接访问了变量 i。

注意：取地址运算“&”与取内容运算“*”可以说是一对互逆运算符。如果有定义：

```
int x = 3, *p = &x;
```

那么，“$*\&x$”就相当于 x，“$\&*p$”就相当于 p。通常，取地址运算 & 后面跟普通变量，取内容运算 * 后面跟指针变量。

3. 指针的各种运算

既然指针是一种变量，那么就可以实施一些运算，但是与普通变量不同，并非任何运算都适合于指针变量，但可以进行以下几种运算。

1) 指针赋值

如果两个指针都指向相同类型的变量，那么这两个指针之间可以相互赋值。假设有定义：

```
int x = 10, * px = &x;
int y = 20, * py = &y;
```

那么，执行“py=px;”以后，指针 py 就指向变量 x，即 * py 就是 x；同理，执行“px=py;”以后，指针 px 就指向变量 y，即 * px 就是 y。

指针赋值一定要注意它们必须是指向同一类型的指针，否则它们之间的赋值是没有意义的，是错误的。比如以下定义：

```
int i = 1, * p1;
float f = 2.3, * p2;
```

那么，p1=p2 或者 p2=p1 都是错误的。因为，p1、p2 分别是指向整型数、单精度数的指针，执行“p1=p2;”后引用 p1 所指向的内容，意味着将一个 float 型数据在内存中的表示解释成一个 int 型数据，因而出错。

2) 指针 ± 整型表达式

指针可以与一个整型表达式进行加法或减法运算，从而实现指针的移动。

例如，假设定义数组 a 有 6 个 double 型元素，指针 p 指向元素 a[2]，语句为：

```
double a[6] = {1.1, 2.2, 3.3, 4.4, 5.5, 6.6}, * p;
p = &a[2];
```

那么，$p+2$ 表示从当前位置向后移动两个数据位置，即指向 a[4]，即 $*(p+2)$ 的值为 5.5；$p-2$ 表示从当前位置向前移动两个数据位置，即指向 a[0]，即 $*(p-2)$ 的值为 1.1；推广到一般情况，$p+n$ 表示指针从当前位置向后移动 n 个数据位置。注意：这里是移动 n 个数据位置，而不是 n 个字节，事实上，指针移动的字节数 $=n*$ sizeof(所指向的数据类型)。

对于指针 p，经常要进行 $p+1$ 和 $p-1$ 的运算，因此对指针可以进行“增 1”操作（$++p$ 或 $p++$）和“减 1”操作（$--p$ 或 $p--$），前置与后置的区别跟前面介绍的含义一样。

3) 两个指针之间进行减法运算

如果两个指针都指向相同类型的变量，那么这两个指针之间可以进行减法运算，它们的差表示两个指针之间的数据个数。例如，如果有定义：

```
double a[6] = {1.1, 2.2, 3.3, 4.4, 5.5, 6.6}, * p1 = &a[0], * p2 = &a[4];
```

那么，p2－p1 等于 4，即从 p1 开始向后移动 4 个数据地址就到达 p2 的位置。

说明：两个指针进行加法是无意义的。

注意：第 2)、第 3)种指针运算主要是针对与数组有关的指针进行的，因为对指向某个简单变量的指针进行加减运算，也就是进行指针的移动，实际上是没有意义的。只有针对存放数组元素的连续空间，移动指针才有意义。

4) 指针之间的关系运算

如果两个指针都指向相同类型的变量，那么这两个指针之间可以进行关系运算。例如定义：

```
int *p1, *p2;
```

那么，可以进行运算 p1==p2、p1!=p2、p1>p2、p1>=p2、p1<p2 及 p1<=p2。

通过以上介绍可以看出，指针的运算是很少的，算术运算中的乘法、除法等都不能用于指针运算；而且，指针中的加减运算也是需要满足一定条件的。

3.2.3 指针与数组的关系

在 C++语言中，指针与数组之间存在密切的关系。通过指针，可以更深入地理解 C++处理数组的过程。利用指针引用数组元素，比用下标引用数组元素的效率更高。

1. 指向数组元素的指针

定义指向数组元素的指针变量时，其类型要与数组类型一致。例如如下定义：

```
int x[5];
int *p;
```

要使 p 指向数组元素 $x[0]$，则可以执行以下语句：

```
p = &x[0];
```

由于 C++中的数组名表示数组的首地址，因此，p 指向数组元素 $x[0]$ 的另一种表示为：

```
p = x;
```

可见，对于一维数组 x，"p=x"与"p=&x[0]"的作用是一样的。将上述表示推广到一般情况，让指针指向数组元素 x[i]的方法是：

```
p = &x[i];
```

采用指针引用数组元素 $x[i]$ 的方法就是 $*(p+i)$ 或者 $*(x+i)$。

假设 $x[2]$ 的初值为 100，那么执行语句"*(p+2)=200;"之后，x[2]的值就是 200。

注意：p 与 x 是有区别的。p 是指针变量，x 是数组名，相当于指针常量，尽管 $*(p+2)$ 与 $*(x+2)$ 的作用是一样的，但是 p++、p--、p 出现在赋值号左面都是允许的，而 x++、x--、x 出现在赋值号左面都是不允许的。

【例 3-4】 采用 5 种方法输出一维数组 a 的前 10 个元素。

方法 1：

```
for(int i = 0;i < 10;i++)
    cout << a[i]<<'\t';
```

方法 2：

```
for(int i = 0;i < 10;i++)
    cout << * (a + i)<<'\t';
```

方法 3：

```
for(int i = 0, * p = a;i < 10;i++)
    cout << * (p + i)<<'\t';
```

方法 4：

```
for(int i = 0, * p = a;i < 10;i++)
    cout << p[i]<<'\t';
```

方法 5：

```
for(int * p = a;p < a + 10;p++)
    cout << * p <<'\t';
```

从上述例题可见，指针与数组在某些情况下可以通用，但是要注意它们还是有区别的，最明显的是在内存分配上不同。比如：

```
int a[10];                  //给数组 a 的 10 个元素分配的存储空间是共计 40 个字节的连续内存
int * p;                    //给 p 分配 4 个字节的内存空间，用于存放地址
```

在执行赋值语句“p＝a;”之后，a[i]就可以替换为 $p[i]$或者 * ($p+i$)了。

其实，用指针操作数组的好处并非仅限于此，其更大的优越性体现在动态内存分配方面，详见本书 3.2.4 节。

2. 指针数组

指针数组是这样的一种数组，它的所有元素都是指针类型变量。

指针数组的定义形式如下：

类型名　* 数组名[整型常量表达式];

指针数组主要用于处理多个字符串的场合。例如：

【例 3-5】 指针数组的应用。

程序代码：

```
#include < iostream >
using namespace std;
int main()
{   char * city[4] = {"Beijing","Shanghai","Tianjin","Nanjing"};
    for(int i = 0;i < 4;i++)
```

```
        cout << city[i]<< endl;
    return 0;
}
```

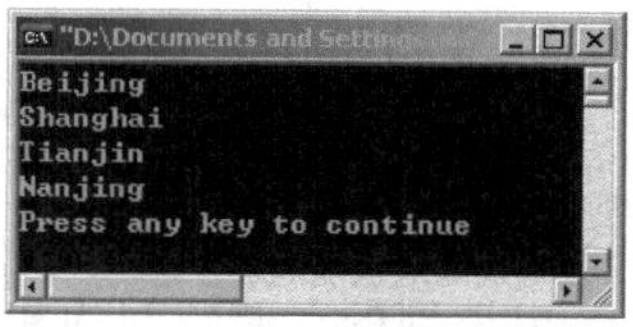

图 3-6　例 3-5 运行结果

运行结果如图 3-6 所示。

思考：在上述程序中，数组 city 存放的是 4 个指针而不是 4 个城市名。读者可以在程序中增加一句"cout << sizeof(city)<< endl;"，再观察一下输出结果是多少，与城市名称的字符个数有关吗？

3.2.4　动态内存分配

在介绍数组的定义时我们已经知道，数组的大小必须在运行之前就确定，也就是在编译时就明确数组有多少个元素。但是，有时数组元素个数必须等到运行时从键盘上输入以后才能确定，这样就带来一个问题，究竟要给这个数组准备多大的存储空间呢？事先估算太小了可能不够用，太大了又浪费。

为此，C++语言提供了一种动态申请内存空间的机制，通过这种机制，可以做到内存空间"按需分配"，既灵活方便，又不浪费空间。这里所谓的"动态"，是指随着程序的运行，根据程序的需要动态地决定何时需要申请内存、申请多少、何时归还。由于动态申请的空间不能在运行前确定，也就无法事先给它起名字，因此必须通过指针指向动态申请的空间。

要实现动态内存分配，需要做到如下 3 项工作。

(1) 定义指针变量。

(2) 动态申请空间——new 运算符。

(3) 动态回收空间——delete 运算符。

说明：(1)和(2)两个步骤有时可以合并为一个。

1. 定义指针变量

根据动态内存的需要以及用于存放什么类型的数据，确定定义哪种指针变量。例如，如果动态申请的内存空间用于存放整型数据，则指针变量 p 定义为：

```
int *p;
```

2. 创建动态变量

在 C++程序中，动态申请空间是通过 new 运算符来实现的。new 是 C++语言的一个保留字，其使用格式如下：

```
new 类型名;
```

该操作的功能是在内存的称为堆(heap)的区域申请一块相应类型的存储空间。申请到的这块无名空间如何标识和使用呢？方法就是用刚才定义的指针去指向申请到的这块空间的首地址。new 运算有以下两种使用形式。

1）申请单个变量

```
int *p;
p=new int;
```

申请到的存储空间的初值是不确定的，如果想给它一个初值（比如5），可以写成如下形式：

```
p=new int(5);
```

为了简化书写，一般将定义指针变量与new运算合并为一句：

```
int *p=new int(5);                  //注意,第2个int不能省略
```

2）申请一片连续的空间——动态数组

```
float *p=new float[N];              //动态申请有N个float型元素的数组
```

说明：*N*可以是在运行时，从键盘上输入的变量，从而实现"按需分配"。动态数组元素的初值不确定。

注意：

(1) 类型后面是方括号"[ ]"如果写成圆括号"( )"则变成给单个变量置初值了。

(2) 动态申请二维及二维以上的存储空间时，注意其书写格式与动态一维数组不同，避免犯下面的错误。

例如，动态申请一个整型的3行4列的二维数组，错误方法：

```
int *p=new int[3][4];
//错误原因：p是指向int型数据的指针,而new int[3][4]得到的是指向含有4个整型元素的一维
//数组的指针,两者不一致
```

正确方法：

```
int (*p)[4]=new int[3][4];          //p是指向含有4个元素的一维数组的指针
```

3. 回收动态变量

在C++语言中，使用动态空间需要申请，申请成功以后就可以使用了。而一旦这个动态空间不需要了，就应当及时归还给内存，否则大家都对内存"只借不还"，内存有可能就枯竭了。就像宾馆的房客走了，但不办理退房手续，该房间便无法分配给新房客使用。

对于动态空间，如果申请并使用之后不及时delete，有时后果会很严重，这种现象叫做"内存泄漏"。与Java语言中的自动回收机制不同，C++系统需要人工使用delete运算来释放动态空间。

delete是C++语言的一个保留字，与new运算符配套使用，专门用来释放new得到的动态空间。delete的用法有如下两种：

1）释放单个动态变量

```
delete 指针名;
```

例如：

```
delete p;
```

2）释放动态数组变量

```
delete []指针名;
```

例如：

```
delete [] p;
```

注意：

(1) delete一定与new配对使用。不是用new申请的空间，不能用delete释放；用new申请的空间，只能用一次delete来释放，否则第2次再delete，运行时就要出错了。当有多个指针都指向同一片存储空间时，要注意防止发生这种错误。

(2) 释放动态数组时，注意其写法，方括号在前，指针名在后，而且方括号内不用写表示数组大小的表达式。而且，不论数组维数是多少，只需要写一个方括号。

【例3-6】 对例3-1改进。有 n 名学生，他们的英语成绩存放在数组score中，要求输出平均分数以及高于平均分的成绩。整数 n 在运行时键盘输入。

程序如下：

```
#include <iostream>
using namespace std;
int main()
{
    int i,n;
    float mean = 0;
    do{
        cout <<"输入学生人数：";
        cin >> n;
    }while(n<=0);                           //n必须是正整数,否则重新输入
    int *score = new int[n];                //动态申请含有n个元素的一维数组
    for(i=0;i<n;i++)
        {  //依次输入每个学生的成绩
            cout <<"学生"<< i+1 <<"成绩：";     //按照日常习惯,序号比下标多1
            cin >> score[i];
        }
    cout << endl;
    for(i=0;i<n;i++)
        mean += score[i];                   //将总分累加到mean中
    mean/=n;                                //总分除以n,得到平均分
    cout <<"平均分："<< mean << endl;
    cout <<"高于平均分的学生及其成绩："<< endl;
    for(i=0;i<n;i++)
        if(score[i]> mean)
            cout <<"学生"<< i+1 <<'\t'<< score[i]<< endl;
    delete []score;                         //动态空间用完就释放
    return 0;
}
```

运行结果如图 3-7 所示。

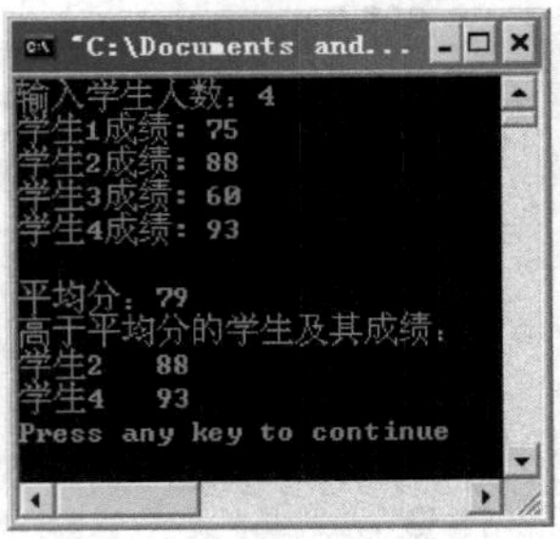

图 3-7 例 3-6 运行结果

3.2.5 用限定符 const 修饰指针

指针的使用非常灵活，功能强大，如果一不留神，也可能带来后患，把本不该修改的变量给修改了。为了防止通过指针随意修改变量的值，C++通过限定符 const 来限制对指针或通过指针进行的操作。

const 与指针的组合有 3 种情形，下面分别讨论。

1. 指针本身是常量——常指针

假如有以下定义：

```
int * const p = &x;
```

那么，*p* 是常指针，由于在定义 *p* 时将它固定指向变量 *x* 了，所以就不能让它再指向其他变量了。比如，执行"p=&y;"将导致编译出错！

注意：这里 *p* 所指向的内容是允许改变的，比如，语句"*p=100;"是正确的。

2. 指针所指向的内容不允许修改——指向常量的指针

假如有以下定义：

```
int x = 1;
const int * p = &x;                    //或者 int const * p = &x;
```

那么，如果要通过指针来修改 *p* 所指向的变量的值，比如，执行赋值语句"*p=1; "编译系统将发出警告。

注意：

(1) 这里不允许"通过指针来修改 *p* 所指向的变量的值"，而通过引用 *x* 来修改它的值不受此限制。例如，执行 *x*=2 或 *x*++是允许的，执行以后 *x* 的值就变了。

(2) 指针 *p* 的指向这里并没有限制，比如，现在让 *p* 指向整型变量 *y* 是允许的，即"p=&y;"是可以的。

区分常指针和指向常量的指针的方法是看 const 在变量定义时是 * 的前面，还是在 * 的后面。如果有"const int *p=&x;"或者"int const *p=&x;"，那么 const 修饰的是 **p*，即表示指针所指向的内容是常量，不得修改；如果是"int *const p=&x;"，那么 const 修饰的是 *p*，即表示指针是常量指针，不得修改。

3. 指向常量的常指针——将①和②两个限定结合起来

指针本身不允许修改，同时，指针所指向的内容也不允许通过指针来修改。

例如定义格式：

```
const int * const p = &x;              //或者 int const * const p = &x;
```

进行以上定义后，"p=&y;"或者"*p=100;"都会导致编译出错。

3.3 引用

从 3.2 节中，我们可以体会到指针的强大功能，同时也能感到指针不容易掌握，一不小心就可能出错。那么，有没有既达到使用指针的效果，又避免使用指针的困难呢？有，C++ 新增的一种访问机制——引用几乎能实现指针的大部分功能，而使用又比指针安全、方便。

3.3.1 引用的概念

引用(reference)就是给一个已经存在的变量另起一个名字——别名。我们用变量名或者它的别名都能够操作该变量，因为它们指的是同一个事物，占用的是同一块存储空间。

引用的定义方法如下：

```
类型名 & 别名 = 目标变量名;
```

例如：

```
int v(1);                                         //定义普通的整型变量 v，初值为 1
int &rv = v;                                      //定义 rv 是 v 的别名
cout <<"v = "<< v <<'\t'<<"rv = "<< rv << endl;   //输出 v 和 rv 的值都是 1
rv = 2;                                           //rv 赋值为 2，那么变量 v 的值也变成 2
cout <<"v = "<< v <<'\t'<<"rv = "<< rv << endl;   //输出 v 和 rv 的值都是 2
```

说明：

(1) 定义引用时，引用的类型名要与目标变量的类型一致。定义中出现的 & 符号表明它后面定义的是变量的引用，以跟普通变量区别开来。不要把这里的 & 与指针中的取地址运算混淆。

(2) 引用必须是变量(或对象)的别名，表达式、常量不能有别名。例如：

```
int &rv = 100;                          //错误
```

(3) 定义引用时，必须立即对它初始化，不能定义完成后再赋值。例如：

```
int v(1);
int &rv;                                //错误
rv = v;
```

其实，这个规定也不难理解，因为要定义 rv 是一个已经存在的变量的别名，那么就要在开始说明 rv 是 v 的别名，而不是其他变量的别名。

(4) 引用定义完成以后，目标变量就有了变量原名和引用名两个名称。定义一个引用，不是定义新变量，而只是给已有的变量再起个“绰号”，所以不会给引用变量另外分配存储空间。

(5) 引用要“从一而终”，不能中途改换门庭。也就是说，如果定义 rv 是变量 v 的别名，那么 rv 就一直是 v 的别名，不能再作为其他变量的别名。例如：

```
int x(1),y(2);
int &r = x;
```

```
r = y;                              //此句没问题,相当于 x = y;
int &r = y;                         //错误!r 已经是 x 的别名,不能再成为 y 的别名
```

定义整个数组的引用,如果有定义:

```
int a[5] = {1,3,5,7,9};
```

那么,定义数组 a 的引用的方式为:

```
int (&ra)[5] = a;                   //注意,一对圆括号不能少; 元素个数必须与数组 a 的一致
```

这样,ra 就成为数组 a 引用,ra[i]就是 a[i],i=0,1,2,3,4。

(6) 定义某个数组元素的引用。例如,定义 r1 作为数组元素 a[1]的别名

```
int &r1 = a[1];
```

3.3.2 引用与指针的区别

从以上介绍中我们认识了"引用"的概念和特点,那么 C++语言引入"引用"这个机制到底有什么意义呢? 事实上,引入"引用"的目的,是利用它实现函数调用中的参数传递,"引用"作为函数参数的用法详见第 4.2 节。

在多数情况下引用比指针更好用。对于引用的优势,我们在学习完第 4 章之后将会有深刻的认识。下面对引用和指针做一个比较。

(1) 引用比指针容易理解,可以避免指针使用中容易出现的错误。因此,如果引用和指针都可以解决某个问题,那么最好采用"引用"方式。

(2) 引用能完成指针的大部分功能,但是有些时候引用不能代替指针,主要包括以下两种情况。

① 指针在定义后如果还没有确定的指向,可以设置成空指针,待以后再确定具体指向。而引用不允许是空的,它必须是某个已经存在的变量的别名,即在定义时立即初始化。

② 在生存过程中,指针可以从指向一个变量,转到指向另一个变量。而引用不可以,引用定义为某个变量的别名,就一直是该变量的别名,不能成为其他变量的别名。

例如:

```
int x,y, * p;
p = NULL;                           //p 现在是空指针
p = &x;                             //正确,p 现在指向 x
p = &y;                             //正确,p 现在指向 y
int &r = x;                         //定义 r 是 x 的别名,此后 r 和 x 就捆绑在一起了
int &r = y;                         //错误!企图让 r 成为另一个变量 y 的别名
int &r;                             //错误!r 必须初始化,说明是哪个变量的别名
```

3.4 字符串

我们在 2.3 节学习了字符常量与字符串常量的区别。字符常量是由一对单引号括起来的单个字符; 字符串常量是由双引号括起来的字符序列,并且在字符串常量的末尾会自动

添加一个'\0'作为结尾标志。

C 语言或者 C++语言的基本数据类型中并没有字符串类型，那么 C++程序中如何处理字符串变量呢？

方法 1：沿用 C 语言中的字符数组或字符指针。

方法 2：采用 C++新增的 string 类来处理字符串。

两种方法相比，第一种方法可以加深我们对字符数组、字符指针的理解，第二种方法处理字符串更直观、方便、有效。

3.4.1 字符数组

数据类型为字符型(char)的数组称为字符数组。字符数组用来存放一系列的字符数据，字符数组中的一个元素存放一个字符。

1. 字符数组的定义和初始化

定义字符数组的方法与定义一般数组的方法类似，定义形式：

```
char 字符数组名[整型常量表达式];
```

例如，定义包含 5 个元素的字符数组：

```
char s[5];
```

对字符数组进行初始化的方法有以下几种。

(1) 通过花括号中的初始化列表给数组中每个元素逐一赋值。例如：

```
char s[5] = {'C','+','+'};
```

上述语句的功能是字符数组 s 的前 3 个元素 s[0]、s[1]、s[2]分别存放 C、+、+。注意，字符一定要用单引号括起来。

由于初始化表中提供的数值少于数组定义的元素个数，因此，数组 s 的后两个元素 s[3]和 s[4]取默认值'\0'。注意，这个默认值不是数值型数据的默认值 0，而是空字符'\0'。空字符与空格不同，空字符是 ASCII 码为 0 的那个字符，它不能在屏幕上显示；而空格的 ASCII 码是 32，可以在屏幕上输出作为数据间的分隔符。

如果花括号中提供的初值个数大于数组长度，则按语法错误处理。如果提供的初值个数与预定的数组长度相同，在定义时可以省略数组长度，系统会自动根据初值个数确定数组长度。

如下为一个二维字符数组的定义与初始化示例，它是一个 3 阶魔方阵：

```
char m[3][3] = {{'6','7','2'},{'1','5','9'},{'8','3','4'}};
```

(2) 用字符串常量给字符数组初始化。

前面介绍的字符数组初始化方法需要对每一个字符逐一赋值，显得比较烦琐。C++语言还提供了一种更简便的初始化方法，就是采用字符串常量。它不是用单个字符作为初值，而是用一个字符串(注意字符串的两端是用双引号而不是单引号括起来的)作为初值。显然，这种方法直观、方便，符合人们的习惯。例如：

```
char s[5] = {"C++"};
```

这样,s[0]、s[1]、s[2]分别存放'C'、'+'、'+',s[3]、s[4]存放'\0'。

上述初始化方法还可以进一步简化,就是将一对花括号省略,形式如下:

```
char s[5] = "C++";
```

需要指出的是,采用字符串常量给字符数组初始化要付出一个代价,就是要占用一个字节来存放字符串结束符'\0',以便于系统能自动判断是否到了字符串的末尾。因此,一般定义的字符数组大小要比它实际存放的西文字符个数至少多一个字节。

例如,要定义一个字符数组用于存放人的姓名,假设姓名不超过4个汉字,由于一个汉字占两个字节,所以该字符数组的大小至少为4×2+1=9,否则会因容纳不下而出错。例如:

```
char name[9] = "司马相如";            //正确!最后一个元素 name[8]存放字符串结束标志'\0'
char name[8] = "司马相如";            //出错!没有空间存放字符串结束标志'\0'
```

说明:

C++语言并不要求字符数组的末尾必须添加字符串结束标志符'\0',但是为了处理方便,一般都以'\0'作为字符串结尾,同时,C++系统函数库中C风格的字符串处理函数也要求以'\0'作为字符串结尾,否则会出现错误。

2. 字符数组的赋值与引用

对于字符数组,只能对它的元素赋值,而不能用赋值语句对整个数组赋值。例如:

```
char s[5];
s = {'C','+','+'};                       //错误!不能对字符数组整体赋值
s = {"C++"};                             //错误!不能对字符数组整体赋值
s = "C++";                               //错误!不能对字符数组整体赋值
s[0] = 'C'; s[1] = '+'; s[2] = ''+';     //正确!可以单个元素赋值
```

如果已定义了a和b是具有相同类型和长度的数组,且b数组已被初始化,那么:

```
a = b;                                   //错误!不能对整个数组整体赋值
a[0] = b[0];                             //正确!
```

【例 3-7】 输出3阶魔方阵(它的行、列、对角线元素之和相等)。

程序如下:

```
#include <iostream>
#include <cstring>
using namespace std;
int main()
{
    char m[3][3] = {{'6','7','2'},{'1','5','9'},{'8','3','4'}};
    for(int i = 0;i < 3;i++)
    {
        for(int j = 0;j < 3;j++)
```

```
            cout << m[i][j]<<' ';
        cout << endl;
    }
    return 0;
}
```

运行结果如图 3-8 所示。

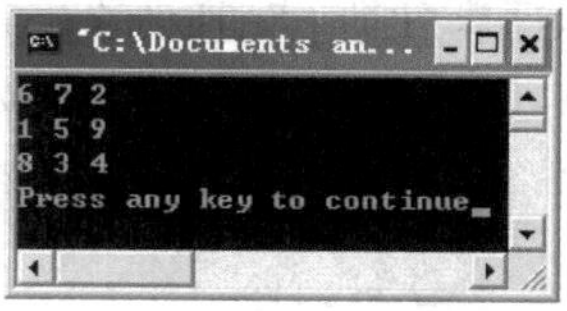

图 3-8　例 3-7 运行结果

3. 字符数组的输入输出

字符数组的输入输出可以有如下所述 3 种方法。

(1) 逐个字符输入输出，与普通数组的操作一样，参见例 3-4。

(2) 利用 cin 或 cout 将整个字符串一次性输入或输出。

(3) 通过函数 getline 输入一整行内容。

例如，以下程序段：

```
char name[10];
cin >> name;                          //用字符数组名输入字符串
cout << name;                         //用字符数组名输出字符串
```

在运行时输入一个字符串，如 Jackson，在内存中，数组 name 的存储如图 3-9 所示，在 7 个字符的后面自动加了结束标识符'\0'。

J	a	c	k	s	o	n	\0	\0	\0

图 3-9　字符数组元素的存储

输出时逐个输出字符，直到遇结束标志符'\0'停止输出。输出结果为：

```
Jackson
```

如前所述，字符数组名 name 代表字符数组第一个元素的地址，执行“cout << name;”的过程是从 name 所指向的数组第一个元素开始逐个输出字符，直到遇到'\0'为止。

说明：

(1) 输出的字符不包括结束标志符'\0'。

(2) 输出字符串时，cout 流中用字符数组名，而不是数组元素名。

(3)如果数组长度大于字符串实际长度，也只输出到'\0'结束。

(4) 如果一个字符数组中包含一个以上'\0'，则遇到第一个'\0'时输出就结束。

(5) 用 cin 从键盘输入一个字符串时，从键盘输入的字符串应短于已定义的字符数组的长度，否则程序运行时会出错。

由于 cin 输入时是以空格、回车、Tab 键作为结束标志，因此当输入的一串字符里包含空格时，空格后面的字符将被忽略。如果希望输入的一串字符中包括空格、Tab 等字符，可以用以下方式输入：

```
cin.getline(字符数组名,数组长度,结束标记);
```

说明：getline 是 cin 对象的成员函数，有关 cin 对象以及成员函数的概念将在本书第 8

章详细介绍，目前只要记住该函数的用法即可。该函数有 3 个参数，其中“结束标记”如果省略，其默认值为'\n'，即按 Enter 键换行。在输入时遇到两种情况会停止接收字符，即输入的字符数超过数组长度，或者键盘上输入了与“结束标记”相同的字符。例如：

```
char s[10];
cin.getline(s,sizeof(s));          //当输入字符个数超过 s 的长度或者按回车后输入结束
cin.getline(s,8,'.');              //当输入字符个数超过 7 个或者遇到字符'.'时输入结束
```

3.4.2 字符指针

1. 字符指针的概念

字符指针，就是指向 char 类型数据的指针。例如以下定义：

```
char *p;
```

p 就是一个字符指针。本书 3.2.3 节中已指出，指针与数组有密切的关系。既然字符数组用来处理字符串，那么字符指针自然也可以处理字符串。指针表示字符串的方法有以下 3 种。

(1) 将字符指针指向一个字符串常量，例如：

```
char *p = "I like C++";
```

或者，将上述语句拆分为两句：

```
char *p;
p = "I like C++";
```

注意：以上语句中，读者会有疑问，赋值号左端是指针，赋值号右端是字符串的具体内容，一串字符怎么能赋给一个指针呢？实际上，该赋值语句的意思是将存储字符串的空间的首地址赋给指针变量，而字符串本身存储在内存的另一个区域(静态数据区)。

(2) 将字符指针指向一个字符数组，例如：

```
char s[20] = {"I like C++"};
char *p;
p = s;
```

此后可以用指针 *p* 操作数组 s，*(*p*+*i*)、p[*i*]和 s[*i*]的意思相同。

(3) 将字符指针指向一个动态申请的字符数组，例如：

```
char *p = new char[80];
```

2. 字符数组和字符指针的比较

虽然字符指针与字符数组都能处理字符串，有时甚至可以混用，但是它们在以下几个方面还是有区别的。

(1) 字符数组存储着字符串的全部字符，而字符指针存储的是指向存储字符串的区域的首地址。

【例 3-8】 分析以下程序的运行结果。

```
#include <iostream>
using namespace std;
int main()
{   char s[20] = "C++程序设计";
    char *p = s;
    cout << sizeof(s)<< endl;              //数组 s 定义时的大小为 20
    cout << sizeof(p)<< endl;              //指针 p 存放的是地址,占 4 字节
    cout << strlen(s)<< endl;              //数组 s 存放的有效字符(不含'\0')为 3 个西文、4 个汉字
    cout << strlen(p)<< endl;              //指针 p 所指向的字符串实际长度
    return 0;
}
```

运行结果如图 3-10 所示。

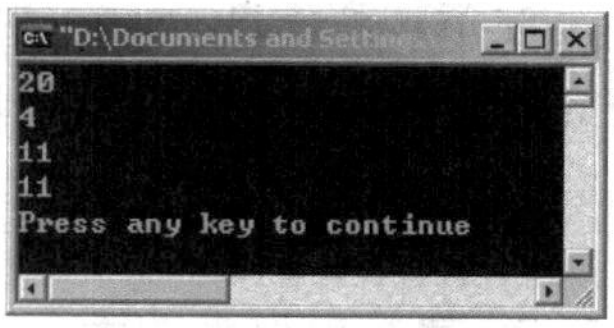

20
4
11
11
Press any key to continue

图 3-10 例 3-8 运行结果

(2) 初始化以及赋值方式不同。字符数组必须在定义时整体赋值(在一行语句内),不能分两步(两行)赋值。如果字符数组在定义时没有初始化,只能对数组元素逐个赋值,而不能对数组整体赋值。例如:

```
char animal[20] = "dog";                  //正确
char animal[20] = {'d','o','g'};          //正确
char animal[20];
animal = "dog";                           //错误
```

而字符指针可以在定义时初始化,也可以先定义,后赋值(分两行赋值)。例如:

```
char *p = new char[20];
p = "I love China!";                      //正确!赋给 p 的是字符串的首地址
```

(3) 指针必须有确定的指向,叫做指针的初始化,无确定指向的指针不能使用。例如:

```
char str[20], *p;
cin >> str;                               //正确
cin >> p;
//显示警告信息"warning C4700: local variable 'p' used without having been initialized"。编译
//能通过,但运行时出错!因为 p 没有初始化,随机指向某个地址
```

(4) 指针的值可以改变,数组名作为指针常量值不能改变。例如:

```
char s[20] = "ABC", *p = s;
p++;                                      //正确
s++;                                      //错误
```

3.4.3 C++风格的字符串处理方法——string 类

从前面的介绍中可以看出,用字符数组或字符指针来处理字符串并不是非常理想,主要是操作比较烦琐,还容易出错。为此,C++提供了一种新的字符串处理方法——string 类。关于类和对象的概念,本书将在第 5 章详细介绍。string 并不是 C++语言本身具有的基本类型,它是在 C++标准库中声明的一个字符串类,用这个类可以定义对象。我们在这里不妨

把 string 当作一种数据类型，把 string 定义的对象当作一个字符串变量。

1. 字符串变量的定义

与其他类型变量一样，字符串变量必须先定义后使用，定义字符串变量的方法：

```
string 字符串变量名;
```

例如，定义一个字符串变量 s，同时对其初始化：

```
string s = "C++ Language";
```

注意：要使用 string 类的功能时，必须在本文件的开头将 C++ 标准库中的 string 头文件包含进来，即应加上

```
#include <string>                    //注意头文件名不是 string.h，也不是 cstring
```

2. 字符串变量的大小与占用的空间

对于以下程序段，观察其运行结果。

```
string s = "abcde";
cout << sizeof(s)<< endl;            //字符串变量 s 占用的存储空间字节数
cout << s.length()<< endl;           //字符串变量 s 包含的实际字符个数
```

在 VC++ 6.0 环境下，运行结果为 16 和 5；在 code::blocks 以及 MinGW Developer Studio 环境下，运行结果为 4 和 5。所以，一个 string 类的对象占用的空间为 16 字节（在 VC++ 6.0 环境下）或 4 个字节（其他运行环境下）。

3. 对字符串变量的赋值

在定义了字符串变量后，可以用赋值语句对它赋予一个字符串常量，例如：

```
string s1, s2;
s1 = "How do you do? ";
s2 = "Ok! "
```

既可以用字符串常量给字符串变量赋值，也可以用一个字符串变量给另一个字符串变量赋值。如

```
s2 = s1;
```

这里，不要求 s2 和 s1 长度相同，s2 原来长度比 s1 小也没关系。在定义字符串变量时不需指定长度，长度随其中的字符串长度而改变。

另外，还可以对字符串变量中的某一字符进行操作，例如：

```
string word = "Man";
word[1] = 'e';                       //修改序号为 1 的字符，修改后 word 的值为"Men"
```

4. 字符串变量的输入输出

可以在输入输出语句中用字符串变量名输入输出字符串，如

```
cin>> s1;                                  //从键盘输入一个字符串给字符串变量 s1
cout << s2;                                //将字符串 s2 输出
```

5. 字符串变量的运算

string 类型的变量之间进行复制、连接、比较等运算，不需要使用字符串函数，如 strcat、strcmp、strcpy，而是直接使用简单的运算符。

(1) 字符串复制用赋值号：

```
s2 = s1;
```

(2) 字符串连接用加号：

```
string s1 = "C++";
string s2 = "Language";
string1 = s1  +  s2;                       //连接 s1 和 s2
```

连接后 s1 为"C++ Language"。

(3) 字符串比较直接用关系运算符，如==(等于)、>(大于)、<(小于)、!=(不等于)、>=(大于或等于)、<=(小于或等于)等。

显然，使用这些运算符比使用 c 风格的字符串函数直观、方便。

6. 字符串数组

不仅可以用 string 定义字符串变量，也可以用 string 定义字符串数组。

例如，定义一个包含 3 个字符串元素的字符串数组，并进行初始化：

```
string BookName[3] = {"三国演义","红楼梦","射雕英雄传"};
```

此时 BookName 数组的状况如图 3-11 所示。

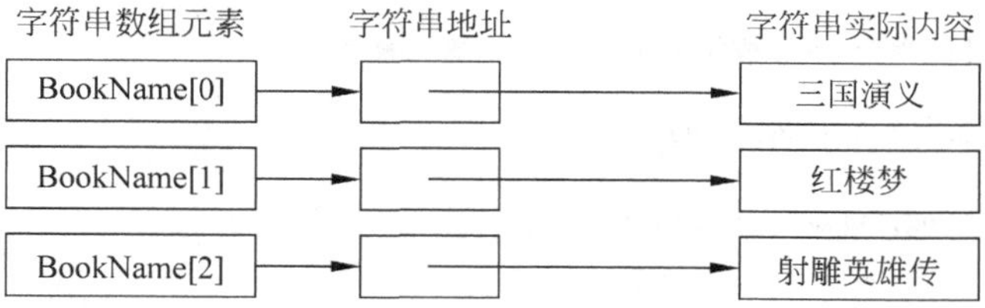

图 3-11　字符串数组

可以看出：

(1) 在一个字符串数组中包含若干(现为 3 个)元素，每个元素相当于一个字符串变量。

(2) 每个字符串元素可以有不同的长度，即使对同一个元素而言，它的长度也是可以变化的，当向某一个元素重新赋值，其长度就可能发生变化。

(3) 字符串数组与字符数组不同。字符串数组是一维数组，其每个元素中存放着指向字符串存储区域首地址的指针(在 VC++ 6.0 中占 16 个字节，在 code::blocks 以及 MinGW Developer Studio 中占 4 个字节)，字符串的实际内容存放在另外的区域。如果用字符数组存放多个字符串需要二维数组，每个数组元素只能存放一个字符，用一个一维字符数组存放一个字符串。

(4) 每个字符串元素中只包含字符串本身的字符，不需要存储字符串结束标记符'\0'。

综上所述，用 string 定义字符串变量，简化了操作，把原来复杂的问题简单化了，这是C++对 C 的一个发展。归纳起来，C++对字符串的处理有两种方法，一种是用字符数组的方法，这是 C 风格的方法，或称为 C-string 方法；另一种是用 string 类定义字符串变量，这是C++风格的方法，或称为 string 方法。显然，string 方法使用方便，推荐使用这种方法。C++保留 C-string 方法主要是为了与 C 兼容，使以前用 C 写的程序能用于 C++环境。

3.5 枚举类型、结构体与共用体

这一节简要介绍一下其他用户定义类型，包括枚举类型、结构体、共用体。

3.5.1 枚举类型

有时，变量的取值范围是有限的，可以一一列举。比如，定义一个反映一年四季的变量，它的值只有春、夏、秋、冬 4 个，如果定义：

```
int seasons;
```

可以给 seasons 赋值 0、1、2、3 来表示春、夏、秋、冬，或者用 1、2、3、4 来表示春、夏、秋、冬(这样更接近习惯表示)。但是，用 int 型数据表示季节存在两个问题，第一，不直观，可读性不好，当看到 seasons 的值为 2 时，你能马上知道它代表什么意思；第二，当该变量的值超出规定范围时，尽管这些数据是无意义的、无效的，但是它们仍然能通过编译。比如，不小心执行了“seasons＝20;”语句，编译没有问题，它不能表示哪个季节。

为了解决上述问题，C++引入了枚举类型。定义枚举类型的方式：

```
enum 枚举类型名{枚举元素 1,枚举元素 2, …,枚举元素 n};
```

例如，定义“四季”这个枚举类型：

```
enum seasons {Spring,Summer,Autumn,Winter};
```

说明：

(1) enum 为定义枚举类型的关键字。

(2) seasons 是枚举类型名，定义之后就可以像 int、double 等基本类型一样用它去定义变量。

(3) 枚举类型的所有可能取值要在一对花括号里逐一列举出来，列举出的每一个值称为一个枚举元素或者枚举常量。比如，枚举类型 seasons 有 4 个元素为 Spring、Summer、Autumn、Winter。枚举元素必须是一个常量(但不是字符串)，不能是变量。

(4) 枚举类型名与它后面的花括号之间不能加赋值号“＝”。

(5) 每个枚举都有一个唯一的整型数与它对应。一般地，这些枚举元素对应的整数分别是 0、1、2…，也就是从 0 开始依次递增。比如，seasons 中的 Spring 对应 0，Summer 对应 1，Autumn 对应 2，Winter 对应 3。

在定义枚举类型时，可以在花括号内显式地改变枚举元素对应的整数。例如：

```
enum seasons{Spring = 1,Summer,Autumn,Winter};
```

这样，Summer、Autumn、Winter 分别对应整数 2、3、4。

但是要注意，在初始化语句以外，通过赋值语句改变枚举元素对应的整数是不行的。例如，“Summer=2;”就会出错！

(6) 定义了枚举类型以后，就可以定义枚举类型的变量。例如：

```
seasons s = Winter;
```

表示变量 s 是枚举类型 seasons 定义的一个变量。s 的取值就是 Spring、Summer、Autumn、Winter 这 4 个中的一个。

(7) 枚举类型与 int 型之间存在如下转换规则。

枚举类型可以直接赋值给 int 型变量。例如：

```
enum seasons{Spring = 1,Summer,Autumn,Winter};
int n = Autumn;                                //相当于 int n = 3;
```

int 型数据不能直接赋值给枚举类型的变量，而必须通过强制类型转换。例如：

```
enum seasons{Spring = 1,Summer,Autumn,Winter};
seasons s;
s = Summer;                                    //正确
s = 2;                                         //错误
s = (seasons)2;                                //或者 s = seasons(2);      正确
```

(8) 假设：

```
enum seasons{Spring = 1,Summer,Autumn,Winter};
seasons s = Summer;
```

那么，“cout << s;”的输出结果不是枚举元素字面内容 Summer，而是它对应的整数值 2。同样，对于枚举类型的变量进行比较或运算，实际上就是它对应的整数参与运算。

使用枚举类型时，一定要把枚举类型名、枚举类型变量、枚举元素(枚举常量)区别开来。如果你定义的 int 型变量只用到其中的若干个整数值(一般不超过十几个)，这时可以采用枚举类型来代替 int 型。使用枚举类型的目的主要是提高程序的可读性。事实上，bool 型可以看做系统事先定义好的一个枚举类型。

3.5.2 结构体

结构体类型是一种复合的数据类型，它可以把若干不同类型的数据封装在一起，作为一个整体来使用。例如，通讯录由很多记录组成，每条记录对应一个人的通信数据，比如姓名、性别、年龄、电话号码、E-mail、单位及住址等。

1. 结构体类型定义格式

```
struct 结构体名
{
```

```
    结构成员描述
};
```

注意：结构体定义末尾的分号“;”不要遗漏。

例如，一个通讯录的结构体类型定义如下：

```
struct AddressList
{
    char name[20];
    bool male;
    short age;
    char tel[20];
    char email[30];
    char company[30];
    char house[30];
};
```

2. 结构体类型的变量的定义

定义了结构体类型之后，就可以定义结构体类型的变量了。例如：

```
AddressList txl;                          //定义了结构体类型的变量 txl
```

对于结构体类型的变量，可以在定义的同时对它进行初始化，例如：

```
AddressList txl = {"张三",1,20,"13912345678","zhangsan@163.com","清华大学","海淀"};
```

3. 结构体类型的变量的使用

对于结构体类型的变量的操作可以分为如下所述两种形式。

(1) 整体操作。将结构体类型的变量作为一个整体的操作，仅限于同类型的结构体类型的变量之间的赋值。例如，如果有定义：

```
AddressList txl = {"张三",1,20,"13912345678","zhangsan@163.com","清华大学","海淀"};
AddressList t;
```

那么，可以执行赋值语句：

```
t = txl;
```

这时，t 中的各个数据成员与 txl 中的完全相同。

(2) 通过 . 运算符表示结构体变量中的成员。. 称为成员运算符。例如：

```
txl.age = 18;                             //将年龄改为 18 岁
strcpy(txl.house,"复兴路 12345 号 A 幢 1801");  //修改家庭住址
cout << txl.name << txl.tel << endl;      //输出姓名和电话
```

4. 结构体类型的变量的用途

(1) 结构体类型的变量可以作为数组元素，从而构成结构体数组，例如，建立班级里 30 名同学的通讯录，可作如下定义：

```
AddressList txl[30];
```

如果要输出最后一个同学的姓名、电话和 E-mail，可写作：

```
cout << txl[29].name << txl[29].tel << tel[29].email << endl;
```

(2) 结构体可以和指针结合，形成指向结构体的指针。例如：

```
AddressList txl = {"张三",1,20,"13912345678","zhangsan@163.com","清华大学","海淀"};
AddressList *p;
p = &txl;
```

通过指针访问结构体内的成员的方法是通过->运算符来实现的，例如：

```
cout << p->name <<"   "<< p->age <<"   "<< p->tel << endl;
```

(3) 结构体类型的变量可以作为函数的参数，进行参数传递。由于结构体往往比较庞大，所以结构体作为函数参数时，最好以引用的方式，而不要用传值的方式。这样能节省开销。

结构体类型的变量还可以作为函数的返回值，而数组是不能作为函数的返回值的。

结构体类型的变量经常用于描述复杂的数据结构，如链表、队列、记录等。

3.5.3 共用体

共用体(union)是C语言中就存在的一种自定义的数据类型。它通过内存覆盖技术使若干个不同类型的变量共用一块内存单元，以达到节省内存的目的。不过随着内存空间的迅速增大，共用体类型的应用已不多见。

共用体类型定义格式：

```
union 共用体类型名
{
    成员描述
};
```

例如：

```
union Udata
{
    int n;
    char c;
};
```

说明：

(1) 若干个成员中，占用空间最大的，作为共用体类型的大小。例如，Udata 中的 n 和 c 分别占 4 个和一个字节，所以，Udata 的大小是 4 字节。

(2) 共用体内的成员是互相排斥的，在任何一个瞬间，存储空间只能为其中的一个成员所享有。最后一次给某个成员的赋值，将把以前给其他成员赋的值破坏掉。

(3) 共用体内的各个成员的大小可能不同，但是存放它们的单元的起始地址相同。

(4) 定义了共用体类型之后，就可以定义共用体类型的变量。例如：

```
Udata  u;
```

与结构体类似,通过 . 运算符可以访问共用体变量的成员。例如:

```
u.n = 20;
u.char = 'A';
```


注意:在定义共用体变量时,不能对它进行初始化。这与结构体类型不同。

(1) 不能对共用体变量进行整体操作,比如,不能输出共用体变量名或者对共用体变量名进行赋值。

(2) 不能用共用体变量作为函数参数。

3.6 常见错误分析

本章内容很多,如果对有关概念理解不深,在编程过程中难免出错。下面简要介绍一下常见的错误。

1. 使用数组时常见的错误

(1) 数组下标"越界"。

在使用数组元素时,将定义的"元素个数"误以为是"可使用的最大下标值"。假设定义数组:

```
int a[10];
```

那么,第 1 个数组元素是 a[0]而不是 a[1],第 10 个元素(最后一个)是 a[9]而不是 a[10]。

(2) 数组一般不能进行整体的输入输出操作(字符数组例外)。例如:

```
char name[20];
int  score[5];
cin >> name;                        //正确
cin >> score;                       //错误
cout << name << endl;               //正确。输出字符串内容
cout << score << endl;              //正确。输出的是数组的首地址,而不是数组元素
```

(3) 企图对数组名进行赋值或修改。记住:数组名是指针常量,不能被修改!

2. 使用指针时常见的错误

(1) 使用未初始化的指针时,会有如下错误。

```
int *p;                             //p 没有初始化
int n1 = 1, n2 = 2;
n1  =  *p;                          // n1 的值不确定
*p  =  n2;                          // 修改 p 所指向的区域内容,后果可能很严重
```

(2) 不同类型的指针混用。

(3) 忘记释放动态申请的内存空间,导致"内存泄露"。记住:使用 new 运算,在用完内存以后一定别忘记使用 delete 运算来释放它,否则系统内存就会变得愈来愈小,直到最后你

的程序不能运行而崩溃。另一方面，对于不存在的动态变量进行 delete，也将导致系统异常终止。发生这种情况，一是多次对同一个动态变量进行 delete，二是动态变量的指针发生了移动。

3. 使用引用时常见的错误

使用引用时常见的错误，是在定义引用时没有立即对它初始化，或者企图将一个引用变成另一个变量的引用。对于引用，一定要注意与指针进行比较，理解它们的相同点和区别。

4. 使用字符串时常见的错误

C++语言处理字符串有两种方法——C 风格的字符串和 C++的 string 类字符串。string 类字符串使用直观、简便，一般较少出错。容易出错的是 C 风格的字符串，要注意以下几点。

(1) C 风格的字符串可以用字符数组或字符指针来处理，记住在字符数组的末尾别忘记加上'\0'作为字符串结束标志，否则在调用字符串函数时可能出错。

(2) 将字符和字符串的输出弄错。例如定义：

```
char *p = "Hello!";
```

那么，cout << *p;　　　//输出的是字符串的首个字符 H
　　cout << p;　　　　//输出的是整个字符串 Hello!
　　cout << *(p+1);　//输出的是字符串的第 2 个字符 e
　　cout << p+1;　　　//输出的是字符串从第 2 个字符起的所有字符 ello!

(3) 对于 C 风格的字符串，试图用“p1==p2”的形式比较字符串大小，实际上这样比较的是两个地址，应该调用函数“strcmp(p1,p2)”进行比较。同样，字符串的复制、连接操作也不能采用“p1=p2”或者“p1=p1+p2”的形式，而必须调用函数“strcpy(p1,p2)”或“strcat(p1,p2)”。

5. 使用枚举、结构体、共用体的过程中最容易犯的错误

一是漏掉类型定义中结尾的分号“;”，二是把自定义的类型与该类型的变量混淆了，直接把类型当成变量来使用。

习题 3

1. 选择题

(1) 下列关于初始值表的描述中，错误的是(　　)。

A. 数组可以使用初始值表进行初始化

B. 初始值表是用一对花括号括起的若干个数据项组成的

C. 初始值表中数据项的个数必须与该数组的元素个数相等

D. 使用初始值表给数组初始化时，没有被初始化的元素都具有默认值

(2) 下列关于字符数组的描述中，错误的是(　　)。

A. 字符数组中的每一个元素都是字符

B. 字符数组可以使用初始值表进行初始化

C. 字符数组可以存放字符串

D. 字符数组就是字符串

(3) 已知“int a[ ][3] = {{1, 5, 6}, {3}, {0,2}};”,数组元素 a[1][1]的值为(　　)。

A. 0　　B. 1　　C. 2　　D. 3

(4) 已知“char ss[ ][6]={"while", "for", "else", "break"};”,输出显示 reak 的表达式是(　　)。

A. ss[3]　　B. ss[3]+1　　C. ss+3　　D. ss[3][1]

(5) 下列关于定义一个指向 double 型变量的指针的描述,正确的是(　　)。

A. int a(5); double * pd=a;　　B. double d(2.5), * pd=&d;

C. double d(2.5), * pd=d;　　D. double a(2.5),pd=d;

(6) 下列关于创建一个 int 型变量的引用的描述,正确的是(　　)。

A. int a(3),&ra=a;　　B. int a(3),&ra=&a;

C. double d(3.1); int &rd=d;　　D. int a(3),ra=a;

(7) 下列关于引用概念的描述中,错误的是(　　)。

A. 变量的引用不需要分配存储空间

B. “int m,n; int &ra[2]={m,n};”将编译出错

C. 引用是变量的别名

D. 创建引用时必须进行初始化

(8) 设“int a[2][3]={1,2,3,4,5,6}, * p;”,以下语句正确的是(　　)。

A. p= * (a+1);　　B. p=&a;

C. p=&a[0];　　D. p= a;

(9) 设有定义“int arr[]={6,7,8,9,10}, * ptr;”,则下列程序段的输出结果为(　　)。

```
ptr = arr;
*(ptr + 2) += 2;
cout << * ptr <<','<< * (ptr + 2)<< endl;
```

A. 8,10　　B. 6,8　　C. 7,9　　D. 6,10

(10) 下列关于结构体的说法错误的是(　　)。

A. 定义结构体类型要用关键字 struct

B. 为结构体变量分配的空间大于等于它的所有成员占用的空间总和

C. 结构体成员的数据类型可以是另一个已经定义的结构体

D. 在定义结构体类型时,可以给其成员设置默认值

2. 填空题

(1) 假定 *p* 所指对象的值为 30,*p*+1 所指对象的值为 40,则执行“(* p)++;”语句后,*p* 所指对象的值为________。

(2) 定义字符指针“char * s="hello"”,则 sizeof(s)=________,strlen(s)=________。

(3) 用 new 动态申请的内存空间,必须用________来释放。

(4) 对于枚举类型的定义语句“enum Color{Blue,Green=3,Black,White=8,Red};”,其中枚举常量 Red 的值为________。

(5) 以下程序的输出结果是________。

```
#include <iostream>
using namespace std;
int main()
{
    int i,s = 0,a[3][3] = {1,2,3,4,5,6,7,8,9};
    for(i = 0;i <= 2;i++)
        s += a[i][i];
    cout <<"s = "<< s << endl;
}
```

(6) 以下程序的输出结果是________。

```
#include <iostream>
using namespace std;
int main()
{
    char *p1, *p2;
    p1 = "abcqrv";
    p2 = "abcpqo";
    while( *p1&& *p2&& *p2++ == *p1++)
      ;
    int n = *(p1 - 1) - *(p2 - 1);
    cout << n << endl;
    return 0;
}
```

(7) 以下程序的输出结果是________。

```
#include <iostream>
using namespace std;
int main()
{
    char str[][4] = {"345","789"}, *m[2];
    int s(0);
    for(int i = 0;i < 2;i++)
        m[i] = str[i];
    for(i = 0;i < 2;i++)
        for(int j(0);j < 4;j += 2)
            s += m[i][j] - '0';
    cout << s << endl;
    return 0;
}
```

3. 编程题

(1) 编程将一个数组中的元素按照逆序重新存放。要求：从键盘上输入数组元素，并且只使用一个数组。

(2) 编程求一个 5 行 5 列的矩阵的主对角线元素之和。

(3) 有 5 位歌手参加比赛，由 10 个裁判打分(百分制)。对于每位歌手，这 10 个裁判给出的分数，去掉一个最高分和一个最低分，把剩余的 8 个裁判的分数加起来求平均值(保留

2 位小数)，就是该歌手的得分。要求：从键盘上输入裁判给每位歌手的分数，保存到数组中，最后按照平均分从高到低依次输出歌手的编号、平均分数。

(4) 从键盘上输入一篇文章，不超过 5 行，每行不超过 80 个西文字符。要求输出其中的英文大写字母、小写字母、数字、空格以及其他字符的个数。

(5) 输入一个字符串，输出其中每个字符在英文字母表中的序号(不区分大小写)，非英文字符对应序号为 0。例如，输入"IPad2"，输出为"9　16　1　4　0"。

(6) 输入一行字符串，单词之间以空格分隔，统计其中有多少个单词。

(7) 输入 10 个整数，每个整数由若干位("0～9")组成，统计并输出这 10 个整数中数字 0～9 各出现多少次。

(8) 输入一个矩阵，找出该矩阵中的一个鞍点，然后输出该鞍点的值、行号、列号。所谓鞍点，就是该位置上的值在所在行上是最大的，在所在列上是最小的(也可能该矩阵没有鞍点)。

(9) 有 10 个学生，每个学生的数据包括学号、姓名、3 门课成绩，从键盘上输入 10 个学生的数据，要求打印 3 门课的平均成绩，以及平均分数最高的学生的数据。

4. 简答题

(1) 数组名与指针有什么联系和区别？

(2) 若有数组定义"int a[10];"，那么 a 代表什么？&a[2]－&a[1]等于多少？

(3) C++语言中如何创建大小可调的数组？

(4) C++语言编译器是否检查数组下标越界？越界会造成什么后果？

(5) 指针变量的地址与指针所存放的地址是一回事吗？

(6) 什么叫"野指针"？指针没有初始化就使用，会引起什么问题？

(7) 两个指针之间在何种条件下能进行哪些运算？

(8) 字符数组和字符串有什么关系？若定义"char a[]＝"Hello"; char b[]＝{'H','e','l','l','o'};"，那么 a 和 b 相同吗？

(9) 假设有定义：

```
char a[10] = "OK", b[] = "OK", c[10] = {'O','K'}, d[] = {'O','K','\0'}, *s = "OK";
```

请问，对于 a、b、c、d、s 分别进行 sizeof 和 strlen 运算，结果是什么？

(10) C 风格的字符串与 C++风格的字符串处理有什么区别？哪个更容易使用？

(11) 使用字符数组操作字符串与使用字符指针操作字符串有什么不同？

(12) 变量的引用是否占用内存空间？引用与指针有什么关系？引用能否完全取代指针？

第4章 函数

在实际应用中，如果想求得整数10的平方根，通常是使用计算器或者查找数学手册中的平方根表。也就是说，我们通过使用计算平方根的函数sqrt(10)得到结果，而不必关心这个平方根函数是怎样实现的。

C++语言中“函数”的概念和数学中“函数”的概念类似，但又不完全相同。C++语言中的“函数”实际上是“function(功能)”的意思，当需要完成某一个功能时，就用一个函数去实现它。函数可以是通过计算得到一个值，也可以是一系列操作过程，例如排序、输出等。

函数是模块化程序设计思想的体现，它使得人们在进行程序设计时，每个阶段都能集中精力解决只属于当前模块的算法，“自顶向下、逐步细化”，细节暂不考虑。这样能简化每个阶段的问题，设计出层次分明、结构清晰的程序。而且，对于程序中相似的功能，通过使用函数可以大量节省代码。

从用户使用的角度来看，函数可以分为系统函数和用户自定义函数两类。系统函数就是库函数，它是由编译系统提供的，用户不必自己定义这些函数，可以直接使用它们；用户自定义函数是由程序设计人员针对自己的需要编写的专门函数。

下面先举一个函数定义与调用的示例。

【例4-1】 在主函数中调用其他函数。

```
#include <iostream>
using namespace std;
int add(int x,int y)
{
    int z;
    z = x + y;
    return z;
}
int main()
{   int a = 1,b = 2;
    cout << a <<' + '<< b <<' = '<< add(a,b)<< endl;
    return 0;
}
```

运行结果如图4-1所示。

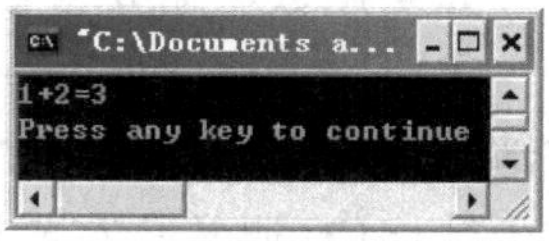

"C:\Documents a...
1+2=3
Press any key to continue

图4-1 例4-1运行结果

说明：

(1) 本程序由一个源程序文件组成，它包含main和add两个函数。要注意的是，一个.cpp文件是一个编译单位，而不是以函数作为编译单位。

(2) C++程序的执行是从 main 函数开始的。一个函数使用另一个函数，比如 main 函数调用 add 函数，我们称前者为主调函数，后者为被调函数。被调函数执行完以后返回主调函数的调用语句的下一个位置继续执行，直到程序运行结束。

4.1 函数的定义和调用

对于用户自定义函数，首先要定义，然后才能使用。

4.1.1 函数的定义

定义函数时，可以根据它有没有返回值来划分为如下所述的两种类型。

(1) 有返回值的函数的定义形式如下：

```
函数类型 函数名(形式参数表)
{
    声明部分;
    语句部分;
    return 表达式;
}
```

例如，下面的函数用于求两个整数中较小的一个。

```
int min(int x, int y)
{
    int z;
    z = x < y?x:y;
    return z;
}
```

说明：

① 函数类型是指函数返回值的类型，本例中两个 int 型数据相加之和仍是 int 型，所以函数类型是 int。

② 函数名必须是合法的标识符，最好是有意义的名字。

③ 形式参数，简称形参，相当于数学函数中的自变量。形式参数表中如果有 n 个参数，则书写形式为：

```
类型 1 变量名 1,类型 2 变量名 2, … ,类型 n 变量名 n
```

要注意，每个形参前面都要加上类型描述，即使这 n 个变量的类型都相同，也必须在每个参数前都加上类型描述。这与定义若干相同类型的变量不同。

如果函数不需要参数，那么形参表就是空的，这时可以写成()或者(void)的形式。

④ 形参表后面、用一对花括号括起来的若干语句称为函数体，它主要由声明部分和语句部分组成。声明部分主要是定义函数中用到的变量，语句部分完成有关加工计算。一般在函数体中(通常是在函数体末尾)要有一个“return 表达式;”语句，以实现将计算结果返回给调用它的程序。通常，“return 表达式;”中的表达式结果类型应该与函数类型一致，否则

系统自动将表达式类型转换为函数类型，如果转换失败则提示编译错误。

（2）如果函数只进行一些加工处理，不需要返回值，那么该函数实际上相当于一个过程（procedure）。

没有返回值的函数的定义形式如下：

```
void 函数名(形式参数表)
{
    声明部分;
    语句部分;
}
```

例如，下面的函数的功能是输出 n 个 * 号。

```
void print(int n)
{
    for(int i = 1;i <= n;i ++ )
        cout <<' * ';
    cout << endl;
}
```

说明：由于该函数不需要返回值，所以函数名前面的类型应为 void，并且函数体中不能包含"return 表达式;"语句。

注意：函数不允许嵌套定义。所有函数都是平行的，即函数在定义时是互相独立的，一个函数中不能包含另一个函数的定义，同时它也不从属于任何一个函数。例如，将 add 函数的定义放到 main 函数里面，编译时将产生错误。

4.1.2 函数的调用

定义了一个函数之后，就可以使用该函数了，叫做函数调用。函数调用的方式是：

```
函数名(实际参数表)
```

根据函数定义时有无返回值，函数调用的具体表现形式有如下所述两种。

1. 函数表达式

函数名(实际参数表)作为表达式参与运算或者用于输出语句，例如，函数调用语句"z=add(3,5);"的意思是以 3 和 5 作为实参，调用函数 add，得到 3+5 之和，8 作为函数返回值赋给变量 z。

2. 函数语句

```
函数名(实际参数表);
```

例如：

```
print(20);
```

以上语句的功能是调用函数 print，结果是输出 20 个 * 。

注意：如果是调用无参函数，或者形参带有默认值，不需要提供实际参数，则"实参表"

可以没有,但括号不能省略。如果实参表列包含多个实参,则各参数间用逗号隔开。实参与形参要保持一致,就是说实参与形参的个数应相等,类型应匹配(相同或赋值兼容)

4.1.3 函数的声明

一般地,函数要先定义后使用。如果 main 函数中要调用多个自定义的函数,那么需要在 main 函数前面把所有要调用的函数一一给出定义,这样会导致将 main 函数放到程序最后,给阅读程序带来不便。那么,用什么办法可以解决这个问题呢?答案就是采用函数声明。

所谓函数声明,不同于函数定义。函数定义是指对函数功能的实现,包括指定函数名、函数类型、形参及其类型、函数体等,它是一个完整的、独立的函数单位。而函数声明的作用则是把函数的名字、函数类型以及形参的个数、类型和顺序通知编译系统,以便在遇到函数调用语句时,核查调用形式是否与声明相符。

函数声明的一般形式:

(1) 函数类型 函数名(参数类型 1 参数名 1, 参数类型 2 参数名 2,…);

(2) 函数类型 函数名(参数类型 1, 参数类型 2,…);

不难发现,第 2 种声明是第 1 种声明的缩略版本,它省略了参数名称,这是允许的。因为函数声明不涉及函数体,所以编译系统不关心参数名称是什么,而是只关注该函数的参数个数、类型、顺序。事实上,第 1 种声明形式中,参数名是什么符号都无关紧要,只是为了阅读程序方便,最好跟函数定义中参数的名称对应一致。

只要函数声明出现在函数调用之前,我们就可以把包含函数体的函数定义移到函数调用的后面,方式如下。

方式 1:

```
函数声明;
函数调用;
函数定义;
```

方式 2:

```
函数定义;
函数调用;
```

【例 4-2】 改写例 4-1,将函数 add 放到 main 函数后面,在 main 函数前增加函数声明。

```
#include <iostream>
using namespace std;
int add(int, int);                                       //函数声明
    int main()
{   int a = 1,b = 2;
    cout << a <<' + '<< b <<' = '<< add(a,b)<< endl;       //函数调用
    return 0;
}
int add(int x,int y)                                     //函数定义
{
    int z;
```

```
    z = x + y;
    return z;
}
```

运行结果与例 4-1 完全相同。

4.2 函数的参数传递

4.2.1 形参与实参

如前所述，在定义函数时，函数名后面括号中的变量名称为形式参数，简称形参；在调用函数时，函数名后面括号中的参数(可能是表达式)称为实际参数，简称实参。

关于形参和实参的关系，我们再做如下说明。

(1) 在定义函数时指定的参数之所以叫形参，是因为在函数未调用时，它们并不是实际存在的数据，因而不占内存中的存储单元，只是形式上的参数或虚拟参数。只有在发生函数调用时，函数中的形参才被分配内存单元，以便接收从实参传来的数据。在调用结束后，形参所占的内存单元也被释放。

(2) 实参可以是变量，也可能是常量或表达式，如"add(a,2 * b);"，但要求 *a* 和 *b* 有确定的值，以便在调用函数时将实参的值赋给形参。

(3) 实参与形参的类型应相同或赋值兼容。如果形参与实参类型不同，则按照赋值兼容规则自动将实参转换为形参类型。例如，形参是 int 型，实参也是 int 型，这是合法的；如果实参是 float 型的数据，比如 3.14，则会将它小数部分舍弃，转换为整数 3 传递给形参。

4.2.2 参数的传递

在使用函数的过程中，主调函数与被调函数之间的信息传递是通过参数进行的。根据实参与形参的结合方式的不同，传递方式分为单向参数传递和双向参数传递。其中，单向参数传递又称为值传递；双向参数传递又分为引用参数传递和地址参数传递。

1. 值传递

值传递的特点是实参可以是变量名，也可以是表达式。在函数调用时，将实参的值复制给形参，此后实参与形参脱离关系，函数调用过程中对形参的任何改变都不会影响实参的值，也就是说实参保持原来的值不变。

【例 4-3】 编写一个名字为 swap 的函数，其功能是对两个整数进行交换。

```
#include <iostream>
using namespace std;
void swap(int x, int y)
{
    cout <<"x = "<< x <<"      y = "<< y << endl;
    int t;
    t = x;
    x = y;
```

```
    y = t;
    cout<<"x = "<<x<<"      y = "<<y<<endl;
}
int main()
{
    int a(1), b(2);
    cout<<"a = "<<a<<"      b = "<<b<<endl;
    swap(a,b);
    cout<<"a = "<<a<<"      b = "<<b<<endl;
    return 0;
}
```

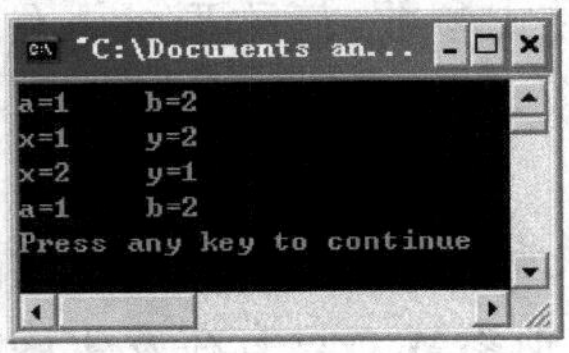

图 4-2　例 4-3 运行结果

运行结果如图 4-2 所示。

从以上运行结果可以看出，调用函数 swap(a,b)后，形参 x 和 y 的值进行了交换，但是实参 a 和 b 的值并没有改变。所以，通过值传递参数，我们没有达到预期的目的。原因在于，a 和 b 分别传递各自的值给 x 和 y 之后，a、b 跟 x、y 就不再有任何关联了，这时尽管交换了 x 和 y 的值，但是对 a 和 b 没有任何影响。

那么，有什么办法可以交换 a 和 b 的值呢？

2. 引用传递

所谓引用传递，就是在函数定义时，将形参声明为实参的引用，也就是实参的一个别名。这样，在函数调用时，形参就是实参的别名，也就是说形参与实参指的是同一个变量，因而主调函数中的实参将随着被调函数中形参值的改变而改变。

【例 4-4】 参数的引用传递。

```
#include<iostream>
using namespace std;
void swap(int &x, int &y)
{
    cout<<"x = "<<x<<"      y = "<<y<<endl;
    int t;
    t = x;
    x = y;
    y = t;
    cout<<"x = "<<x<<"      y = "<<y<<endl;
}
int main()
{
    int a(1), b(2);
    cout<<"a = "<<a<<"      b = "<<b<<endl;
    swap(a,b);
    cout<<"a = "<<a<<"      b = "<<b<<endl;
    return 0;
}
```

运行结果如图 4-3 所示。

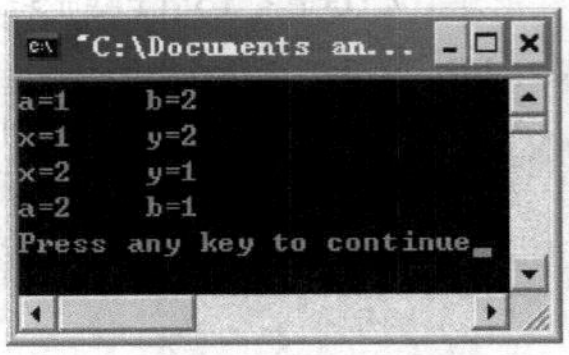

图 4-3　例 4-4 运行结果

可见，通过引用传递参数，swap 函数实现了对 a 和 b 的交换。

例 4-4 和例 4-3 的唯一不同之处是用 void swap(int &x, int &y)替换 void swap(int x, int y)，其他语句不变。

注意：在引用传递方式中，实参不能是常量或表达式，因为只有变量才能有别名，常量或表达式不能有别名。例如，函数调用 swap(1,2)或 swap(x,y+5)将导致编译错误。

3. 地址传递

地址传递是指将实参的地址(指针变量或数组名等)传递给对应的形参，通过执行被调函数中对形参的间接运算，从而改变实参的值。这种方法在 C 语言中被普遍采用，因为 C 语言中没有“引用”机制，这是使函数影响实参值的主要方法。

【例 4-5】 参数的地址传递。

```
#include <iostream>
using namespace std;
void swap(int *px, int *py)      //px 和 py 是指向 x 和 y 的指针
{
    cout<<" *px = "<<*px<<"      *py = "<<*py<<endl;
    int t;
    //以下 3 句是交换指针 px 和 py 所指向的内容,而不是交换指针本身!
    t = *px;
    *px = *py;
    *py = t;
    cout<<" *px = "<<*px<<"      *py = "<<*py<<endl;
}
int main()
{
    int a(1), b(2);
    cout<<" a = "<<a<<"      b = "<<b<<endl;
    swap(&a,&b);
    cout<<" a = "<<a<<"      b = "<<b<<endl;
    return 0;
}
```

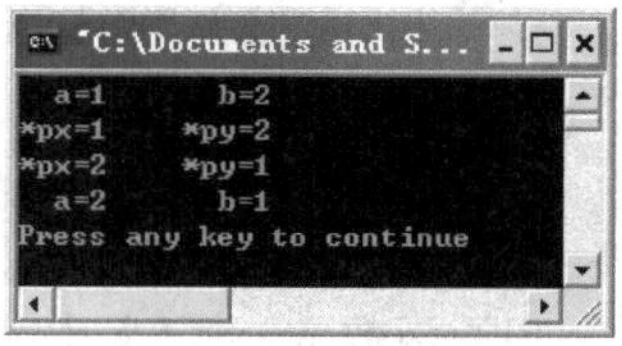

图 4-4 例 4-5 运行结果

运行结果如图 4-4 所示。

比较例 4-5 和例 4-4、例 4-3 可以发现，程序需要多处改动(见粗体字部分)，因此，尽管地址传递方式也能实现交换 a 和 b 的效果，但是不如引用传递方式显得直观、方便，还容易出错，比如，上述函数调用必须是“swap(&a,&b)”，而不是“swap(a,b)”，因为 swap 函数定义时的形参是指向 int 型的指针，那么对应的实参应该是 int 型变量的地址。在 C++ 语言中，如果引用传递或地址传递都可以使用，应尽量使用引用传递，以免发生错误。

小结：如果不希望函数调用之后影响实参的值，就要采用值传递参数；反之，采用引用传递，则可以使函数调用影响实参值，即实现参数的双向传递。

4.2.3 数组和指针作为函数参数

函数中的参数既可以是基本类型的变量，也可以是用户自定义类型的变量，例如数组、指针等。

1. 数组作为函数参数

数组作为函数参数实质上是将数组的首地址传递给函数，所以形参数组元素的改变将影响对应的实参数组元素。

【例 4-6】 编写一个函数 max，其功能是求这个数组中的最大元素值和它的下标。

程序如下：

```
#include < iostream >
using namespace std;
int max(int a[],int n,int & index)
{   //一维数组 a 有 n 个元素。注意参数 index 采用引用方式传递参数
    int m = a[0];                       //先假设 a[0]是最大元素,存放到 m 中
    int k = 0;                          //k 存放最大元素的下标
    for(int i = 1;i < n;i ++ )
        if(m < a[i])                    //如果 a[i]比当前的最大值 m 还要大
        {   m = a[i];                   //用 a[i]替换 m
            k = i;                      //将目前的最大元素 a[i]的下标保存到 k 中
        }
    index = k;                          //将最大元素的下标通过参数 index 传递回来
    return m;                           //函数返回值就是最大元素
}
int main()
{
    int array[10] = {22,34,13,45,88,65,50,47,29,72};
    int m1,i1;
    m1 = max(array,10,i1);
    cout <<"最大数组元素为"<< m1 <<" 下标为"<< i1 << endl;
    return 0;
}
```

说明：

(1) 函数 max 定义中有 3 个形参，其中第 1 个形参为一个 int 型数组。实际上，声明形参数组并不意味着真正建立一个数组，在调用函数时也不对它分配存储单元，只是用 a[]这样的形式表示 a 是一维数组名(实际上相当于一个指针变量)，以接收实参传来的地址。因此 a[]中方括号内的数值可有可无，编译系统对一维数组方括号内的内容不予处理。

(2) 由于函数返回值只有一个，因此，本函数将数组最大元素值作为返回值，将最大元素的下标用第 3 个参数传递给 main 函数。

图 4-5 例 4-6 运行结果

运行结果如图 4-5 所示。

思考：第 3 个参数不采用引用传递，而改为值传递是否可以？

2. 指针作为函数参数

将指针作为函数参数进行传递，实际上就是在主调函数和被调函数之间进行地址传递，因此，形参指针所指向的存储单元的内容的改变将影响实参指针所指向的存储单元的内容。

【例 4-7】 编写一个函数，对于一行字符串，返回其中的非空格字符的个数，将所有小写字母转换为大写字母，并输出转换后的字符串。

程序如下：

```
#include< iostream >
using namespace std;
int to_upper(char * s)
{     int count = 0;                    //统计非空格字符的个数的变量 count 置初值 0
      while( * s)                       //相当于"while( * s ! = '\0')",即指针没移到字符串末尾
      { if( * s! = ' ')
          count ++ ;                    //统计非空格字符的个数
        if( * s >= 'a' && * s <= 'z')   // * s 是小写字母
            * s = * s - ('a' - 'A');    //将 * s 转换成大写字母
        //大写字母比对应小写字母的 ASCII 码小 32,更通用的表示是'a' - 'A'
        s ++ ;                          //指针向后移动到下一个字符
      }
      return count;                     //返回非空格字符的个数
}
int main()
{
      char * str = new char[200];       //申请动态存储空间,能存放 199 个字符
      strcpy(str,"I am a student. My age is 20 years.");
      //调用字符串复制函数 strcpy,给字符串 str 赋值
      cout <<"转换前: "<< str << endl;
      int len = to_upper(str);
      cout <<"转换后: "<< str << endl;
      cout <<"该字符串包含非空格字符"<< len <<"个."<< endl;
      return 0;
}
```

运行结果如图 4-6 所示。

图 4-6 例 4-7 运行结果

4.3 递归函数

现实中的很多问题本身适合用递归的方式描述，因为用递归方法描述比用其他方法更加简单、有效。所以，函数的递归调用具有现实意义和实用价值。

在引入递归调用之前，首先熟悉一下与此相关的嵌套调用问题。

4.3.1 函数的嵌套调用

C++语言不允许对函数做嵌套定义，也就是说在一个函数中不能完整地包含另一个函

数。在一个程序中，每一个函数的定义都是互相平行和独立的。虽然 C++语言中不能嵌套定义函数，但可以嵌套调用函数，也就是说，在调用一个函数的过程中，又调用另一个函数。例如，main 函数调用函数 A，而函数 A 又调用函数 B，函数 B 又调用函数 C，这样函数 main 间接调用了函数 B 和 C，从而形成了函数嵌套调用的一条链子：main--A--B--C。

4.3.2 函数的递归调用

函数的递归调用是指一个函数调用它自身，这分为如下所述两种类型。

1）函数直接调用自身

在定义函数 A 时，它的函数体里有调用函数 A 的语句。

2）函数间接调用自身

在嵌套调用时，如果嵌套调用的这条链子形成一个环，那么就是间接递归调用。比如，函数 A 调用函数 B，而函数 B 又调用函数 C，而函数 C 又调用函数 A，这时的调用关系是 A--B--C--A，函数 A 间接调用它自身。

需要指出的是，在程序设计中应该让递归调用在有限的次数内结束，不能让递归无限地进行下去，那样程序将陷入“死循环”。要想在有限次数内完成，就要设置一个控制条件，当某一个条件成立时就停止递归，否则就继续进行递归调用。这个使递归调用结束的条件称为递归初始边界。一般情况下，达到初始边界时，该问题已经非常简单了，不需要再递归处理，直接可以得到结果。

【例 4-8】 计算整数 n 的阶乘 $n!$。

计算 $n!$ 的公式还可以写成递归的形式：

$n! = 1$　　　　当 $n = 1$ 时　　　　…………………(1)

$n! = n \cdot (n-1)!$　　　　当 $n > 1$ 时　　　　…………………(2)

其中，(1)式是递归的边界条件。根据(2)式计算 $n!$，随着递归的进行，n 的值不断减小，最终变成 1，不再递归，根据(1)式得到 $1! = 1$。然后，由此倒推出 $2!$、$3!$…$n!$。

程序如下：

```
#include <iostream>
using namespace std;
const int N = 5;
int f(int n)
{    if(n == 1)
         return 1;
     else
         return n * f(n - 1);
}
int main()
{
     cout << N <<"! = "<< f(N)<< endl;
     return 0;
}
```

运行结果如图 4-7 所示。

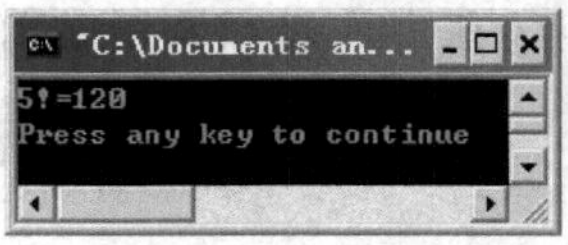

图 4-7　例 4-8 运行结果

当然，根据公式 $n! = n \cdot (n-1) \cdot (n-2) \cdot \cdots \cdot 3 \cdot 2 \cdot 1$，我

们可以用一个 for 语句求 $n!$。程序片段如下：

```
for(int i = N,f = 1;i > 0;i -- )
    f * = i;
cout << f << endl;
```

有些问题既可以用递归方法来处理，也可以用非递归方法来处理。究竟选择哪种方法，需要综合考虑。如果希望执行效率高，可选择非递归方法，因为实现递归时的时间和空间开销比较大；如果希望简化程序，可考虑递归方法。不过有些问题只能用递归方法来处理，比如著名的 Hanoi 塔问题。

4.4 内联函数

调用函数时需要保存现场（有关变量、返回地址等）和传递参数等，这些都要耗费一定的时间和空间开销。如果需要多次调用一个很简单的函数，而且该函数本身运行时间很短，那么调用该函数时保存现场和传递参数的代价就显得特别大了。针对这种情况，C++ 语言提供了一种称为“内联（inline）函数”的机制。由于在编译时已经将内联函数的代码直接嵌入了主调函数中，所以内联函数被执行时，不涉及流程的转出和返回，也不涉及参数传递，提高了执行效率。

指定内联函数的方法，就是函数声明或函数定义时在函数名前面加一个关键字 inline。

【例 4-9】 编写一个内联函数 max，用于求 3 个数中的最大值。

程序如下：

```
inline int max(int x, int y, int z)
{if(y > x)
    x = y;
if(z > x)
    x = z;
return x;
}
```

如果有调用函数 w=max(a, b, c)，那么编译系统将用 max 函数体的代码代替 max(a, b, c)，同时将实参代替形参。也就是说，函数 w=max(a, b, c)被解释为：

```
if (b > a) a = b;
if (c > a) a = c;
w = a;
```

使用内联函数是以空间换时间，即节省运行时间，但却增加目标代码长度。通常，将规模很小（一般为 5 个语句以下）而使用频繁的函数（如定时采集数据的函数）声明为内置函数。

内联函数中不能包括复杂的控制语句，比如循环语句和 switch 语句。

需要指出，将函数声明为 inline 函数，只是对编译系统的建议，并非是强制的。编译系统会根据具体情况决定是否将函数作为内联函数处理，如果一个函数的规模大，或者包含循环语句，那么即使写上 inline 关键字，编译系统也仍将它视为普通函数。

4.5 形参含有默认值

前面讲过，在函数调用时，通常实参要跟形参的个数、类型、顺序一一对应。如果经常调用某个函数时用到的实参总是相同的，每次都写这个实参就显得啰嗦。针对这种情况，C++语言提供了一种机制，允许函数形参带有默认值(default)，这样在函数调用时如果不给该参数指定实参，则将默认值作为实参值。

让函数的形参带有默认值，就是在函数最早出现时给定默认值，也就是说，如果函数的定义在调用之前出现，那么就在函数定义时给出形参的默认值；如果函数的定义在调用之后，那么在函数调用之前必须有函数声明，形参的默认值就在函数声明中给出，不要在函数定义时才给出形参的默认值。

例如，假设有整型加法函数的声明“int add(int x=1,int y=2);”，那么，系统将默认被加数为1，加数为2；函数调用“add();”相当于“add(1,2);”，函数调用“add(5);”相当于“add(5,2);”，注意：不是“add(1,5);”。

对于函数的形参，可以给出默认值，也可以不提供默认值，还可以只对形参的一部分给出默认值。注意：在给部分形参提供默认值时，必须遵循约定，就是如果一个形参带有默认值，那么函数参数表中该形参右面的所有形参都必须有默认值，否则，编译系统会因无法确定形参和实参如何匹配而出错。

例如，假设有一个计算长方体体积的函数，提供默认值的形式如下：

```
int V(int length = 1, int width = 1, int height = 1);      //正确
int V(int length, int width = 1, int height = 1);          //正确
int V(int length, int width, int height = 1);              //正确
int V(int length = 1, int width, int height = 1);          //错误
int V(int length, int width = 1, int height);              //错误
int V(int length = 1, int width = 1, int height);          //错误
```

4.6 函数重载

在C++编程过程中，我们经常会遇到这种情况，就是需要编写若干函数，它们的功能是相似的，但是参数不同，因此必须给这些函数起不同的名字，例如，编写求两个数之和的函数，我们可以用AddInt作为计算两个整数相加的函数名，用AddDouble作为计算两个双精度数相加的函数名……这种处理方式的缺陷是函数名太多，不方便记忆。既然这些函数的功能相同，我们可以统一给这些函数起一个相同的名字，通过函数参数的不同(参数的类型、个数、顺序)，编译系统在函数调用时能够将各个函数区分开来。例如，可以假设用于求和的函数名都为Add，但求两个整型数之和的函数原型为int Add(int, int)，求3个整型数之和的函数原型为int Add(int, int, int)，求两个双精度型数之和的函数原型为double Add(double, double)，等等。C++程序中允许定义多个相同名称的函数，但这些函数的形式参数表不同，这就是函数重载。

4.6.1　函数重载的定义

函数重载是指同一个函数名可以对应着多个不同的函数实现。函数重载的目的是让功能相似的函数使用相同的函数名字。为了使系统在调用一个函数时能够唯一地确定应执行哪个函数代码，编译器是通过函数的参数个数、参数类型和参数顺序来区分的。也就是说，进行函数重载时，要求同名函数的形式参数表中至少在参数个数、参数类型或参数顺序上有一处不同于其他函数。

【例 4-10】 用函数重载的方式编写函数 perimeter，用于求长方形、三角形和圆的周长。

程序如下：

```
#include <iostream>
using namespace std;
const double PI = 3.14159;
double Perimeter(double a,double b)
{
    return (a + b) * 2;
}
double Perimeter(double a,double b,double c)
{
    return (a + b + c);
}
double Perimeter(double r)
{
    return 2 * PI * r;
}
int main()
{
    cout << Perimeter(3.0,2.0)<< endl;      //求长和宽分别为 3 和 2 的矩形的周长
    cout << Perimeter(3,4,5)<< endl;        //求三个边分别为 3、4、5 的三角形的周长
    cout << Perimeter(10.0)<< endl;         //求半径为 10 的圆的周长
    return 0;
}
```

说明：长方形、三角形和圆的周长计算公式是不一样的，但是可以给这 3 个求周长的函数起相同的名字 Perimeter。尽管这 3 个函数的名字一样，但是函数的定义不同；函数的形式参数个数不同，长方形有两个参数——长和宽，三角形有 3 个参数——三条边的长度，圆有一个参数——半径；函数体中计算周长的方法也各不相同。在主函数中调用 Perimeter 函数时，系统能根据实际参数的个数是一个、二个还是 3 个，分别去调用计算圆、长方形、三角形周长的函数。

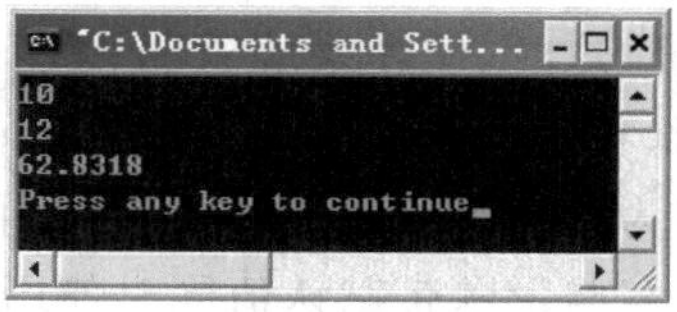

图 4-8　例 4-10 运行结果

运行结果如图 4-8 所示。

4.6.2　匹配函数重载的规则

前面我们提到，函数重载要求同名的函数参数个数不同，或者参数类型不同，或者参数

顺序不同，以便系统能唯一确定去执行哪个函数。具体规则如下所述。

(1) 首先，去寻找一个完全匹配(即参数的个数、类型、顺序都一致)的函数，如果找到就执行该函数。

(2) 如果在函数调用时没有找到完全匹配的函数，则尝试通过参数类型的隐式转换寻求所匹配的函数，如果找到就执行该函数。例如，在例 4-10 的程序中，函数调用 Perimeter(3,4,5)中的 3 个参数是 int 型，与 Perimeter 函数定义中的 3 个 double 型参数不完全匹配，但是系统可以将 int 型数据自动转换为 double 型，因而匹配成功。

(3) 在调用函数时，通过强制对实际参数进行类型转换，可使得函数重载匹配成功。例如，在例 4-10 的程序中，如果调用函数 Perimeter(double(10))，则会显式地将 int 型的 10 转换为 double 型，因而匹配成功，去执行求圆的周长的函数 Perimeter。

4.6.3 函数重载的注意事项

(1) 函数的返回值类型不能作为函数重载的区分条件，也就是说，如果两个函数的名字一样，参数的个数、类型、顺序也一样，只是它们的返回类型不同，这种情况并非函数重载，因为函数调用时系统无法根据函数返回类型确定执行哪个函数，因此编译系统会认为这两个函数是重复定义的错误。

(2) 不要把功能不同的函数放在一起重载。函数重载的目的是为了给功能相似的函数统一起一个名字，以方便使用。如果将功能完全不同的函数重载，则会破坏程序的可读性和可理解性。

(3) 如果有函数重载，同时有些函数的形参带有默认值，这时有可能会引发歧义，让编译系统无法确定究竟调用哪个函数，因而产生错误。例如，假如程序中有如下两个重载函数：

```
double Perimeter(double a = 3,double b = 2)
{
    return (a + b) * 2;
}
double Perimeter(double r)
{
    return 2 * PI * r;
}
```

这时，编译系统就将提示出错信息“ambiguous call to overloaded function”。原因在于，对于函数调用，比如 Perimeter(3)有歧义，既可以理解为求半径为 3 的圆周长，也可以理解为求长=3、宽=2 的长方形的周长，系统不知道该调用哪个函数。所以，一般不要将函数重载与形参带默认值同时使用。

4.7 系统函数

对于一些常用的函数，C++语言专门把它们组织起来，不需要人为地定义，这就是所谓的“系统函数”。使用系统函数的好处是可以减少编程的工作量，提高软件开发的效率，同时提高程序代码的质量。常用的系统函数包括数学函数、字符串处理函数、时间和日期函数以及输入输出函数等。

注意：为了使用系统函数，在使用前必须用 include 指令将相关的头文件嵌入程序，例如，如果要调用正弦函数 sin(x)，就要在程序的开始添加如下语句：

```
#include <cmath>
```

在 C++语言中，将头文件嵌入到程序中的方式有两种：

(1) 用尖括号把头文件名括起来，用于包含系统函数的头文件。例：

```
#include< iostream >
```

(2) 用西文的双引号把头文件名括起来，用于用户自定义的头文件。例：

```
#include "my_head.h"
```

这两种方式的区别是，用尖括号时，系统到系统目录中寻找要包含的文件，如果找不到，编译系统就给出出错信息；用双引号时，系统到指定的目录(绝对路径)寻找文件，或者先在用户当前目录中寻找要包含的文件，若找不到，再到系统目录中查找。

【例 4-11】 系统函数应用示例。

```
#include< iostream >
#include< cmath >
using namespace std;
const double PI = 3.14159;
int main()
{
    cout << pow(3,4)<< endl;         //计算 3 的 4 次方
    cout << fabs( - 5.8)<< endl;     //计算 - 5.8 的绝对值
    cout << sqrt(2)<< endl;          //计算 2 的平方根
    cout << sin(PI/6)<< endl;        //计算 sin30°
    cout << log(2)<< endl;           //计算 ln2
    return 0;
}
```

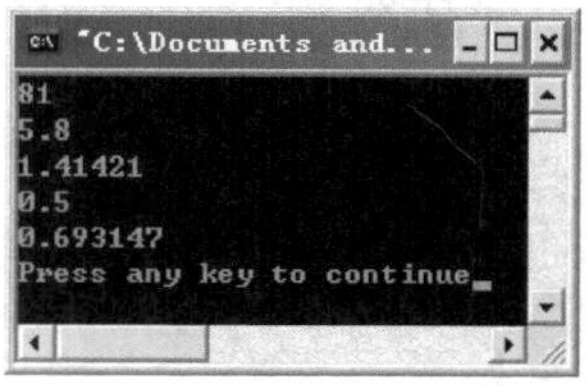

图 4-9 例 4-11 运行结果

运行结果如图 4-9 所示。

【例 4-12】 模仿四人打麻将时置骰子的情景。骰子是一个小立方体，6 个面分别有数字 1、2、3、4、5、6，骰子朝上的一面的数字作为投掷的结果。每人置两次，产生 2～12 之间的整数，两次之和最大者获胜。

思路：用 for 语句中的 i=1、2、3、4 对应四个人投骰子。要随机产生 1～6 的整数，就要调用产生随机数的系统函数，其函数原型为 int rand()。函数 rand 不带参数，它能产生介于 0 到 RAND_MAX(通常在 32 位机中 RAND_MAX=32767)之间的整数，rand()%6 则产生 0～5 之间的整数，1+rand()%6 则产生 1～6 之间的整数。两次投掷的结果分别存放于变量 x 和 y，$x+y$ 则为某人投掷的最终结果。

注意：函数 rand 并非真正的随机数，它是按照一定的公式计算出来的，如果计算随机数的初始参数不变，则每次运行得到的随机数都是一样的。为了使每次随机数的值有所变化，C++ 系统提供了一个称为随机数种子的函数，其函数原型为 void srand(unsigned int)。

srand(time(0))则能产生随时间变化的种子,从而使 rand 函数的值也随时间变化。

程序如下:

```
#include<iostream>
#include<ctime>
using namespace std;
int main()
{
    int x,y;
    srand(time(0));     //产生随机数的种子
    for(int i=1;i<=4;i++)
    {
        x=1+rand()%6;
        y=1+rand()%6;
        cout<<x+y<<"点"<<endl;
    }
    return 0;
}
```

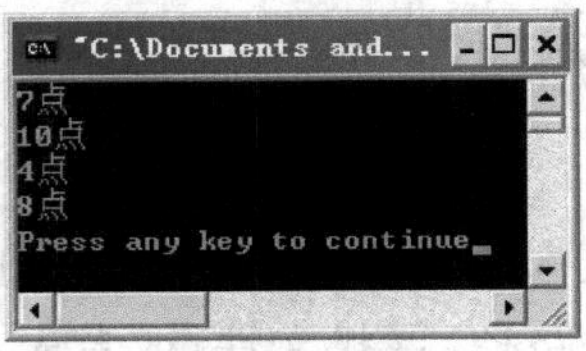

图 4-10 例 4-12 运行结果

运行结果如图 4-10 所示。

说明:随机函数 rand 是一个非常有用的函数,可用于游戏、概率计算模拟等。

【例 4-13】 C 风格的字符串处理函数应用。

C++保留了 C 语言中大量的字符串处理函数,使用这些函数需要把头文件 cstring 或 string.h 包含到源程序中。

程序如下:

```
#include <iostream>
#include<cstring>
using namespace std;
int main()
{
    char s1[20]="C++ ";
    char s2[12]="Programming";
    char s3[20];
    strcat(s1,s2);          //字符串连接
    strcpy(s3,s1);          //字符串复制。注意:不能用赋值语句 s3=s1
    cout<<s3<<endl;
    cout<<"sizeof(s3)="<<sizeof(s3)<<endl;  //字符串占内存空间大小
    cout<<"strlen(s3)="<<strlen(s3)<<endl;  //字符串实际字符数
    if(strcmp(s1,s2)>=0)                   //字符串大小比较
        cout<<s1<<" >= "<<s2<<endl;
    else
        cout<<s1<<" < "<<s2<<endl;
    return 0;
}
```

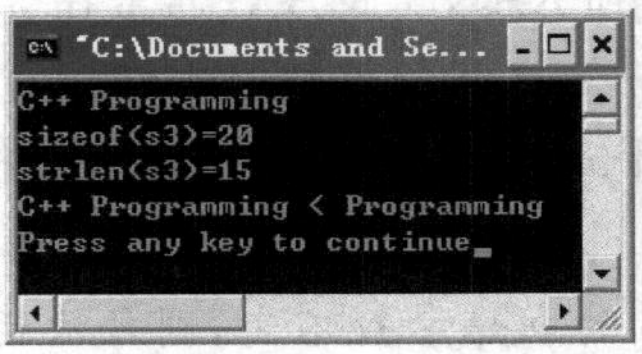

图 4-11 例 4-13 运行结果

运行结果如图 4-11 所示。

说明：

（1）使用函数 strcat 和 strcpy 时，要注意其第 1 个参数（即目标字符串）必须保证有足够的存储空间容纳最终的字符串，否则运行时会出错。

（2）字符串比较实际上是按照它们的 ASCII 码值大小进行比较，对于英文字符串就是按照字典顺序排列。对两个字符串比较不能用“if(s1 > s2) cout <<"yes";”，因为 s1 和 s2 表示数组地址，这种写法表示将两个数组地址进行比较，而不是对数组中的字符串进行比较。

（3）注意 strlen 和 sizeof 的区别。sizeof(s)是指 s 占用的存储空间。如果 s 是字符数组，那么 sizeof(s)就是 s 定义时确定的数组大小；如果 s 是字符指针，则 sizeof(s)的值为 4。strlen(s)是指字符串 s 的实际字符个数，不包括字符串结束标志符'\0'。

4.8 变量的作用域与生存期

有时你兴致勃勃地写完一大段程序，编译时却跳出了很多奇怪的错误，比如某某变量未定义，某某函数找不到。你可能在嘀咕，这个函数明明在这里啊，那不是某某变量么？是不是编译器有问题啊？读完本节你就会懂得，编译器没有问题，是函数、变量的作用域、生存期与可见域在作怪。

4.8.1 作用域与可见域

1. 作用域

在 C++程序中，用户定义的标识符，包括变量、常量、函数以及后面介绍的对象等都存在作用域与可见域的问题。所谓作用域，是指一个标识符在某个范围内（源程序区域）是有效的，在理论上具备合法使用的基础。

按照从小到大来划分，作用域可分为函数原型作用域、块作用域、类作用域和文件作用域。

（1）函数原型作用域：在函数原型声明中的形参的作用域。例如，有如下函数声明：

```
int add(int x, int y);
```

这里的 x 和 y 的作用域就是函数原型作用域，它的有效范围仅限于形参表内，在其他地方都不能使用。正因为如此，有些人在函数原型声明中干脆省略形参名字，变成下面的形式：

```
int add(int, int);
```

这种省略在语法上正确的，但是从程序可读性角度来看，还是保留形参名为好。

（2）块作用域：是最常见的一种作用域，所谓的“块”，通常是指在一对花括号内的复合语句，或者是由选择语句或循环语句构成的一段程序。在一个块内声明的变量，其作用域从声明点开始，到该块结束为止。

例如，分析变量 x、y、t 的作用域：

```
int x,y;                                       }
if(x<y)                                        }
    {int t;      }                             }
     t = x;      }                             }
     x = y;      } t 的作用域                  } x、y 的作用域
     y = t;      }                             }
    }            }                             }
cout <<"max = "<< x << min = "<< y << endl;    }
```

(3) 类作用域：详见第 5 章。

(4) 文件作用域：在函数之外或者类之外声明的标识符的作用域称为文件作用域，它的有效范围是从声明的位置开始，一直到所在文件的末尾为止。

2. 可见域

尽管标识符在其作用域内都是有效的，但未必可以实际使用。因为在某些情况下，该标识符可能被屏蔽了，“潜伏”起来，是“不可见的”，因而不能引用它。“可见域”是从标识符被引用的角度来看问题，换句话说，作用域是变量理论上有效的区域，而可见域是变量实际有效的区域，可见域是作用域的子集。

【例 4-14】 作用域与可见域示例。

```
#include <iostream>
using namespace std;
int k = 1;                                    //1
int main()                                    //2
{    int k = 2;                               //3
     { int k = 3;                             //4
          cout <<"k = "<<::k << endl;         //5
          cout <<"k = "<< k << endl;          //6
     }                                        //7
     cout <<"k = "<< k << endl;               //8
   return 0;                                  //9
}                                             //10
```

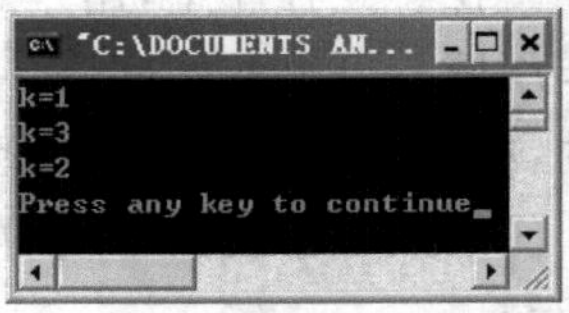

图 4-12　例 4-14 运行结果

运行结果如图 4-12 所示。

分析：本程序在 1、3、4 语句中定义了 3 个同名的变量 k，这 3 个变量的类型、作用域、可见域如表 4-1 所示。根据屏蔽原理，内层的变量覆盖同名的外层变量，如果想在第 5 句使用全局变量 k，需要在变量名称前加作用域限定符“::”。

表 4-1　变量 k 的作用域与可见域

变　　量	类　　型	作　用　域	可　见　域
语句 1 定义的变量 k	全局变量	语句 1～10	语句 1～2
语句 3 定义的变量 k	局部变量	语句 3～10	语句 3,8～10
语句 4 定义的变量 k	局部变量	语句 4～7	语句 4～7

4.8.2　局部变量和全局变量

按作用域分，变量可分为局部变量和全局变量。所谓局部变量，是指在函数(或者类)内

部定义的变量，局部变量仅在定义它的函数内才能有效使用，其作用域仅限在函数内，即从变量定义的位置开始，到函数体结束。通常，编译器不为局部变量分配内存单元，而是在程序运行中，当局部变量所在的函数被调用时，系统根据需要临时为其分配内存。当函数执行结束时，局部变量被撤销，占用内存被收回。

在函数外定义的变量称为全局变量。全局变量的作用域较广，全局变量不属于任何一个函数，理论上可被其作用域中的所有函数访问，因此，提供了一个不同函数间联系的途径，使函数间的数据联系不只局限于参数传递和 return 语句。全局变量一经定义，编译器会为其分配固定的内存单元，在程序运行期间，这块内存单元始终有效，一直到程序执行完毕才由操作系统收回该块内存。

4.8.3 变量的生存期与存储类型

在 C++程序中，变量也有从诞生到消亡的生命周期。变量生存期是指，在程序运行过程中变量实际占用内存或寄存器的时间。变量生存期是由变量定义时指定的存储类型决定的。变量的存储类别也同时影响着编译程序为变量分配内存单元的方式以及为变量设置的初始值。

C++程序可以使用的存储空间分为程序区、静态存储区、动态存储区 3 种，如图 4-13 所示。

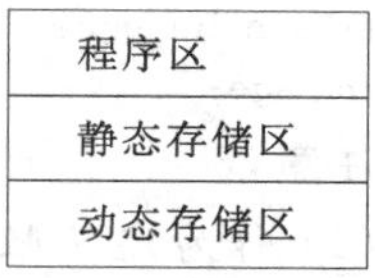

图 4-13　存储空间的组织

执行程序的代码存放于程序区，各种数据存放于静态存储区和动态存储区。

静态存储区用于存放全局变量和静态变量，程序在开始执行前为它们分配存储空间，程序执行完毕即释放这些空间。静态是指在程序执行过程中它们占据固定的存储单元，而不是在程序运行期间根据需要进行动态分配。

动态存储区用于存放局部变量、函数的形式参数、函数调用时的现场和返回值等。这些数据在函数（或块）开始执行时被分配动态存储空间，函数（或块）执行结束时释放这些空间。在执行过程中，这种分配和释放是动态的，如果一个程序两次调用同一个函数，分配给这个函数中局部变量的内存地址可能是不同的。

C++语言中，变量的存储类型可分为 4 种，即 auto（自动）、register（寄存器）、extern（外部）和 static（静态）。其中，auto 和 register 变量属于动态存储类型，而 static 和 extern 变量属于静态存储类型。不同存储类型的变量，它的作用域、可见域和生存期各不相同。

1. 自动变量

自动变量是指用 auto 修饰的局部变量，它存放于动态存储区内。例如，“auto int i;”即用于声明局部变量 *i* 是自动变量。

按常用从简原则，不加修饰的局部变量均视为自动变量。因此，int i 相当于 auto int i。

2. 寄存器变量

编译程序在可能的情况下，可以把一些局部变量放在寄存器中使用，以提高对该变量访问的效率。寄存器变量的定义形式：

```
register 类型 变量名;        //应为局部变量
```

例：

```
register int i, j;
register float x, y;
```

由于寄存器有限，编译程序在无法为寄存器变量分配给相应寄存器时，自动把它当作自动变量处理。由于C++编译具备代码优化功能，它能自动判断哪些变量可以长时间地保存在寄存器中，以优化程序的执行速度，所以通常我们已经比较少使用 register 保留字。另外，还要注意，因为寄存器变量不存放在内存中，因此不能对寄存器变量进行地址运算。

3. 外部变量

外部变量是指在类型前面加上 extern 修饰的全局变量。若一个全局变量在声明时未指定存储类别，则默认存储类别为外部的，并且该声明为定义性声明；若这时未指定初值，则默认初始化为 0。

例如：

```
extern int age = 30;      //定义性声明
extern int age;           //引用性声明
int age;                  //如此声明全局变量被视为外部变量
```

注意：

(1) 作为定义性声明出现的 extern 变量必须是全局变量；作为引用性声明出现的 extern 变量可以是全局变量，也可以是局部变量。

(2) 定义性声明——指示编译程序要为该变量分配内存单元。

(3) 引用性声明——告诉编译程序，该名字的变量存放在程序的其他地方已给出了定义性声明，这里只需引用其名字而不必再为它分配内存单元。

(4) 在一个程序中对一个变量只允许进行一次定义性声明，而可以有多次引用性声明。

(5) 定义性声明和引用性声明可以同时出现在同一个文件作用域中。

(6) 外部变量具有全局寿命，它的初始化工作在程序开始执行 main()函数之前就已完成。

4. 静态变量

静态变量是指在变量声明的类型前面加 static 修饰的变量，定义形式为：

```
static 类型 变量名;
```

例如：

```
static int a, b;
static float x, y;
```

声明静态变量时如果未指定初始化表达式，就认为默认初始化值为 0，为提高程序的可读性，最好显式地给出静态变量的初始值。

静态变量分为静态局部变量和静态全局变量两种。

(1) 如用 static 修饰的是局部变量，则该变量称为静态局部变量。静态局部变量具有全局寿命，其寿命从程序启动开始到程序运行结束。注意：尽管静态局部变量有全局寿命，但是在它的作用域外仍是不可访问的。静态局部变量的初始化工作只做一次，即在程序运行中第一次经过它的声明时完成，以后再次遇到该变量的声明时采用上次运行的结果作为当前值。

(2) 如用 static 修饰的是全局变量，则该变量称为静态全局变量。静态全局变量的初始化是在执行函数 main()之前完成的。静态全局变量作用域仅限于定义它的文件内，而不可由其他文件用 extern 引用。

【例 4-15】 静态局部变量的用法。

程序如下：

```
#include<iostream>
using namespace std;
void grow( )
{    static int age = 18;      //声明一个静态局部变量
     age ++ ;
          cout <<"My age is "<< age << endl;
 }
int main( )
{
     for(int i = 1;i <= 3;i ++ )
          grow( );
     return 0;
}
```

说明：程序中的静态变量 age 只是在第一次执行时被赋值为 18，以后调用函数 grow()时，age 就不必再赋初值，而以上次执行结果为初值（即带有记忆作用）。

运行结果如图 4-14 所示。

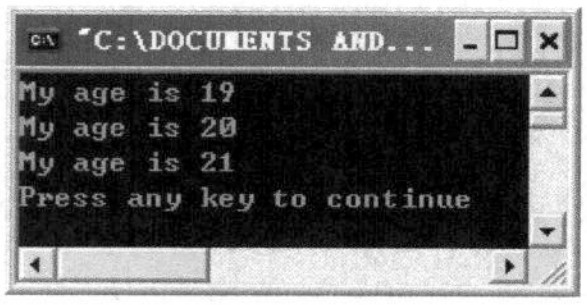

图 4-14　例 4-15 运行结果

4.9 常见错误与典型示例

4.9.1 常见错误分析

(1) 搞不清函数定义与函数声明的区别。以求两个整数之和的函数 add 为例。

函数定义：

```
int add(int x, int y);      //错！函数定义时，函数头部和函数体之间不能有分号
{
    return x + y;
}
```

函数声明：

```
int add(int x, int y)       //错！函数声明只有函数头部，以分号结尾
int add(int, int );         //正确！函数声明中的形参可以是任何标识符，或者干脆省略
```

(2) 搞不清函数调用与函数声明的区别。

函数调用：

```
add(int a, int b);            //错!函数调用时,要用实参去结合形参,不用类型说明符
c = add(a, b);                //正确
```


(3) 函数调用时,实参与形参不匹配,或者返回类型与函数声明(定义)的返回类型不匹配而出错。例如,函数声明中返回类型为 void,而函数调用出现在表达式中。

(4) 企图在一个函数的函数体内定义另一个函数。如前所述,函数的调用可以嵌套,但是函数的定义不能嵌套。因此,两个函数的定义应该是平行的,不能让一个函数的定义包含在另一个函数中。

(5) 函数声明中,部分形参带有默认值,在有默认值的形参右端又出现没有默认值的形参,这时编译会出错。例如"int max(int a=10, int b=8, int c);"。

4.9.2 典型示例

【例 4-16】 编写一个函数,实现两个矩阵的乘法运算。假设矩阵 **A** 为 M 行 N 列,矩阵 **B** 为 N 行 P 列,**A** 和 **B** 的乘积存放于矩阵 **C**(M 行 P 列)。矩阵乘法公式:

$$\boldsymbol{C}[i][j] = \sum \boldsymbol{A}[i][k] * \boldsymbol{B}[k][j], \quad k = 1,\cdots,N$$

程序如下:

```
#include <iostream>
using namespace std;
const int M = 2,N = 3,P = 4;
void multi(int A[M][N],int B[N][P],int C[M][P])
{    int i,j,k,sum;
     for(i = 0;i < M;i ++ )
          for(j = 0;j < P;j ++ ){
               sum = 0;
               for(k = 0;k < N;k ++ )
                    sum += A[i][k] * B[k][j];
               C[i][j] = sum;
          }
}
int main( )
{    int A[M][N] = {{1,2,3},{2,5,6}};
     int B[N][P] = {{1,2,3,4},{2,3,4,5},{3,4,5,6}};
     int C[M][P];
     multi(A,B,C);
     for(int i = 0;i < M;i ++ ){
          for(int j = 0;j < P;j ++ )
               cout << c[i][j]<<'\t';
          cout << endl;
     }
     return 0;
}
```

说明:

(1) 为了简单,这里对二维数组 **A** 和 **B** 采用初始化语句提供数据。如果希望从键盘上输入数据,可以用两个嵌套的循环语句来实现。

(2) 矩阵乘法的函数为 multi，它有 3 个参数，分别是矩阵 $\boldsymbol{A}$、$\boldsymbol{B}$ 和 $\boldsymbol{C}$。由于函数的返回值不能是数组，所以使用第 3 个参数 $\boldsymbol{C}$ 把矩阵乘积传递给主调函数。

(3) 函数由三重 for 循环语句实现。临时变量 sum 用于计算 $\boldsymbol{C}[i][j]$，累加完成以后将 sum 赋给 $\boldsymbol{C}[i][j]$，这样比每次直接访问 $\boldsymbol{C}[i][j]$ 执行效率高。另外，还要注意 sum 的初始化应在第 2、第 3 个 for 语句之间，而不能将 sum＝0 放到第 1 个 for 语句之前。

运行结果如图 4-15 所示。

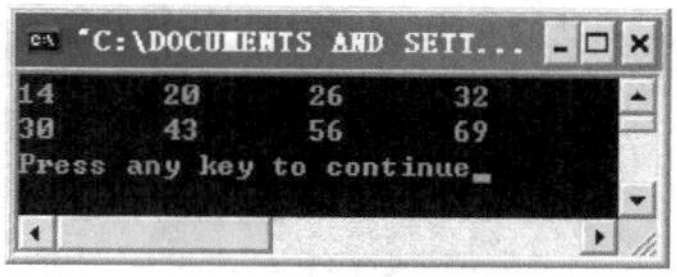

图 4-15 例 4-16 运行结果

【例 4-17】 采用选择排序法，将数组中的各个元素从小到大进行排序。

程序如下：

```
#include<iostream>
using namespace std;
void print(int x[],int n)             //函数 print 依次输出数组 x 的 n 个元素
{    for (int i = 0;i<n;i++)
       cout<<x[i]<<'\t';
     cout<<endl;
}
void sort(int a[],int n)              //函数 sort 采用选择法对数组 a 的 n 个元素排序
{    int i,j,k,t;
     for (i = 0;i<n-1;i++)
     {k = i;
      for(j = i+1;j<n;j++)
          if (a[j]<a[k])              //找出 a[i+1]～a[n-1]中的最小元素，其下标赋给 k
                 k = j;
      t = a[k];
      a[k] = a[i];
      a[i] = t;                       //以上三句的功能是交换 a[i]和 a[k]
     }
}
int main ( )
{
     int a[] = {7,3,9,1,5};
     int n = sizeof(a)/sizeof(a[0]);  //数组元素个数 = 数组占用字节数 ÷ 单个元素占用字节数
     cout<<"排序之前:"<<endl;
     print(a,n);                      //输出数组 a 在排序前的各个元素
     sort (a,n);                      //对数组 a 进行排序
     cout<<"排序之后:"<<endl;
     print(a,n);                      //输出数组 a 在排序后的各个元素
     return 0;
}
```

运行结果如图 4-16 所示。

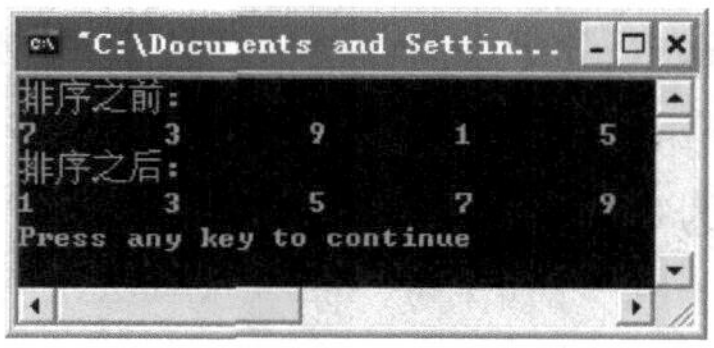

图 4-16 例 4-17 运行结果

习题 4

1. 选择题

(1) 已知函数的原型说明为"int f(int&,char *);",另有变量说明为"char str[100]; int k;",如果要调用以上函数,那么函数的调用形式为(　　)。

A. f(str,&k)　　B. f(str[100],k)　　C. f(k,str);　　D. f(str,&k);

(2) 当一个函数没有返回值时,该函数类型应说明为(　　)。

A. NULL　　B. int　　C. void　　D. virtual

(3) 对于 C++函数,错误的叙述是(　　)。

A. 函数的定义不可以嵌套,但是函数的调用可以嵌套

B. 函数体内不可以再定义一个函数,但是函数体内可以调用另一个函数

C. 函数体内不可以再定义一个函数,但是函数体内可以调用函数自身

D. 函数的定义和调用都可以嵌套

(4) 下列关于设置函数默认的参数值的描述中,错误的是(　　)。

A. 设置函数默认参数值时,有默认值的形参必须放在形参表的前面

B. 在有函数声明时,默认值应设置在函数声明时,而不是定义时

C. 可以对函数的部分参数或全部参数设置默认值

D. 设置函数参数默认值应从右向左设置

(5) 以下叙述中错误的是(　　)。

A. 在不同函数中可以使用相同名字的变量

B. 函数中的形式参数是局部变量

C. 在一个函数内定义的变量只在本函数范围内有效

D. 在一个函数内的复合语句中定义的变量在本函数范围内有效

(6) 若定义函数"int f(int x){x+=x; return x;}",执行以下语句

```
int a = 2; f(a) + f(a);
```

则 a 的值是(　　)。

A. 2　　B. 4　　C. 8　　D. 10

(7) 以下函数声明正确的是(　　)。

A. double fun(int x, int y)　　B. double fun(int x; int y)

C. double fun(int x, int y);　　D. double fun(int x, y);

(8) 以下函数原型声明中,正确地声明了一个内联函数的是(　　)。

A. const bool isnumber(char c);　　B. inline bool isnumber(char c);

C. virtual bool isnumber(char c);　　D. define bool isnumber(char c);

(9) 以下程序的运行结果为(　　)。

```
#include <iostream>
using namespace std;
int w = 3;
```

```
int f(int k)
{
    if(k == 0)
        return w;
    return f(k - 1) * k;
}
int main()
{
    int w = 10;
    cout << f(5) * w << endl;
    return 0;
}
```

A. 1200　　B. 360　　C. 3600　　D. 1080

(10) 以下程序的运行结果为(　　)。

```
#include <iostream>
using namespace std;
void print(char c)
{
    cout << c;
    if(c <'3')
        print(c + 1);
    cout << c;
}
int main()
{
    print('0');
    cout << endl;
    return 0;
}
```

A. 3210　　B. 0123　　C. 0123210　　D. 01233210

2. 填空题

(1) fib 为计算 Fibonacci 数的递归函数。其中，fib(1)=1，fib(2)=1；当 $n>2$ 时，任何一个 Fibonacci 数等于它前面的两个 Fibonacci 数之和。请完善如下程序。

```
#include <iostream>
using namespace std;
________ fib( ________)
{
    if(n == 1 || n == 2)return 1;
    return ________;
}
int main()
{
    int i;
    cout <<"输入一个正整数：";
    cin >> i;
    cout <<"fib("<< i <<") = "<< fib(i)<< endl;
```

```
    return 0;
}
```

(2) 以下程序的运行结果为________。

```
#include <iostream>
using namespace std;
int f(int n)
{
    int p(1),s(0);
    for(int i(1);i<n;i++)
    {
        p* = i;
        s += p;
    }
    return s;

}
int main()
{
    int s = f(4);
    cout << s << endl;
    return 0;
}
```

(3) 以下程序的运行结果为________。

```
#include <iostream>
using namespace std;
int fun(char *s1,char *s2)
{
    while(*s1 && *s2 && *s1++== *s2++)
        ;
    s1--;
    s2--;
    return *s1 - *s2;
}
int main()
{
    char *p1, *p2;
    p1 = "monkey";
    p2 = "monday";
    int n = fun(p1,p2);
    cout << n << endl;
    return 0;
}
```

(4) 要求主函数调用一个 invert 函数将字符串逆序输出,请完善程序。

```
#include <iostream>
using namespace std;
________;
```

```
int main( )
{
    char s[ ] = "C++ programming is interesting!";
    invert(s, strlen(s));
    cout <<"逆序后的字符串: "<< s << endl ;
    return 0;
}
void invert(char s[ ], int n)
{
    int i = 0, j = n - 1;
    while( ________ )
    {
     int t;
     t = s[i];
     s[i] = s[j];
     s[j] = t;
     i ++ ;
     ________;
    }
}
```

(5) 以下程序的运行结果为________。

```
#include <iostream>
using namespace std;
int x(10),y(20);
void fun(int x, int &y)
{
    cout << ++ x <<"   "<< y ++ << endl;
}
int main()
{
    int x = 30, y = 40;
    cout << x <<"   "<< y << endl;
    fun(x, y);
    cout << x <<"   "<< y << endl;
    return 0;
}
```

(6) 从键盘上输入两个整数,编程求它们的最大公约数。请完善程序。

```
#include <iostream>
using namespace std;
________;
int main( )
{   int a,b;
    cout <<"输入两个整数:";
    cin >> a >> b;
    int g = ________;
    cout <<"最大公约数为"<< g << endl;
}
int gcd(int x,int y)      //函数 gcd 用辗转相除法求 x 和 y 的最大公约数
```

```
{
    int temp;
    while(y! = ________ )
    {    temp = ________ ;
         x = y;
         y = temp;
    }
    return ________;
}
```

(7) 输入整数 n,输出它的所有素数因子。例如,输入 2310,则输出 2、3、5、7、11。

```
# include < iostream >
using namespace std;
bool prime(int num)
{ for(int i = 2;i < = num/2;i ++ )
    if(________ )
        return false;
________;
}
int main()
{
    int n;
    cout <<"输入一个整数 n:";
    cin >> n;
    for(int i = 2;i < = n/2;i ++ )
    {     if(n % i == 0 && ________ )
            cout << i <<'\t';
    }
    cout << endl;
    return 0;
}
```

(8) 下面程序的功能是计算两个矩阵的和,并按行输出。请完善程序。

```
# include < iostream >
using namespace std;
const int m = 2,n = 3;
int A[m][n] = {1,2,3,4,5,6},B[m][n] = {2,4,6,1,3,5},C[m][n];
void add(int A[m][n],int B[m][n],int C[m][n])
{    int i,j;
    for(i = 0;i < m;i ++ )
        for(j = 0;j < n;j ++ )
            ________;
}
int main()
{    int i, j;
    ________;
    cout <<"矩阵 C:"<< endl;
    for(i = 0;i < m;i ++ )
    {    for(j = 0;j < n;j ++ )
            cout << C[i][j]<<'\t';
```

```
        ________;
    }
    return 0;
}
```

(9) 以下程序将一个十进制数转换为其他进制的数。请完善程序。

```
#include <iostream>
using namespace std;
void f1(char *s, int n, int r)   //函数 f1 将十进制数 n 转换成 r 进制数(顺序是颠倒的),存放到
                                 //字符串 s 中
{   int i = 0,t;
    while(n)
    {t = n % r;
     if(t >= 10)
         s[i++] = ________;
     else
         s[i++] = ________;
    n = n/r;
    }
    s[i] = '\0';
}
void f2(char *s)                 //函数 f2 将字符串 s 进行逆序处理
{   char ch;
    int len = strlen(s);
    for(int i = 0;i<________;i++)
    {   ch = s[i];
        s[i] = s[len - i - 1];
        s[len - i - 1] = ch;
    }
}
int main()
{
    char s[200];
    int n,r;
    cout<<"请输入想转换的十进制整数:";
    cin>>n;
    cout<<"你想将十进制数"<<n<<"转换成多少进制数?";
    cin>>r;
    f1(s,n,r);
    ________;
    cout<<"十进制数"<<n<<"转换成"<<r<<"进制数,结果为"<<s<<endl;
    return 0;
}
```

(10) 将两个 C 风格的字符串连接成一个字符串,使用系统提供的字符串处理函数为________。

(11) 以下程序通过调用自定义函数 mycopy(),将字符串 s1 复制到字符串 s2。请完善程序。

```
#include <iostream>
```

```
using namespace std;
void mycopy(________________)
{
    while( * p! = '\0')
      ________;
    * q = '\0';
}
int main()
{
    char * s1 = "I am a student.";
    char s2[20];
    cout <<"s1 = "<< s1 << endl;
    ________;
    cout <<"s2 = "<< s2 << endl;
}
```

(12) 下面程序的功能是计算两个矩阵的和,并按行输出。请完善程序。

```
#include < iostream >
using namespace std;
const int m = 2,n = 3;
int A[m][n] = {1,2,3,4,5,6},B[m][n] = {2,4,6,1,3,5},C[m][n];
void add(int A[m][n],int B[m][n],int C[m][n])
{   int i,j;
    for(i = 0;i < m;i++)
        for(j = 0;j < n;j++)
            ________________;
}
int main()
{   int i, j;
    ________________;
    cout <<"矩阵 C:"<< endl;
    for(i = 0;i < m;i++)
    {   for(j = 0;j < n;j++)
            cout << C[i][j]<<'\t';
        ________________;
    }
    return 0;
}
```

3. 编程题

(1) 编写一个计算 e^x 的函数,并在主函数中调用该函数计算 e、e^2、$e^{1/2}$。

计算公式:$e^x=1+x+x^2/(2!)+x^3/(3!)+\cdots$

(2) 设计一个函数,对于从键盘上输入的整数,判断是否为素数。

(3) 编写一个函数验证哥德巴赫猜想:6 以上的偶数都可以表示为两个素数之和。例如,6=3+3,8=3+5,10=3+7……若输入 34,则运行结果为:

```
34 = 3 + 31
34 = 5 + 29
34 = 11 + 23
```

```
34 = 17 + 17
```

（4）设计一个函数，输入年（4 位）、月（1～12）、日（1～31），该函数返回该日期是当年的第几天，并在 main 函数中调用函数验证。要求：考虑闰年；输入非法数据则提示重新输入。

（5）输入 n 个字符串，将其中以字母 S 打头的字符串输出。要求：分别用 C 风格和 C++ 风格的字符串处理方法来实现。

（6）编写一个英语句子（假设不超过 80 个字符）的加密函数与解密函数。加密时，输入一个密钥 n（1～25 之间的整数），将英文字母加上 n 变成对应的新的字符，非英文字母保持不变。比如，输入明文"iphone 4s"，$n=2$，则加密后的密文为"krjqpg 4u"。同理，输入密文"krjqpg 4u"，$n=2$，则能恢复明文为"iphone 4s"。

（7）重写第（4）题的函数，要求将"年、月、日"作为结构体类型的成员。

（8）编写一个函数，其功能是判断一个西文字符串是否为回文，如果是回文，则函数返回字符串"Yes"，否则返回字符串"no"，并在主函数中输出。所谓回文是指正向和反向的拼写都一样，例如，"radar"、"madam"等。

（9）编写一个矩阵乘法的函数，实现 $\boldsymbol{C}=\boldsymbol{A}\times\boldsymbol{B}$。并在主函数中验证输入、相乘、输出。

（10）编写函数，对于字符数组或字符指针能实现与系统提供的字符串处理函数相同的功能，例如复制 strcpy、连接 strcat、比较 strcmp、求长度 strlen 等。

（11）随机生成 10 个 0～100 之间的整数，存入数组后进行从小到大的排序，最后输出。

4. 简答题

（1）什么是函数定义、函数声明、函数调用？函数原型声明有什么作用？

（2）值传递、引用传递、指针传递有什么区别？函数的参数传递时，引用与指针哪个更好？

（3）数组作为函数参数传递时，是传递的整个数组内容吗？

（4）内联函数、重载函数有什么好处？

（5）全局变量与静态全局变量有什么区别？全局变量对于程序的可读性有什么影响？

（6）静态局部变量是否随着离开它的作用域而消亡？它的初始化在什么时候进行？

（7）全局变量和局部变量在没有初始化之前，其值是什么？

（8）#include 后跟尖括号、双引号括起来的文件名，有什么区别？

第5章 类与对象

5.1 面向对象程序设计的基本概念

在面向对象的概念提出之前，人们普遍使用的是面向过程的结构化程序设计方法。结构化程序设计可以把一个较为复杂的程序设计任务分解为许多易于控制和处理的子任务，分块解决，具有很多优点。但它把定义数据和处理数据的过程分离开来，当数据结构改变时，所有相关的处理数据过程都要进行相应的修改，程序的可重用性较差，对大型程序设计很难适应。

面向对象的设计则是把定义数据及处理数据的方法放在一起作为一个对象，对同类型的对象抽象出其共性形成类。类可以通过一个简单的外部接口与外界联系，对象与对象之间通过消息进行通信，加上类的继承和派生特性，使程序模块间的关系更为简单，独立性更强，数据的安全性有了保障，提高了程序的可重用性，方便了软件的开发和维护。

面向对象的程序设计方法是到目前为止最符合人类认知问题思维过程的一种方法。本节将介绍它具有的基本特点。

5.1.1 抽象

抽象，是人类认知问题的基本手段之一。面向对象的程序设计方法中的抽象是对具体问题(对象)进行概括，抽象出一类对象的公共性质并加以描述的过程。抽象的过程就是对问题进行分析和认识的过程。面向对象的程序设计，首先要注意问题的本质及描述，其次是问题的实现过程，即解决问题。对一个问题的抽象一般包括数据抽象和代码抽象(或称为行为抽象)两个方面，前者描述的是某类对象的属性或状态，后者描述的是某类对象的共同行为特征具有的共同功能。

例如，我们对时钟进行分析，首先需要几个变量来存放时、分、秒等时间单位，这些是时钟所具有的数据抽象；其次，时钟要有显示时间、设置时间等简单的功能是我们对时钟的行为抽象。用C++语言的变量和函数可以将抽象后的时钟属性描述如下。

```
时钟 Clock
数据抽象：int hour;          //时
          int minute;        //分
          int second;        //秒
功能抽象：showTime();        //显示时间
          setTime();         //设定时间
```

如果我们对在校学生进行抽象，提取其共性部分，可得到如下的抽象描述。

```
在校学生 Student
数据抽象: char * name;        //姓名
          int number;         //学号
          char * sex;         //性别
          int age;            //年龄
          float grade;        //成绩
代码抽象: study();            //学习
          test();             //考试
          eatFood();          //吃饭
```

对同一个问题，研究的侧重点不同，就会得到不同的抽象结果；解决方法不同，其抽象结果也会不同，其具体表现就是抽象出来的成员不同。

5.1.2 封装

抽象是认识和分析问题的过程，而封装则是把我们抽象出来的数据和代码有机结合成一个整体，形成一个模块的过程。对其数据和代码的存取权限加以限制后，模块完全独立。经过封装后，描述对象的数据只能通过对象中的程序代码来处理，而其他任何程序代码都不能访问对象中的数据。

C++程序可以用类(class)来实现封装，对象是类的一个实例。按照 C++的语法，在校学生的封装可以表示如下。

```
class Student                 //class 为关键字,Student 为类名
{                             //类体开始
private:                      // 特定的访问权限
    char * name;              //属性,数据成员
    int number;               //属性,数据成员
    char * sex;               //属性,数据成员
    int age;                  //属性,数据成员
    float grade;              //属性,数据成员
public:                       //外部接口
    study();                  //行为,代码成员
    test();                   //行为,代码成员
    eatFood();                //行为,代码成员
};                            //类体结束
```

这里定义了一个名为 Student 的类，其中的函数成员和数据成员描述了抽象的结果；“{”和“}”限定了类的边界。关键字 public 和 private 是用来指定成员的不同访问权限的，声明为 public 的 3 个函数为类定义了外部接口，外界只能通过这个接口来与 Student 类发生联系。声明为 private 的数据成员是本类的私有数据，外部无法直接访问。

可以看到，通过封装使一部分成员充当类与外部的接口，而将其他成员隐藏起来，这样就达到了对成员访问权限的合理控制，使不同类之间的相互影响减少到最低限度，进而增强数据的安全性，简化程序编写工作。

5.1.3 继承

C++程序中的继承性提供了创建新类的一种方法，就是说可以在已有类的基础上进行

修改或扩充来建立一个新类。新类可以共享被继承类的属性和行为，同时还可以额外扩充新的行为和数据，使之具有更具体、更完善的功能。继承的本质是行为共享和代码可重用性。新类称为被继承类的子类或派生类，而被继承类称为父类或基类。父类和子类的关系就是高层次抽象和低层次抽象的关系。抽象是有层次的，也就是说类是有层次的，层次体现在它的继承性中。例如，上面提到的学生类可以是硕士生类、大学生类和中小学生类的父类或基类，而硕士生类、大学生类和中小学生类则是学生类的子类或派生类。大学生类可以共享学生类的方法和属性，同时具有所特有的行为和属性。

5.1.4 多态

顾名思义，多态的意思是一个事物有多种状态。在面向对象程序设计中，多态性是指子类对象可以像父类对象那样使用，同样的消息既可以发给父类对象，也可以发送给子类对象。不同对象对接收到同一消息的反应是不一样的，也就是说当同一信息为不同的对象所接收时，所导致的行为完全不同。多态性的重要性在于允许一个类体系的不同对象各自以不同的方式响应同一个消息，这样就可以实现"同一接口，多种方法"，提高程序设计的灵活性，从而大大减轻类体使用者的记忆负担。

5.2 类与对象

类是面向对象程序设计的核心，是逻辑上相关的函数与数据的封装，它是对所要处理的问题的抽象描述，利用它可以实现数据的封装和隐藏。

无论哪一种程序设计语言，其基本的数据类型都是有限的，C++语言的基本数据类型也远不能满足描述现实世界中各种对象的需要。于是 C++语法必须提供一种自定义类型的方法，类实际上也就相当于用户自定义的数据类型，有着与整型、浮点型等基本数据类型类似的特征。利用类可以定义该类的变量，这个变量称为该类的对象，这个定义的过程也称为类的实例化。与基本数据类型的不同之处在于，类这个特殊类型中不仅包含了数据，同时还包含了对数据进行处理的函数。

综上可见，类和对象是密切相关的，类是对某一类对象的抽象，而对象是某一类的具体实例。

5.2.1 类的定义

类是一种复杂的用户自定义数据类型，它的定义分为说明部分和实现部分两部分。说明部分主要用来说明类中的成员，包括数据成员和函数成员。实现部分主要用来给出说明部分中说明的成员函数的实现或定义。类的一般定义格式如下所述。

```
类的说明部分:
class 类名
{
private:            //私有成员
    成员表 1;
protected:          //保护成员
```

```
    成员表 2;
public:             //公有成员,外部接口
    成员表 3;
};
类的实现部分:
类名::成员函数名(参数表)
{函数体;}
```

其中,class 是类定义的关键字;类名是一个标识符,必须符合标识符的命名规则;一对花括号规定了类体的范围,其后的分号表示类定义结束。成员表可以是数据说明或函数说明,由类型说明符和变量(或函数)名称组成。

private、protected、public 用来说明类成员的访问控制属性,各种属性的成员可以根据需要来选择使用,它们的出现顺序和次数是没有限制的。但在实际使用中,一般习惯于在类体内先声明公有成员,再声明私有成员,因为公有成员是用户所关心的。

例如,我们用如下代码定义一个类来描述时钟:

```
//说明部分
class Clock                                      //类名
{
private:                                         //私有成员
    int hour,minute,second;                      //数据成员
public:                                          //外部接口,公有成员
    void setTime( int h, int m, int s);          //设定时间的函数成员
    void showTime();                             //显示时间的函数成员
};
//类 Clock 成员函数的定义(实现)
void Clock:: setTime( int h, int m, int s)
{
    hour = h;
    minute = m;
    second = s;
}
void Clock:: showTime()
{
    cout << hour <<":"<< minute <<":"<< second << endl;
}
```

从本例可以看出,类的定义中只完成了数据成员的说明和函数成员原型的声明,成员函数的定义需要在类的外部给出,这样做的好处是从类定义中可以很容易地看出类包含哪些成员,可以对类的结构有种清晰的认识。

在定义类时,要注意如下事项。

(1) 类体内包含的数据成员可以是整型、浮点型等基本数据类型,也可以是数组、结构体、指针等派生的数据类型,还可以是另一个类的对象或指向对象的指针等,只要是合法的 C++类型都可以。

(2) 类体内说明的函数成员定义部分一般放在类体外,放在类体内也可以。通常只有函数体比较短小时才放在类体内。

(3) 在类体内不能对数据成员进行初始化。

5.2.2 类成员的访问控制

在C++类的定义中，允许程序员对类的成员进行访问权限控制，其实也就是对类进行封装和隐蔽，这种访问权限的控制可通过设置成员的访问控制属性（private、public、protected）实现。

1. private

用关键字private限定的成员为私有成员，私有成员限定只能在类内使用，即只允许该类中的成员函数存取私有成员数据。对于私有成员函数，只能被该类中的成员函数调用；当写在类体的最前面时，可以省略。在类体中没有明确指定成员的访问权限时，系统约定这些成员的访问权限为私有成员。例如，在时钟的类中，可以写为：

```
class Clock
{
    int hour,minute,second;                    //默认访问权限为private
public:
    void setTime( int h, int m, int s);        //设定时间的函数成员
    void showTime();                           //显示时间的函数成员
};
```

成员数据hour、minute、second隐含说明为私有成员。

2. public

用关键字public限定的成员称为公有成员，这种限定不仅允许该类中的成员函数存取公有成员数据，而且还允许该类之外的函数存取公有成员数据。公有成员函数不仅能被该类的成员函数调用，还能被其他函数调用。也就是说公有类型定义了类的外部接口，任何一个外部的访问都必须通过这个外部接口进行。在上面的时钟类中，我们定义了设置时间setTime()和显示时间showTime()两个公有类型成员函数，外部要想对时钟进行操作，只能通过这两个函数完成。

3. protected

用关键字protected所限定的成员称为保护成员，这种限定允许该类的成员函数存取保护成员数据或调用保护成员函数，也允许该类的派生类的成员函数存取保护成员数据或调用保护成员函数，但其他函数不能存取该类的保护成员数据，也不能调用该类的保护成员函数。保护成员在不同条件下分别具有公有成员或私有成员的特性，这在后面讲到的继承和派生中可以充分反映出来。

5.2.3 类的成员函数

类的成员函数描述的是类的行为，是程序算法的具体实现部分，是对封装数据进行操作的唯一途径。本节将对成员函数进行简单讨论，成员函数的各种特征及性质将在后面的章节再进行更为深入的探讨。

1. 成员函数的定义

类的定义由说明和实现两部分组成，在类体中仅给出了类的成员函数的原型声明，成员函数的定义一般在类体外给出。大部分成员函数都是这样的，但当成员函体的函数体特别短小时，也可以放在类体内完成。成员函数作为一种特殊的函数，具有普通函数的所有特性，与普通函数不同的是，在类外定义的成员函数要指明所属类的名称，具体格式为：

```
类型 类名::函数成员名(参数表)
{
    函数体
}
```

“::”称为作用域运算符，用于指出函数成员是属于哪个类的。

例如：

```
void Clock:: setTime( int h, int m, int s)
{
    hour = h;
    minute = m;
    second = s;
}
void Clock:: showTime()
{
    cout << hour <<":"<< minute <<":"<< second << endl;
}
```

说明函数 setTime()和 showTime()都是 Clock 类的成员函数。

2. 带默认形参值的成员函数

类的成员函数也可以有默认形参值，其调用规则与普通函数相同。例如，在时钟实例中的 setTime()函数，就可以使用默认值，具体如下：

```
void Clock:: setTime( int h = 0, int m = 0, int s = 0)
{
    hour = h;
    minute = m;
    second = s;
}
```

这样，如果调用 setTime()这个函数时没有给出实参，就会把时钟设置到午夜零点。

3. 内联成员函数

内联成员函数的使用规则和普通函数相同。一般只有相对简单的成员函数才可以声明为内联函数，因为使用内联函数虽然可以减少程序调用的开销，提高执行效率，但却增加了执行程序的长度。

内联成员函数的声明有隐式声明和显式声明两种方法。将函数体直接放在类体内，这种方法称为隐式声明。比如，将 Clock 类的 showTime()函数声明为内联函数，可以写作：

```
class Clock
{
public:
    void setTime( int h, int m, int s);
    void showTime(){
        cout << hour <<":"<< minute <<":"<< second << endl;
    }
private:
    int hour,minute,second;
}
```

为了保证类定义的简洁,可以采用关键字 inline 显式声明的方式。即在函数体实现时,在函数返回值类型前加上 inline,类定义中不加如 showTime 的函数体。比如:

```
class Clock
{
public:
    void setTime( int h, int m, int s);
        void showTime();
private:
    int hour,minute,second;
}
inline void Clock::showTime(){
        cout << hour <<":"<< minute <<":"<< second << endl;
}
```

效果和前面的隐式表达是完全相同的。

5.2.4 对象

类实际上是一种抽象机制,它描述了一类事物的共同属性和行为。如果把类看作自定义的数据类型,那么就可以用该数据类型定义变量,即对象。也就是说,类的对象就是具有该类类型的某一特定实体。

对象作为类的一个实例,任何一个对象都是属于某个已知类的,所以定义对象之前,必须先定义类。

1. 对象的定义

对象和其他变量一样,需要先定义后使用。

对象定义的一般格式为:

存储类型 类名　　对象名 1,对象名 2,…,对象名 n;

其中,类名是所定义对象所属类的名称(在此之前已定义过的类),对象名要求是合法的 C++标识符,可以有一个或多个,可以是普通的对象名,也可以是指针、数组或引用等。有多个对象名时,中间用逗号分隔。

前面已经定义了 Clock 类,下面就可以定义对象。

例如:

```
Clock c1, c2;
```

定义了 Clock 类的两个对象 c1、c2，它们都具有 Clock 类的性质。

```
Clock *time;
```

定义了 Clock 类的一个对象指针 time，它应该指向 Clock 类的一个对象。

注意：对象所占据的内存空间只用于存放数据成员，函数成员不在每个对象中存储副本，每个函数的代码在内存中只占据一份空间。

2. 对象的使用

定义了类及其对象以后，我们就可以通过对象使用其公有成员，从而对对象内部属性进行了解和改变。这种访问可以用成员运算符“.”或“->”实现。

对于一般对象，访问其成员的方式为：

```
对象名.公有数据成员名(或公有成员函数名/参数表)
```

对于指向对象的指针，访问其成员的方式为：

```
对象指针名->公有数据成员名(或公有成员函数名/参数表)
```

或者

```
(*对象指针名).公有数据成员名(或公有成员函数名/参数表)
```

例如，前面定义的 Clock 类的两个对象和一个指针：

```
Clock c1,c2;
Clock *time= &c1;
```

它们的成员表示如下：

(1) “c1.showTime();”、“c1.setTime(0,0,0);”分别表示对象 c1 的 setTime()和 showTime()函数成员。

(2) “time->showTime();”、“time->setTime(0,0,0);”分别表示对象指针 time 指向的 setTime()和 showTime()函数成员，也可以使用(*time).showTime();(*time).setTime(0,0,0);

【例 5-1】 Clock 类的完整程序。

```
#include <iostream>
using namespace std;
//类声明
class Clock
{
public:
    void setTime(int h=0,int m=0,int s=0);
    void showTime();
private:
    int hour, minute, second;
};
//成员函数具体实现
void Clock::setTime(int h,int m,int s)
```

```
{
    hour = h;
    minute = m;
    second = s;
}
inline void Clock::showTime()
{
    cout << hour <<":"<< minute <<":"<< second << endl;
}
//主函数
void main()
{
    Clock c;                        //定义了一个 Clock 对象 c
    cout <<"First time set and output:"<< endl;
    c.setTime();                    //设置时间为默认值
    c.showTime();                   //显示时间
    Clock * time= &c;               //定义一个指向对象 c 的指针 time
    cout <<"Second time set and output:"<< endl;
    time->setTime(1,2,3);           //通过指针设置时间为 1:2:3
    time->showTime();               //通过指针显示时间
    cout <<"Third time set and output:"<< endl;
    (*time).setTime(2,4,6);         //通过指针所指向的对象设置时间为 2:4:6
    (*time).showTime();             //通过指针所指向的对象显示时间
}
```

分析：本程序可以分为 3 个相对独立的部分，第一部分是类 Clock 的定义，第二部分是时钟类成员函数的具体实现，第三部分是主函数 main()。类及其成员函数的定义只是对问题进行了高度的抽象和封装，问题的实现通过类的实例——对象之间的消息传递来完成，本例主函数 main()的功能就是定义对象并传递数据。在主函数中，首先调用设置时间为默认值并输出，第二次通过指针调用将时间设置为 1：2：3 并输出。第三次通过指针所指向的对象将时间设置为 2：4：6 并输出。程序运行结果为：

```
First time set and output:
0:0:0
Second time set and output:
1:2:3
Third time set and output:
2:4:6
```

5.3 构造函数与析构函数

类描述的是一些对象的共同特征，具有一般性，而对象则是类的特例。一个对象区别于另一个对象的地方就是它的自身属性，即数据成员的值。所以在面向对象的程序设计中，对象的初始化是一个非常重要的问题。所谓对象的初始化，就是在对象定义的时候进行数据成员的设置。这可以由 C++语言中的一个特殊成员函数——构造函数——完成。同样，在一个对象使用结束时，还可以进行一些相关的收尾清理工作，这是由另一个特殊成员函数——析构函数——完成的。

5.3.1 构造函数

类的构造函数是一个和类同名的成员函数，它没有返回类型。构造函数被定义为公有函数，但除了在定义对象时由系统调用之外，其他任何函数都无法再次调用它，也就是说构造函数只能一次性地影响对象数据成员的初值。构造函数的作用就是在对象被创建时利用特定的值构造对象，将一个对象初始化为一个特定的状态，使其具有区别于其他对象的特征。构造函数完成的是一个从一般到具体的过程，它在对象被创建时由系统自动调用。

在说明一个类的时候，如果没有定义构造函数，系统将提供一个参数表为空的构造函数（其函数体也为空），C++语言将这种参数表为空的构造函数称为默认构造函数。默认构造函数不做任何具体的事情。

在前面我们讲的例子中都没有定义构造函数，编译系统会在编译时自动生成一个默认形式的构造函数：

```
class Clock
{
Public:
    Clock(){}      //编译系统生成的隐含的默认构造函数
    …
}
```

这个构造函数不做任何事情。为什么要生成这个不做任何事情的函数呢？这是因为在建立对象时自动调用构造函数是C++程序例行公事的必然行为。

如果程序员定义了恰当的构造函数，Clock类的对象在建立时就能够获得一个初始的时间值。

【例 5-2】 构造函数的使用。

```
#include <iostream>
using namespace std;
class Clock
{
public:
    Clock(int newH, int newM,int newS);      //构造函数
    void showTime()
    {
        cout << hour <<":"<< minute <<":"<< second << endl;
    }
private:
    int hour,minute,second;
};
//构造函数的实现
Clock::Clock(int newH,int newM,int newS)
{
    hour = newH;
    minute = newM;
    second = newS;
```

```
    cout <<"Constructor called! "<< endl;
}
//主函数
void main()
{
    Clock c(0,0,0);                          // 编译器调用构造函数来初始化对象
    c.showTime();
}
```

在建立对象 c 时，会调用构造函数，将实参值用作初始值。

由于 Clock 类中定义了构造函数，所以编译系统就不会再为其生成隐含的默认构造函数了。而这里自定义的构造函数带有形参，所以建立对象时就必须给出初始值，用来作为调用构造函数时的实参。如果在 main 函数中这样声明对象：

```
Clock c2;
```

编译时就会指出语法错误，因为没有给出必要的实参，而编译系统也不会生成默认的构造函数。

作为类的成员函数，构造函数可以直接访问类的所有数据成员，可以是内联函数，可以带有参数表，可以带默认值，也可以重载。这些特征使得我们可以根据不同问题的需要，有针对性地选择合适的形式将对象初始化成特定的状态。

【例 5-3】 构造函数重载的使用。

```
#include <iostream>
using namespace std;
class Clock
{
public:
    Clock(int newH, int newM, int newS);        //构造函数
    Clock();                                    //构造函数
    void showTime()
    {
        cout << hour <<":"<< minute <<":"<< second << endl;
    }
private:
    int hour, minute, second;
};
//构造函数的实现
Clock::Clock(int newH, int newM, int newS)
{
    hour = newH;
    minute = newM;
    second = newS;
    cout <<"Constructor called! "<< endl;
}
//构造函数的实现
Clock::Clock()
{
    hour = 0;
    minute = 0;
    second = 0;
```

```
    cout <<"Constructor called! "<< endl;
}
//主函数
void main()
{
    Clock c1(0,0,0);                        // 调用有参构造函数
    Clock c2;                               //调用无参构造函数
}
```

5.3.2 带默认参数的构造函数

对于带参数的构造函数，在定义对象时必须给构造函数传递参数，否则构造函数将不被执行。但在实际应用中，有些构造函数的参数值通常是不变的，只有在特殊情况下才需要改变它的参数值。这时可以将其定义成带默认参数的构造函数。

【例 5-4】 默认参数的构造函数的使用。

```
#include <iostream>
using namespace std;
class Clock
{
private:
    int hour,minute,second;
public:
    Clock(int h = 0,int m = 0,int s = 0)
    {
        hour = h;
        minute = m;
        second =  s;
        cout <<"Constructor called! "<< endl;
    }
    void showTime()
    {
        cout << hour <<":"<< minute <<":"<< second << endl;
    }
};
void main()
{
    Clock c1;               //Constructor called! 不传递参数,全部采用默认值
    c1.showTime();          // 0:0:0
    Clock c2(1);            //Constructor called! 只传递一个参数
    c2.showTime();          //1:0:0
    Clock c3(1,2);          //Constructor called! 只传递两个参数
    c3.showTime();          //1:2:0
    Clock c4(1,2,3);        //Constructor called!传递三个参数
    c4.showTime();          //1:2:3
}
```

Clock 类的构造函数 Clock()的 3 个参数均含有默认参数值 0，定义对象时可根据需要使用默认值。

5.3.3 复制构造函数

复制构造函数是一种特殊的构造函数，其作用是用一个已经存在的对象(由复制构造函数的参数指定的对象)去初始化一个新的同类对象，也可以说是用一个已知的对象去创建另一个同类对象。因此，用复制构造函数来创建一个对象时，必须用一个已经产生的同类对象作为实参。

程序员可以根据实际问题的需要定义特定的复制构造函数，以实现同类对象之间数据成员的传递。如果没有定义类的复制构造函数，系统就会在必要时自动生成一个隐含的复制构造函数。这个隐含的复制构造函数的功能是把初始值对象的每个数据成员的值都复制到新建立的对象中。

下面是声明和实现复制构造函数的一般方法：

```
class 类名
{
public:
    类名(形参表); //构造函数
    类名(类名 & 引用对象名); //复制构造函数
    …
};
类名::类名(类名 & 引用对象名)
{
    //复制构造函数体
}
```

【例 5-5】 复制构造函数的使用。

```
#include <iostream>
using namespace std;
class Clock
{
private:
    int hour,minute,second;
public:
    Clock(int h=0,int m=0,int s=0)      //带默认形参的构造函数
    {
        hour = h;
        minute = m;
        second =  s;
        cout <<"Constructor called!"<< endl;
    }
    Clock(Clock &c);                    //复制构造函数
    void showTime()
    {
        cout << hour <<":"<< minute <<":"<< second << end1;
    }
};
Clock::Clock(Clock &c)
{
```

```
    hour = c.hour;
    minute = c.minute;
    second = c.second;
    cout <<"Copy constructor called! "<< endl;
}
void main()
{
    Clock c1(1,2,3);                    //构造函数被调用
    c1.showTime();                      // 1:2:3
    Clock c2(c1);                       //复制构造函数被调用
    c2.showTime();                      //1:2:3
}
```

普通构造函数是在对象创建时被调用,而复制构造函数在以下 3 种情况下都会被调用。

(1) 当类的一个对象去初始化该类的另一个对象时。例如:

```
void main()
{
    Clock a(1,2,3);
    Clock b(a);         //用对象 a 初始化对象 b,复制构造函数被调用
    Clock c = a;        //用对象 a 初始化对象 c,复制构造函数被调用
    a.showTime();       // 1:2:3
    b.showTime();       // 1:2:3
    c.showTime();       // 1:2:3
}
```

细节:以上对 b 和 c 的初始化都能够调用复制构造函数,两种写法只是形式上有所不同,执行的操作完全相同。

(2) 如果函数的形参是类的对象,调用函数时,进行形参和实参的结合时。例如:

```
void f(Clock c)
{
    c.showTime();
}
void main()
{
    Clock a(1,2,3);
    f(a); //函数的形参为类的对象,当调用函数时,复制构造函数被调用
}
```

提示:只有把对象用值传递时,才会调用复制构造函数;如果传递引用,则不会调用复制构造函数。由于这一原因,传递比较大的对象时,传递引用会比传值的效率高很多。

(3) 如果函数的返回值是类的对象,函数执行完成返回调用者时。例如:

```
Clock g()
{
    Clock a(1,2,3);
    return a;      //函数的返回值是类对象,返回函数值时,调用复制构造函数
}
Void main()
{
```

```
    Clock b;
    b = g();
}
```


5.3.4 析构函数

析构函数的作用与构造函数正好相反，它用来完成对象被删除前的一些清理工作。一般情况下，析构函数是在对象的生存期即将结束时由系统自动调用的。它的调用完成之后，对象也就消失了，对象所占有的相应的存储空间也被释放。

析构函数和构造函数一样，也是类的一个公有函数成员，没有返回值类型说明，也不能是指定为 void 类型。和构造函数不同的是，析构函数不接受任何参数，但可以是虚函数（相关内容将在后面的章节讲解）。

析构函数的名称是在类名前面加符号“～”构成，以便和构造函数名相区别。

析构函数的定义格式如下：

```
类名::～类名()
{
    函数体;
}
```

【例 5-6】 析构函数使用示例。

```
#include <iostream>
using namespace std;
class Clock
{
private:
    int hour,minute,second;
public:
    Clock(int h = 0,int m = 0,int s = 0)      //带默认形参的构造函数
    {
        hour = h;
        minute = m;
        second =  s;
        cout <<"构造函数被调用"<< endl;
    }
    ～Clock()                                  //析构函数
    {
        cout <<"析构函数被调用"<< endl;
    }
    void showTime()
    {
        cout << hour <<":"<< minute <<":"<< second << end1;
    }
};
void main()
{
    Clock c1(1,2,3);                          //构造函数被调用
    c1.showTime();                            // 1:2:3
```

```
    cout <<"退出程序"<< endl;
}
```

程序执行结果如下：

```
构造函数被调用
1:2:3
退出程序
析构函数被调用
```

在程序的执行过程中，当遇到某一对象的生存期结束时，系统自动调用析构函数，然后再回收为对象所分配的存储空间。本例中，对象的生存期遇到 main()函数的"}"时结束，这时调用析构函数，所以先输出"退出程序"后输出"析构函数被调用"。

程序中如果没有对析构函数进行显式说明，系统会自动产生一个默认的析构函数，它的函数体为空，即不做任何事情，默认的析构函数格式为：

```
类名::~类名()
{}
```

一般来说，如果希望程序在对象被删除之前能自动(不需要人为地进行函数调用)完成某些事情，可以放在析构函数里完成。事实上，在很多情况下，用析构函数来进行扫尾工作是必不可少的。

实际上，任何对象都有构造函数和析构函数。当定义类时，若没有定义构造函数或析构函数，编译器会自动产生一个默认的构造函数和一个默认的析构函数。当产生对象时，若不对数据成员进行初始化，可以不显式地定义构造函数；在撤销对象时，若不做任何结束前的收尾工作，可以不显式地定义析构函数。

5.4 对象数组和对象指针

5.4.1 对象数组

类是 C++语言中的一种类型，可以和其他基本类型一样定义数组，即对象数组。对象数组中的每一个元素都是同一个类的对象。

定义一个一维对象数组的语句格式：

```
类名 数组名[下标表达式];
```

使用对象数组成员的一般格式为：

```
数组名[下标].成员名
```

一个对象在建立时，需要调用构造函数进行初始化。在建立数组时，同样要调用构造函数进行初始化。对象数组的初始化也就是分别为每一个数组元素对象调用构造函数的过程。初始化数组时，可以给每一个数组元素指定初始值，这会调用相应有形参的构造函数；如果没有指定初始值，就会调用默认构造函数。同样，当一个数组中的元素对象被删除时，系统会调用析构函数来完成清理工作。

下面通过一个例子说明如何定义对象数组、如何对数组元素进行初始化和赋值以及如何使用对象数组成员。

【例 5-7】 对象数组的使用。

```
#include <iostream>
using namespace std;
class Point
{
public:
    Point()
    {
        x = 0;
        y = 0;
        cout <<"Default constructor called"<< endl;
    }
    Point(int newX, int newY)
    {
        x = newX;
        y = newY;
        cout <<"Constructor called"<< endl;
    }
    ~Point()
    {
        cout <<"Destructor called"<< endl;
    }
    int GetX()
    {
        return x;
    }
    int GetY()
    {
        return y;
    }
    void Move(int newX, int newY);
private:
    int x, y;
};
void Point::Move(int newX, int newY)
{
    cout <<"Moving the point to ("<< newX <<"."<< newY <<")"<< endl;
    x = newX;
    y = newY;
}
void main()
{
    //定义有 4 个元素的对象数组,前两个元素使用带参构造函数初始化对象,后两个使用不带参的
    //构造函数初始化对象
    Point pointArray[4] = { Point(1,1), Point(2,2)};
    for(int i = 0; i < 4; i ++ )
    {
        pointArray[i].Move(i + 10, i + 20);
    }
}
```

运行结果：

```
Constructor called
Constructor called
Default constructor called
Default constructor called
Moving the point to (10,20)
Moving the point to (11,21)
Moving the point to (12,22)
Moving the point to (13,23)
Destructor called
Destructor called
Destructor called
Destructor called
```

5.4.2 对象指针

和基本类型的变量一样，每一个对象在初始化之后都会在内存中占有一定的空间。因此，既可以通过对象名，也可以通过对象地址来访问一个对象。对象指针就是用于存放对象地址的变量，遵循一般变量指针的各种规则。声明对象指针的一般语法形式为：

```
类名 * 对象指针名;
```

例如：

```
Point * ptr;        //声明 Point 类的对象指针变量 ptr
Point p1;           //声明 Point 类的对象 p1
ptr = &p1;          //将对象 p1 的地址赋值给 ptr，使 ptr 指向 p1
```

定义了类对象的指针变量，并将该指针变量指向了某个同类的对象后，可以通过对象指针访问对象的成员，方法为：

```
(* 对象指针名).成员名
```

或

```
对象指针名 ->成员名
```

【例 5-8】 对象指针的用法。

```
#include <iostream>
using namespace std;
class Point
{
public:
    Point()
    {
        x = 0;
        y = 0;
        cout <<"Default constructor called"<< endl;
    }
    Point(int newX, int newY)
```

```
        {
            x = newX;
            y = newY;
            cout <<"Constructor called"<< endl;
        }
        ~Point()
        {
            cout <<"Destructor called"<< endl;
        }
        int GetX()
        {
            return x;
        }
        int GetY()
        {
            return y;
        }
        void Move(int newX, int newY);
    private:
        int x, y;
    };
    void Point::Move(int newX, int newY)
    {
        cout <<"Moving the point to ("<< newX <<"."<< newY <<")"<< endl;
        x = newX;
        y = newY;
    }
    void main()
    {
        Point p(1,2);
        Point * ptr = &p;
        cout << p.GetX()<< endl;
        cout << ptr -> GetX()<< endl;
        cout <<( * ptr).GetX()<< endl;
    }
```

5.4.3 this 指针

一个对象所占的存储空间的大小只取决于该对象中数据成员所占的空间，而与成员函数无关。也就是说，类定义中声明的数据成员(静态数据成员除外)对该类的每个对象都有一个备份，而类中的成员函数对该类的所有对象只有一个备份。

例如，定义两个 Point 类的对象 p1 和 p2：

```
Point p1, p2;
```

系统为对象 p1 和 p2 各分配 8 个字节的存储空间，该存储空间用于存放它们的数据成员 x 和 y。成员函数在内存中只有一个备份，两个对象共用这段代码。这样就产生一个问题。不同的对象使用的是同一个成员函数的代码段，比如 GetX()成员函数，那么 GetX()函数怎么知道它要取的是哪个对象的成员数据 x 呢？

为此，C++语言专门设立了一个名为 this 的指针，用来指向不同的对象。当调用对象 p1 的成员函数时，this 指针就指向 p1，成员函数访问的就是 p1 的成员；当调用对象 p2 的成员函数时，this 指针就指向 p2，成员函数访问的就是 p2 的成员。

事实上，虽然函数 GetX()看起来没有参数，但它实际上有一个参数，这个参数是隐含的，是指向本类对象的指针，名称为 this。因此，Point 类的成员函数 GetX()的原型实际上是这样的：

```
int Point::GetX(Point * this);
```

也就是说，当调用 p1.GetX()时，实际上是用以下方式调用：

```
p1.GetX(&p1);
```

即系统将一个指向 p1 对象的指针作为函数的第一个参数传递给函数。这样，函数 GetX()的实现中，所有涉及类的成员数据的操作都隐含为对函数的第一个参数所指的对象的操作，也就是对 * this 的操作。所以，函数 GetX()的实现相当于：

```
int Point::GetX()
{
    return this->x;
    }
```

由此可以看出成员函数和非成员函数的区别。成员函数的实际参数比看起来的参数多一个，这个省略的参数会由系统自动加到所定义的成员函数中，作为函数的第一个参数。而非成员函数的实际参数个数和它看起来的参数是一样的。this 指针在一般情况下是不用的，它由系统自动加到所访问的数据成员前面。但是，有时也需要用到，比如成员函数要求返回当前对象，或者用于区分同名的形式参数的数据成员时。

5.5 静态成员

静态成员是为了实现类的多个对象之间的数据共享而引进的。静态成员不属于某个对象，它是为某个类的所有对象所共有的。换言之，静态成员是属于类的。静态成员有静态数据成员和静态成员函数两种。

5.5.1 静态数据成员

在类定义中，用关键字 static 修饰的数据成员称为静态数据成员。对于类的普通数据成员，每一个类的对象都拥有一个备份，就是说每个对象的同名数据成员可以分别存储不同的值，这是保证一个对象区别于另一个对象特征的需要。

在我们把类的某个数据成员的存储类型说明为静态存储类型时，则由该类所产生的所有对象都可以共享为静态数据成员所分配的存储空间。也就是说，在说明对象的时候，系统并不为静态类型的数据成员分配存储空间。

静态数据成员由于不属于任何一个对象，所以只能通过类名对它进行访问。访问静态成员的一般方法是：

类名::静态成员标类

在类中用关键字 static 对静态成员进行的声明称为引用性声明。必须在文件作用域的某个地方使用类名限定对静态成员进行定义性说明,这时可以对其进行初始化。也就是说,静态数据成员必须在定义性说明时才能进行初始化。

【例 5-9】 静态成员数据的说明与使用。

```
#include <iostream>
using namespace std;
class Point
{
public:
    Point(int X = 0,int Y = 0)      //构造函数
    {
        x = X;
        y = Y;
        count ++ ;                  //在构造函数中对 count 累加,所有对象共同维护同一个 count
    }
    Point(Point &p)                 //复制构造函数
    {
        x = p.x;
        y = p.y;
        count ++ ;
    }
    ~Point(){count -- ;}
    int GetX(){return x;}
    int GetY(){return y;}
    void showCount()                //输出静态数据成员
    {
        cout <<"Object count = "<< count << endl;
    }
private:
    int x,y;
    static int count;               //静态数据成员声明,用于记录点的个数
};
int Point::count = 0;               //静态数据成员定义和初始化,使用类名限定

void main()                         //主函数
{
    Point a(4,5);                   //定义对象 a,其构造函数会使 count 增 1
    cout <<"Point A: "<< a.GetX()<<","<< a.GetY();
    a.showCount();                  //输出对象个数

    Point b(a);                     //定义对象 b,其构造函数会使 count 增 1
    cout <<"Point B:"<< b.GetX()<<","<< b.GetY();
    b.showCount();                  //输出对象个数
}
```

程序运行结果如下:

```
Point a:4,5 Object count = 1
```

```
Point b:4,5 Object count = 2
```

在上面的例子中，Point 类的数据成员 count 被声明为静态，用来给 Point 类的对象计数，每定义一个新对象，count 的值就相应加 1。静态数据成员 count 的定义和初始化在类外进行，初始化时引用的方式也很值得注意，首先应该注意的是要利用类名来引用；其次，虽然这个静态数据成员是私有类型，在这里却可以直接初始化。除了这种特殊的场合，在其他地方，例如，主函数中，就不允许直接访问了。count 的值是在类的构造函数中计算的，a 对象生成时，调用有默认参数的构造函数，b 对象生成时，调用复制构造函数，两次调用构造函数访问的均是同一个静态成员 count；通过对象 a 和对象 b 分别调用 showCount 函数，输出的也是同一个 count 在不同时刻的数值。这样，就实现了 a、b 两个对象之间的数据共享。

5.5.2 静态成员函数

静态成员函数也属于静态成员，它属于整个类，由同一个类的所有对象共同维护、共享。对静态成员函数的说明和静态数据成员一样，在成员函数名的类型说明符前面加上关键字 static 即可。函数体的实现与一般成员函数相同，在类内或在类外实现都可以。

在静态成员函数中可以直接引用静态成员，但不能直接引用非静态成员。如果要引用非静态成员，可以通过对象来引用，先通过参数传递的方式得到对象名，然后通过对象名访问非静态成员。

对静态成员函数引用的一般格式为：

```
类名::静态成员函数名(参数表)
```

或

```
对象名.静态成员函数名(参数表)
```

【例 5-10】 静态成员数据的说明与使用。

```
#include <iostream>
using namespace std;
class Point
{
public:
    Point(int X = 0,int Y = 0)      //构造函数
    {
        x = X;
        y = Y;
        count ++ ;                  //在构造函数中对 count 累加,所有对象共同维护同一个 count
    }
    Point(Point& p)                 //复制构造函数
    {
        x = p.x;
        y =  p.y;
        count ++ ;
    }
    ~Point(){count -- ;}
    int GetX(){return x;}
```

```
        int GetY(){return y;}
        static void showCount()        //静态数据成员
        {
            cout <<"Object count = "<< count << endl;
        }
    private:
        int x,y;
        static int count;              //静态数据成员声明,用于记录点的个数
    };
    int Point::count = 0;              //静态数据成员定义和初始化,使用类名限定

    void main()                        //主函数
    {
        Point a(4,5);                  //定义对象 a,其构造函数会使 count 增 1
        cout <<"Point A: "<< a.GetX()<<","<< a.GetY();
        Point::showCount();            //输出对象个数

        Point b(a);                    //定义对象 b,其构造函数会使 count 增 1
        cout <<"Point B:"<< b.GetX()<<","<< b.GetY();
        Point::showCount();            //输出对象个数
    }
```

与例 5-9 相比,这里只是在类的定义中将 showCount()改为静态成员函数,于是在主函数中既可以使用类名也可以使用对象名来调用 showCount()。

这个程序的运行输出结果与例 5-9 的结果完全相同。相比而言,采用静态成员函数的好处是可以不依赖于任何对象,直接访问静态数据成员。

5.6 友元

静态成员实现了同类对象之间的数据共享,友元则提供了不同类或对象的成员函数之间、类的成员函数与一般函数之间进行数据共享的机制。也就是说,通过友元,一个普通函数或类的成员函数可以访问封装于某一个类中的数据。

友元可以实现不同类之间的数据共享,提高程序的运行效率。但由于它可以直接访问类的私有成员,对类的封装性和隐蔽性有影响,一般情况下建议谨慎使用友元。

友元如果是一般函数或类的成员函数,称为友元函数;如果友元是一个类,则称为友元类,友元类的所有成员函数都是友元函数。

5.6.1 友元函数

在类定义中,由关键字 friend 修饰的非成员函数称为友元函数。它可以是一个普通函数,也可以是一个其他类的成员函数,但不能是本类的成员函数。在友元函数的函数体中可以通过对象名访问本类的所有成员,包括私有成员和保护成员。

【例 5-11】 使用友元函数计算两点间的距离。

```
    #include <iostream>
```

```
#include <cmath>
using namespace std;
class Point
{
public:
    Point(int X = 0, int Y = 0)                    //构造函数
    {
        x = X;
        y = Y;
    }
    int GetX(){return x;}
    int GetY(){return y;}
    friend float dist(Point &p1, Point &p2);       //友元函数声明
private:
    int x, y;
};
float dist(Point &p1, Point &p2)
{
    int dx =  p1.x - p2.x;
    int dy = p1.y - p2.y;
    return sqrt(dx * dx + dy * dy)
}
void main()                                        //主函数
{
    Point pt1(1,1), pt2(4,5);
    cout <<"The distance is :";
    cout << dist(pt1,pt2)<< endl;
}
```

程序的运行结果为：

```
The distance is:5
```

在 Point 类中只声明了友元函数的原型，友元函数 dist 的定义在类外。可以看到，在友元函数中通过对象名直接访问了 Point 类中的私有数据成员 x 和 y，这就是友元关系的关键所在。友元函数可以提高程序的执行效率，但由于它对类的封装性产生了破坏，所以友元函数的使用一直是一个有争议的问题，在执行效率和封装性之间要选择一个合适的度，把握好其中的得失。

在一个类中可以定义若干个友元函数，可以将一个类的任一个成员函数说明为另一个类的友元函数，这样就可以通过这个类的成员函数访问另一个类中的成员。这种友元成员函数的使用和一般友元函数的使用基本相同，只是在使用该友元成员函数时，要通过相应的类或对象名来访问。

5.6.2 友元类

同函数一样，类也可以声明为另一个类的友元。若 A 类为 B 类的友元类，则 A 类的所有成员函数都是 B 类的友元函数，可以访问 B 类的所有成员，包括私有成员和保护成员。声明友元类的语法形式为：

```
class B
{
    …                     //B类的成员声明
    friend class A;       //声明A为B的友元类
    …
};
```

【例 5-12】 友元类的使用。

```
#include <iostream>
using namespace std;
class A
{
public:
    friend class B;                              //B类是A类的友元类
    void display() {cout << x << endl}
    int getX() {return x; }
private:
    int x;
};
class B
{
public:
    B(int i) {a.x = i}
    void display(){cout << a.x << endl}          // B类的成员函数可以直接访问A类的私有成员
private:
    A a;
};
void main()
{
    B b(10);
    b. display();
}
```

通过友元类声明，友元类的成员函数可以通过对象名直接访问封装起来的数据，达到高效协调的工作，实现数据的共享。

关于友元，有几点需要注意，第一，友元关系是不能传递的，B类是A类的友元，C类是B类的友元，C类和A类之间如果没有声明就没有任何友元关系，不能进行数据共享；第二，友元关系是单向的，如果声明B类是A类的友元，B类的成员函数就可以访问A类的私有和保护数据，但A类的成员函数却不能访问B类的私有和保护数据；第三，友元关系是不被继承的，如果类B是类A的友元，类B的派生类并不会自动成为类A的友元。

5.7 常类型

在C++程序中，虽然数据隐藏保证了数据的安全性，但各种各样的数据共享却又不同程度地破坏了数据的安全。若既要使数据能在一定范围内共享，又要保证它不被修改，便可以使用const把有关的数据定义为常量。

5.7.1 常对象

常对象就是指对象为常量，它的数据成员值在对象的整个生存期间不能被改变。常对象的定义格式如下：

```
类名 const 对象名
```

或者：

```
const 类名 对象名
```

定义常对象时，必须要进行初始化，并且该对象不能再被更新；修饰符 const 可以放在类名后面，也可以放在类名前面。例如：

```
class A
{
    int x,y;
public:
    A(int i,int j) {x = i; y = j}
};
const A a1(2,3);        //const 放在类名前面
A const a2(1,2);        //const 放在类名后面
```

5.7.2 用 const 修饰的类成员

const 可以用来修饰类中的成员，包括常数据成员和常成员函数。

1. 常数据成员

和一般数据一样，类的成员数据也可以是常量或常引用，即用 const 对类的成员进行修饰。如果在一个类中说明了常数据成员，那么构造函数只能通过初始化列表对该数据成员进行初始化。

【例 5-13】 常数据成员的使用示例。

```
#include <iostream>
using namespace std;
class Test
{
private:
    const int x;            //声明常数据成员 x
public:
    Test(int i):x(i){}      //常数据成员只能通过初始化列表来获得初值
                            //这个构造函数如果写成"Test(int i) {x = i}"将出错
    void print()
    { cout << x << endl; }
};
void main()
{
    Test a(10);
```

```
    a.print();            //10
}
```

2. 常成员函数

用关键字 const 修饰说明的成员函数称为常成员函数。常成员函数的定义格式为：

```
类型说明符 成员函数名(参数表) const;
```

注意：

(1) const 是函数类型的一个组成部分，因此在函数的定义部分也要带 const 关键字。

(2) 如果将一个对象说明为常对象，则通过该常对象只能调用它的常成员函数，而不能调用其他成员函数。

(3) 无论是否通过常对象调用常成员函数，在常成员函数调用期间，目的对象都被视为常对象，因此常成员函数不能更新目的对象的数据成员，也不能针对目的对象调用该类中没有用 const 修饰的成员函数，这就保证了在常成员函数中不会更改目的对象的数据成员的值。

(4) const 关键字可以用于对重载函数的区分。例如，如果在类中声明：

```
void print();
void print() const;
```

这是对 print()函数的有效重载。

提示：如果仅以 const 关键字区分对成员函数的重载，那么通过非 const 的对象调用该函数，两个重载的函数都可以与之匹配，这时编译器将选择最近的重载函数——不带 const 关键字的函数。

【例 5-14】 常成员函数举例。

```
#include <iostream>
using namespace std;
class R
{
public:
    R(int r1,int r2):r1(r1),r2(r2){}
    void print();
    void print() const;
private:
    int r1,r2;
};
void R::print()
{
    cout << r1 <<":"<< r2 << endl;
}
void R::print() const
{
    cout << r1 <<":"<< r2 << endl;
}
void main()
{
    R a(5,4);
```

```
    a.print();          //调用 void print()
    const R b(20,52);
    b.print();          //调用 void print() const
}
```

程序运行结果为：

```
5:4
20:52
```

分析：R 类中声明了两个同名函数 print，其中一个是常函数。主函数中定义了两个对象 a 和 b，其中对象 b 是常对象。通过对象 a 调用的是没有用 const 修饰的函数，而通过对象 b 调用的是用 const 修饰的常函数。

5.8 常见错误与典型示例

从本章开始，我们转入介绍面向对象的程序设计相关知识。C++语言初学者刚开始不容易实现这种思维方式的转变，还停留在函数程序设计里。所以，他们编写的程序往往是 C++语言编写的、C 风格的、面向过程的程序。从面向对象的程序实例可以看出，掌握类与对象（尤其是构造函数、访问控制属性）的定义和使用方法至关重要。

下面列举关于本章知识点常见的错误。

（1）企图在类的定义中直接给数据成员赋值。例如：

```
class A
{
    int data = 2;      //错误!不能给数据成员直接赋值
};
```

上述错误是由于没有搞清楚类与对象的关系，一个类能产生不同的实例——对象，所以不同的对象应该有各自不同的数据成员，怎么能在类中给对象的成员指定具体的值呢？

记住，定义对象时，系统自动调用构造函数，所以给对象的数据成员初始化要通过执行构造函数来实现。上述类的定义修改如下：

```
class A{
    int data;
public:
    A(int i = 2){data = i;}      //通过构造函数对数据成员初始化
};
```

（2）为类设计的构造函数对于参数考虑不周全，导致创建某些对象时出错。例如：

```
class A
{
    int data;
public:
    A(int i){data = i;}
};
```

A类的定义中，构造函数不全面，仅考虑了带一个参数的情况，所以定义对象部分：

```
A a(1);         //正确
A b;            //出错,因为没有合适的构造函数
```

修改上述程序的方法有下述两个。

方法1：增加一个不带参数的构造函数。

```
class A{
    int data;
public:
    A(){data = 0;}
    A(int i){data = i;}
};
```

方法2：将构造函数的参数修改成带默认值。

```
class A{
    int data;
public:
    A(int i = 0){data = i;}
};
```

(3) 在主函数中，对象企图访问类的非公有成员，导致访问权限错误。例如：

```
#include <iostream>
using namespace std;
class A{
    int data;
public:
    A(int i = 0){data = i;}
};
int main()
{
    A a(2);
    cout << a.data << endl;        //错误!不能访问类的私有成员
    return 0;
}
```

修改以上错误有下述3种方法。

方法1：添加类的公有成员函数，通过调用该函数间接访问类的私有成员。如下：

```
#include <iostream>
using namespace std;
class A{
    int data;
public:
    A(int i = 0){data = i;}
    int getdata()                     //getdata()函数的访问控制属性是public
        {return data;}
};
int main()
```

```
{
    A a(2);
    cout << a.getdata()<< endl;      //对象 a 能够访问类 A 的 getdata()函数
    return 0;
}
```

方法 2：修改类的访问控制属性，比如将私有成员 a 的定义移动到“public:”后面。

```
#include <iostream>
using namespace std;
class A{
public:
    int data;                        //data 成为类 A 的公有成员
    A(int i = 0){data = i;}
};
int main()
{
    A a(2);
    cout << a.data << endl;          //对象访问类的公有成员，没问题
    return 0;
}
```

方法 3：通过友元函数访问类的所有成员。例如：

```
#include <iostream>
using namespace std;
class A{
    int data;
public:
    A(int i = 0){data = i;}
    friend void display(A a);        //声明普通的函数 display 是 A 类的友元函数
};
void display(A a)                    //display 的具体实现.注意：友元函数必须有一个对象参数
{
    cout << a.data << endl;
}
int main()
{
    A a(2);
    display(a);                      //display 作为 A 类的友元函数，能访问 A 的全部成员
    return 0;
}
```

方法 1，最符合面向对象的抽象与封装的要求，所以用得最普遍。

方法 2，将私有信息对外开放，类的封装特性变得没有意义了，所以不提倡用此方法。

方法 3，其访问控制权限介于前两种方法之间。如果某个对象经常要访问类的私有成员，可以考虑采用友元函数，这是在安全性和灵活性之间的一个折中方案。

(4) 类的静态数据成员的初始化错误。对于 A 类的静态数据成员 count 的初始化，常犯以下两种错误。

(1) 在定义类的静态数据成员时直接赋初值,编译时就会出错。

(2) 在构造函数中对静态数据成员初始化不起作用,即使编译可以通过,连接时也还是会出错。

例如:

```
#include<iostream>
using namespace std;
class A{
    static int count = 0;      //错误(1).语法出错
public:
    A()
    {
        count = 0;             //错误(2).只是将0赋值给count,并不能实现其初始化
        count++;
    }
};
```

静态数据成员初始化的正确方法是在类外赋初值。要注意书写的格式,因为是在类外描述数据成员,所以要在成员名字前加类名和作用域限定符。另外,由于静态的意思已经在类中声明过了,所以在类外给静态数据成员初始化时前面不要加 static 关键字。

程序如下:

```
#include<iostream>
using namespace std;
class A{
    static int count;
public:
    A()
    {
        count++;
    }
    void disp()
    {
        cout<<"count = "<<count<<endl;
    }
};
int A::count = 0;      //类的静态数据成员 count 的初始化必须在类外实现
int main()
{
    A a;
    a.disp();
    A b;
    b.disp();
    return 0;
}
```

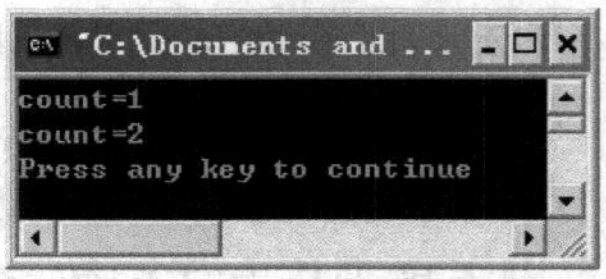

图 5-1 类的静态数据成员初始化

运行结果如图 5-1 所示。

习题 5

1. 选择题

(1) 以下说法中正确的是(　　)。

A. 一个类只能定义一个构造函数，但可以定义多个析构函数

B. 一个类只能定义一个析构函数，但可以定义多个构造函数

C. 构造函数与析构函数同名，只是名字前加了一个波浪号(~)

D. 构造函数和析构函数可指定返回类型为 void

(2) 在以下 Clock 类的定义中，复制构造函数声明正确的是(　　)。

A. Clock()　　B. Clock(int, int, int)

C. Clock(Clock&)　　D. Clock(Clock)

(3) 以下关于类的叙述正确的是(　　)。

A. 在类中不作特别说明的数据成员均为私有类型

B. 在类中不作特别说明的成员函数均为公有类型

C. 类成员的定义必须放在类体内

D. 类成员的定义必须是成员变量在前、成员函数在后

(4) 友元函数的作用是(　　)。

A. 实现数据的隐藏性　　B. 增强类的封装性

C. 提高程序的效率　　D. 增加成员函数的种类

(5) 静态成员函数(　　)。

A. 只能通过对象名(或指向对象的指针)访问该对象的静态成员

B. 只能通过对象名(或指向对象的指针)访问该对象的非静态成员

C. 可以被说明为虚函数

D. 有 this 指针

(6) 只有关键字(　　)可以用来修饰类中声明的成员。

A. auto　　B. register　　C. static　　D. extern

(7) 对于以下定义的类：

```
class A{
        int a;
    public:
        A(int x = 10){a = x;}
};
```

下列定义 A 类的对象的方法中错误的是(　　)。

A. A a;　　B. A b();　　C. A c(3);　　D. A d=4;

(8) 如下程序执行后的输出结果是________。

```
#include <iostream>
using namespace std;
class AA
```

```
{
    int n;
public:
    AA(int k):n(k){}
    int get(){return n;}
    int get()const{return n+1;}
};
int main()
{
AA a(5);
const AA b(6);
cout << a.get()<< b.get();
return 0;
}
```

A. 55　　B. 57　　C. 75　　D. 77

(9) 有如下类定义：

```
class Point
{
    int x_,y_;
public:
    Point(){x_(0),y_(0)}
    Point(int x,int y=0){x_(x),y_(y)}
};
```

若执行语句：

```
Point a(2),b[3], *c[4];
```

则 Point 类的构造函数被调用的次数是________。

A. 2　　B. 3　　C. 4　　D. 5

(10) 对于下面的 MyClass 类，在函数 $f()$ 中将对象成员 n 的值修改为 50 的语句是________。

```
class MyClass
{
public:
    MyClass(int x){n=x;}
    void SetNum(int n1){n=n1;}
private:
    int n;
};
int f()
{
    MyClass *ptr=new MyClass(45);
    ________;
}
```

A. MyClass(50)　　B. SetNum(50)

C. ptr->SetNum(50)　　D. ptr->n=50

2. 填空题

（1）类成员的访问控制属性包括 3 种，为 public、private 和________。

（2）复制构造函数的形式参数有________个，为该类的对象________。

（3）在下面横线处填上适当字句，完成类的定义。

```
class T
{public:
    void init(int initx)
        {x = initx;}
    int getx(){________;}      //取 x 值
private: ________;
};
```

（4）在下面横线处填上适当字句，完成类中成员函数的定义。

```
class ABC
{int n;float f;
public: ABC(int,float);
    ABC(ABC&);
};
ABC::ABC(________){n = num;f = f1;}
ABC::ABC(ABC&t){n = ________;f = t.f;}
```

（5）填空完成 test 类的静态数据成员 x 的初始化。

```
class test
{    static int x;
public:
    …
};
________;
```

（6）以下程序的运行结果为________。

```
#include <iostream>
using namespace std;
class M
{
public:
    M(int i){X = i;cout << X;}
    M(M &m){X = m.X;cout << X;}
    void setX(int a){X = a;}
    ~M(){cout << X;}
private:
    int X;
};
int main()
{
    M m1(2),m2(m1);
    m2.setX(3);
    M m3 = m2;
```

```
    cout << endl;
    return 0;
}
```


(7) 以下程序的运行结果为________。

```
#include <iostream>
using namespace std;
class A
{
public:
    A(){cout<<"A";}
};
int main()
{
    A A[5], *p = &A[1];
    cout << endl;
    return 0;
}
```

(8) 以下程序的运行结果为________。

```
#include <iostream>
using namespace std;
class A
{public:
    A(){cout<<"A";}
    ~A(){cout<<"B";}
};
int main()
{
    A *p = new A[2];
    delete []p;
    return 0;
}
```

(9) 以下程序定义了一个三角形的类，其中数据成员为 3 条边 a、b、c，成员函数包括构造函数和输出三角形周长的函数 print()，请完善程序。

```
#include <iostream>
using namespace std;
class triangle{
    float a, b, c;
public:
    triangle(float x, float y, float z)
    {________}
    float perimeter();
};
float triangle::perimeter()
{ float len;
  if(a + b > c && b + c > a &&c + a > b)
     len = a + b + c;
```

```
    else
        len = 0;
    ________;
}
int main()
{
    triangle sjx(3,4,5);
    cout <<"三角形周长 = "<<________<< endl;
    return 0;
}
```

(10) 完善程序,使如下程序的运行结果为 88。

```
#include <iostream>
using namespace std;
class A
{   int n;
public:
    void SetNum(int x){n = x;}
    void display(){cout << n << endl;}
};
void f(________)
{   ________ = &t;
    ptr ________;
}
int main()
{
    A a ;
    f(a) ;
    a.display() ;
    return 0;
}
```

3. 编程题

(1) 定义一个动物类 Animal,其私有数据成员有年龄、身高、体重,公有函数成员包括吃饭、运动、睡觉,其中,吃饭使体重加 1,运动使身高加 1,睡觉使年龄、身高、体重各加 0.5。编写相应的 main 函数测试该类。

(2) 定义一个圆类 Circle,它包含数据成员一个——半径,成员函数 3 个——输入半径、计算面积、输出半径和面积。编写相应的 main 函数测试该类。

(3) 建立一个长方形类 Rectangle,私有数据成员包含长 length 和宽 width(双精度型);公有成员函数包括构造函数、求周长的函数 peri、求面积的函数 area 以及输出长方形参数(长、宽、周长和面积)的函数 show。在主程序中定义长方形对象,长和宽分别为 3 和 4,然后输出该长方形的各种参数。

(4) 设计一个日期类,其私有数据成员包括年、月、日,公有成员函数包括构造函数、日期设置函数、日期显示函数、计算明天的函数。

(5) 编程统计旅馆住宿客人的总数。编写相应的 main 函数测试该类。要求实现以下功能:

- 客人入住：输入姓名、性别、分配的房间号，入住的总人数加 1。
- 客人退房：输出退房客人的姓名、房间号，入住的总人数减 1。
- 输出当前入住的人数。

(6) 编写一个复数类，能实现复数的加法、减法、乘法以及输出复数。

(7) 定义一个时钟类 Clock，它包含小时、分钟、秒 3 个数据成员，再编写一个友元函数，求两个日期之间相差的秒数。

(8) 设计一个英汉词典类，功能包括添加词条，删除词条，查找某个单词对应的中文含义。

(9) 设计一个学生成绩类，它能够管理学生的 5 门课的成绩，功能包括：

- 显示某个学生的姓名和各门课成绩。
- 计算并输出每门课的最高分、最低分、平均分以及不及格人数。提示：使用静态成员。

4. 简答题

(1) 类的成员的访问权限有哪些？

(2) 类的构造函数和析构函数各有什么作用和特点？

(3) 类的默认构造函数有哪些？

(4) 静态数据成员有什么用途？如何初始化？

(5) 友元有什么作用？使用友元的原则是什么？

(6) 什么情况下类必须定义自己的复制构造函数？

(7) 常量数据成员与静态数据成员有什么区别？常量数据成员如何初始化？

(8) 什么是 this 指针？它有什么用途？静态成员函数和常成员函数有 this 指针吗？

第6章 继承与派生

继承性是面向对象程序设计的重要特征之一。本章将讨论C++语言中有关继承的原理和方法，主要包括继承与派生的基本概念、类的赋值兼容规则和虚基类的应用。

6.1 继承与派生的概念

在现实世界中，我们经常会遇到继承与派生的问题。比如，轿车和卡车都具有汽车的特性，同时它们又有各自的特点，可以说轿车和卡车都继承了汽车的一些属性，或者说汽车派生出轿车和卡车；再比如，某个小孩与其父母非常相像，就是说通过基因遗传，孩子继承了父母的部分特征（面貌、性格等），而且这种继承不是单一的继承，而是从多个先辈那里继承了不同的特性。

在C++语言程序设计中，我们可以把继承与派生的思想运用于类的设计。例如，已经定义了一个学生类Student，那么再定义本科生类Undergraduate和研究生类Postgraduate时，不必重复描述学生的有关属性，只要将Student类的属性继承下来，然后再增加本科生类和研究生类各自的特征描述即可。所以，实现类的继承与派生，目的就是从一个已有的类产生一个新的类，从而解决软件重用的问题。

类的继承与派生，是从不同角度对同一事物的描述。以Student类和Undergraduate类为例，Undergraduate是对已有的Student类进行扩展而产生的新类，Undergraduate继承了Student，或者说Student派生出Undergraduate。这样，称student类为基类（base class）或父类（father class），Undergraduate为派生类（derived class）或子类（child class）。

C++语言中的继承关系可以分为单继承和多继承两种。如果一个派生类只有一个直接的基类，那么这种继承称为单继承。例如，Undergraduate类和Postgraduate类都是由一个Student类派生来的，所以它们是单继承的。如果某个类的直接基类有两个或两个以上，则称该继承为多继承。例如，孩子同时继承了父亲和母亲的特征，所以这种继承关系为多继承。

6.2 派生类

6.2.1 派生类的定义

派生类提供了扩充基类的手段。使用派生类，能够支持代码重用，减少冗余数据的存储,提高程序开发效率。

C++语言定义派生类的格式如下:

```
class 派生类名: 继承方式   基类名
{     private:
     派生类新增的私有数据成员和函数成员的描述语句;
public:
     派生类新增的公有数据成员和函数成员的描述语句;
protected:
     派生类新增的保护数据成员和函数成员的描述语句;
};
```

说明:

(1) class 是关键字,冒号“:”后面的内容指明派生类是由哪个基类继承而来的,并且指出继承的方式是什么。

(2) 继承方式有 3 种,分别是 public(公有继承)、private(私有继承)和 protected(保护继承)。如果省略说明继承方式,则默认的继承方式为 private。继承方式决定了派生类的成员对其基类的访问权限。

(3) 基类名必须是已经定义的一个类。

(4) 派生类新增的成员定义在一对大括号内。

(5) 不要忘记在大括号的最后加分号“;”,以表示该派生类定义结束。

【例 6-1】 定义一个学生类 Student,然后以 Student 为基类派生出本科生类 Undergraduate。为了简化起见,本程序不涉及派生类的构造函数。为此,我们把所有成员的访问控制属性都设置为 public,在主函数中给对象赋初值。

```
#include<iostream>
#include<string>
using namespace std;
class Student
{public:
     string name;
     int age;
     void display()
          {cout<<"姓名: "<<name<<'\t'<<"年龄: "<<age<<endl;
          }
};
class Undergraduate:public Student
{public:
     string speciality;
     void display1()
          {cout<<"专业: "<<specialty<<endl;
          }
};
int main()
{ Undergraduate st;
  st.name="张三";
  st.age=20;
  st.speciality="计算机科学与技术";
```

```
    st.display();
    st.display1();
    return 0;
}
```

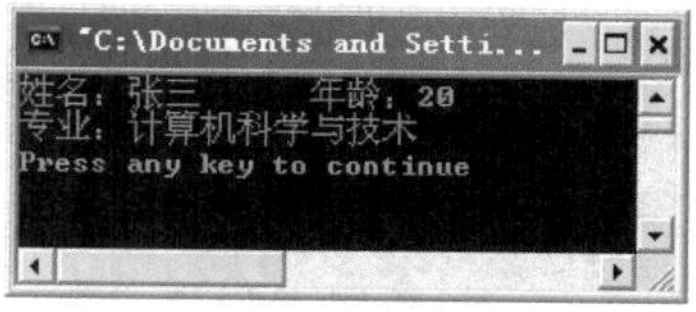

图 6-1　例 6-1 程序运行结果

运行结果如图 6-1 所示。

说明：Undergraduate 类以公有方式继承了 Student 类，同时新增了数据成员 specialty（表示本科生的专业）和成员函数 display1()。在 main() 函数中创建了 Undergraduate 类的对象 st，st 可以使用 Undergraduate 类新增的成员 specialty 和 display1()，也可以使用父类 Student 的数据成员 name、age 和函数成员 display()。

6.2.2　派生类的成员组成

派生类是在基类的基础上产生的。派生类的成员包括如下所述 3 种。

1. 吸收基类成员

派生类继承了基类除构造函数和析构函数以外的全部数据成员和函数成员。这意味着派生类的构造函数和析构函数不能从基类中继承，必须“自力更生”(6.3 节将专门讨论这个问题)，而基类的所有其他成员都可以被继承下来。

2. 新增成员

派生类除了继承基类的成员之外，还应该有所创新，增添新的数据成员和函数成员，实现新的功能，否则如果派生类跟基类完全一样，那就是“克隆”基类，没有必要。在派生类中可以增加新成员的机制，使得派生类的功能更强大，更有针对性，体现派生类与基类的不同和个性特征。

3. 对基类成员进行改造

派生类对基类的改造包含两个含义，一是对基类成员的访问控制方式进行改造，例如，基类中的某个数据成员原来的访问控制属性是 public，继承到派生类以后，派生类对它的访问控制属性可以改为 protected 或 private，这是通过定义派生类的继承方式确定的；二是在派生类中定义与基类同名的成员（成员函数要求参数也对应一致），这样派生类的新成员就覆盖了基类的同名成员。

【例 6-2】　同名覆盖的示例。B 类继承了 A 类，并且对 A 类的成员函数 display 重新进行了定义。这样，B 类的对象 b 在调用 display 函数时，就知道是指 B 类的 display 函数，而不是基类 A 的 display 函数。

程序如下：

```
#include <iostream>
using namespace std;
class A
{public:
```

```
    void display()
        {cout <<"调用基类的 display 函数!"<< endl; }
};
class B:public A
{public:
    void display()
        {cout <<"调用派生类的 display 函数!"<< endl; }
};
int main()
{ B b;
  b.display();
  return 0;
}
```

运行结果如图 6-2 所示。

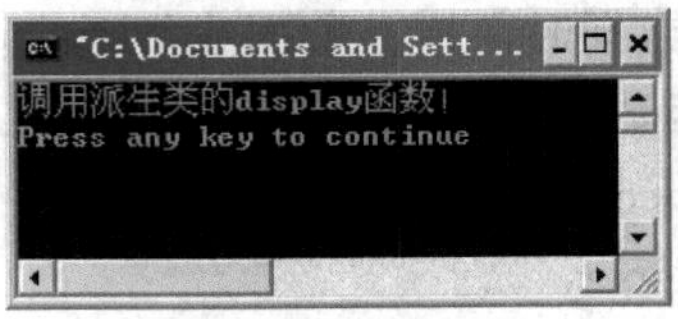

图 6-2　程序运行结果

6.2.3　继承方式

派生类的继承方式有 3 种,分别是 public、private 和 protected,那么为什么要设置这 3 种不同的继承方式呢?事实上,不同的继承方式会影响基类中的成员在派生类中的访问控制属性,也就是说,派生类的成员或对象对基类成员的访问权限,不仅取决于基类成员本身的访问控制属性,还要受到继承方式的制约。因此,基类的私有成员在派生类中未必还是私有成员,基类的公有成员在派生类中未必还是公有成员,基类的保护成员在派生类中未必是保护成员。

1. public

public 是指在派生一个类时继承方式为公有继承。在 public 继承方式下,基类成员在派生类中的访问权限为:基类的 public 成员或 protected 成员在派生类中的访问属性保持不变,仍然是 public 或 protected;而基类的 private 成员在派生类中是不可见的。

这里特别要强调区分以下两个概念。

(1) 把派生类的成员对基类成员的访问权限与派生类的对象对基类成员的访问权限区别开来。例如,在 public 继承方式下,派生类的成员可以访问基类中的 public 成员和 protected 成员,而派生类的对象只能访问基类的 public 成员。如果希望派生类的对象能访问基类的其他成员,只有通过派生类的 public 函数进行间接访问。

(2) 把不可访问成员和私有成员区别开来。基类的私有成员尽管被派生类继承下来,但是在派生类中是不可见的,所以派生类的成员不能访问基类的私有成员,派生类的对象当然也不能访问基类的私有成员。但派生类的成员对于派生类自身的私有成员是可以访问的。

【例 6-3】 public 继承方式下的访问控制属性示例。假设 Person 类包含数据成员姓名 name、年龄 age、电话号码 tel,它们各自的访问控制属性分别为公有、保护、私有。Student 类以公有方式继承 Person 类,新增数据成员学号 Number、专业 specialty、班级排名 Paiming,访问控制属性分别为公有、保护、私有。分析以下程序,为什么①、②、③、④、⑤句在编译时出错?

```
#include <iostream>
#include <string>
```

```
using namespace std;
class Person
{public:
  string name;
protected:
    int age;
private:
    string tel;
};
class Student:public Person
{public:
  long Number;                          // 学号
    void disp()
    {cout << name << endl;
    cout << age << endl;
    cout << tel << endl;                //①
    cout << Number << endl;
    cout << specialty << endl;
    cout << Paiming << endl;
    }
protected:
    string specialty;                   //专业
private:
    int Paiming;                        //在班级的排名
};
int main()
{
    Student s;
    s.name = "张三";
    s.age = 20;                         //②
    s.tel = "13912345678";              //③
    s.Number = 123456;
    s.specialty = "材料科学";           //④
    s.Paiming = 3;                      //⑤
    s.disp();
    return 0;
}
```

继承方式影响派生类的成员和派生类的对象对基类的访问，但是并不影响基类成员和基类对象对基类的访问。基类成员对基类自身的所有成员函数都是可见的，即使是基类的 private 成员也可以被基类的其他成员访问；基类成员对其对象的可见性为公有成员可见，其他不可见；这里保护成员同于私有成员。

在 public 继承方式下，派生类的成员对于基类成员的访问控制属性如下所述。

(1) 基类成员对派生类的可见性为公有成员和保护成员可见，而私有成员不可见。这里保护成员同于公有成员。

(2) 基类成员对派生类对象的可见性为公有成员可见，其他成员不可见。

可见，在 public 继承方式下，派生类的对象可以访问基类中的公有成员；派生类的成员函数可以访问基类中的公有成员和保护成员。再次强调要分清派生类的成员函数和派生类的对象对基类的访问是不同的，前者具有派生类内的访问权限，后者具有派生类外的访问权限。

2. private

通过 private 继承，基类的公有成员和保护成员都变为派生类的私有成员，而基类的私有成员和不可访问成员在派生类中不可访问。可见，经过 private 继承后，基类的成员成为派生类的私有成员；如果继续派生，那么该基类的所有成员对于新的派生类来说都是不可访问的。也就是说，以 private 方式的继承，只能“传递一代”，因为基类成员无法在进一步的派生中发挥作用。因此，private 继承的应用不常见。

采用 private 继承方式时，基类成员对派生类的可见性为公有成员和保护成员是可见的，而私有成员是不可见的；基类成员对派生类对象的可见性为所有成员都是不可见的。

3. protected

protected 继承方式的特点是基类的所有公有成员和保护成员都成为派生类的保护成员，基类的私有成员和不可访问成员在派生类中不可访问。也就是说，派生类的成员可以直接访问基类的公有成员和保护成员，而派生类的对象无法直接访问基类的任何成员，这跟 private 继承方式的效果一样。但是，如果从派生类再往下派生新的类时，protected 继承和 private 继承就有区别了。

例如，B 类以 protected 方式继承 A 类，C 类以 protected 方式继承 B 类，那么 C 类的成员函数可以访问 A 类的公有成员和保护成员。

再如，B 类以 private 方式继承 A 类，C 类以 private 方式继承 B 类，那么 C 类的成员函数就不能直接访问 A 类的所有成员。因为 A 类的成员已经变成 B 类的私有成员，B 类再派生出 C 类，B 类的私有成员对于 C 类的成员自然是不可见的。

可以看出，protected 继承方式的访问控制权限介于 public 继承和 private 继承之间。如果称派生类的对象对基类的访问为水平访问，派生类的派生类对基类的访问为垂直访问，那么有以下规则：

(1) public 继承时，水平访问和垂直访问对基类中的公有成员不受限制。

(2) private 继承时，水平访问和垂直访问对基类中的公有成员也不能访问。

(3) protected 继承时，对于垂直访问同于 public 继承，对于水平访问同于 private 继承。

【例 6-4】 protected 继承方式下的访问特性示例。例 6-3 中，在编译时有 5 处地方出错。现在如果将例 6-3 中的继承方式由 public 改为 protected，那么访问权限将更严格，会出现更多的错误。为此，我们可以在基类和派生类中定义公有的成员函数，以间接方式来访问那些不可以直接访问的成员。

```
#include<iostream>
#include<string>
using namespace std;
class Person
{public:
  string name;
     void GetPersonData()
```

```
        {     age = 20;
              tel = "13912345678";
        }
        string gettel()
        {return tel; }
protected:
     int age;
private:
     string tel;
};
class Student:protected Person
{public:
   long Number;
        void GetStudentData()
        {    name = "张三";
             GetPersonData();
             specialty = "材料科学";
             Paiming = 3;
        }
        void disp()
        {cout << name << endl;
        cout << age << endl;
        cout << gettel()<< endl;
        cout << Number << endl;
        cout << specialty << endl;
        cout << Paiming << endl;
        }
protected:
     string specialty;
private:
     int Paiming;
};
int main()
{
     Student s;
     s.Number = 123456;
     s.GetStudentData();
     s.disp();
     return 0;
}
```

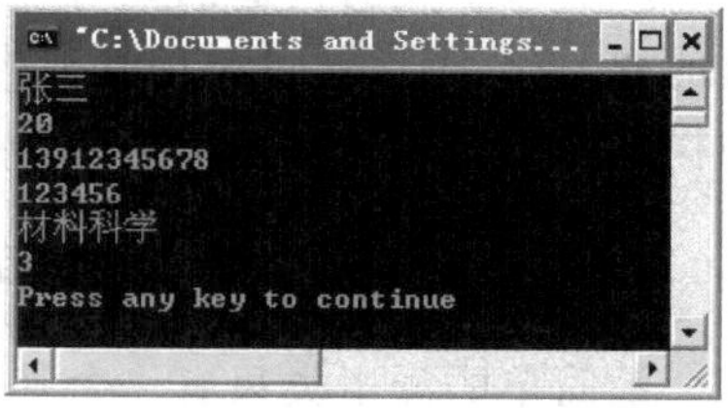

图 6-3　例 6-4 程序运行结果

运行结果如图 6-3 所示。

表 6-1 中列出了 3 种不同继承方式的基类特性和派生类特性。

表 6-1　不同继承方式的基类和派生类特性

继承方式	基类中访问控制属性	派生类成员	派生类对象	派生类的派生类的成员	派生类的派生类的对象
public	public	可访问	可访问	可访问	可访问
	protected	可访问		可访问	
	private				

续表

继承方式	基类中访问控制属性	派生类成员	派生类对象	派生类的派生类的成员	派生类的派生类的对象
protected	public	可访问		可访问	
	protected	可访问		可访问	
	private				
private	public	可访问			
	protected	可访问			
	private				

注：表格中的空白表示不可访问。

6.3 派生类的构造函数和析构函数

前面我们已经指出，派生类把基类的大部分特征都继承下来了，但是有两个例外，这就是基类的构造函数和析构函数。这个问题也不难理解，基类的构造函数和析构函数负责基类对象的初始化以及清理工作，而派生类新增了一些成员，其对象的初始化以及清理工作不能由基类包办，必须由派生类自身的构造函数和析构函数来完成。

派生类构造函数和析构函数的定义和使用是掌握继承与派生的一个难点。在设计派生类的构造函数时候，不仅要考虑派生类所增加的数据成员初始化，还要考虑基类的数据成员初始化。这里所谓的"考虑基类的数据成员初始化"，不是说重新编写基类的构造函数，而是需要为它的基类的构造函数传递参数。

6.3.1 派生类的构造函数

声明派生类的构造函数时，只需要对本类中新增成员进行初始化；对继承来的基类成员的初始化，可以通过调用基类构造函数完成。如果要调用基类带参数的构造函数，派生类的构造函数必须为基类的构造函数传递参数。

1. 最简单的派生类的构造函数

最简单的派生类只有一个基类，也没有基类或其他类的对象，派生类构造函数格式：

```
派生类构造函数名(总参数列表)：基类构造函数名(参数列表)
{
    派生类中新增数据成员初始化语句
};
```

【例 6-5】 派生类的构造函数示例。

```
#include <iostream>
#include <string>
using namespace std;
class Person
{public:
```

```
    string name;
        Person(string name1,int age1,string tel1)
        {   name = name1;
            age = age1;
            tel = tel1;
        }
        string gettel()
        {return tel;
        }
protected:
    int age;
private:
    string tel;
};
class Student:public Person
{public:
  long Number;
      Student(long Number1,string specialty1,int Paiming1,string name1,int age1,string tel1):
Person(name1,age1,tel1)
      {   Number = Number1;
          specialty = specialty1;
          Paiming = Paiming1;
      }
      void disp()
      {cout << name << endl;
      cout << age << endl;
      cout << gettel()<< endl;
      cout << Number << endl;
      cout << specialty << endl;
      cout << Paiming << endl;
      }
protected:
    string specialty;
private:
    int Paiming;
};
int main()
{
    Student s(10001,"数学",1,"李四",23,"18912345678");
    s.disp();
    return 0;
}
```

运行结果如图 6-4 所示。

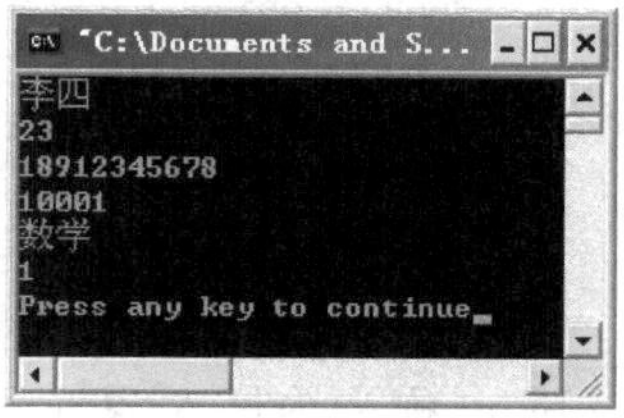

图 6-4　例 6-5 程序运行结果

派生类构造函数既要初始化派生类新增的成员，同时还要为它的基类的构造函数传递参数，因而有一个很重要的问题摆在我们面前，就是派生类的构造函数和基类的构造函数究竟先执行哪一个。

C++语言规定：建立一个派生类的对象时，执行构造函数的顺序是派生类构造函数先调用基类的构造函数，再执行派生类构造函数本身(派生类构造函数的函数体)。如果派生类还有内嵌的对象，则执行顺序是首先基类的构造函数，然后内嵌对象的构造函数，最后才执行派生类构造函数本身的函数体。

2. 有内嵌对象的派生类的构造函数

格式：

```
派生类构造函数名(总参数表列): 基类构造函数名(基类参数表列),内嵌对象名(内嵌对象参数)
    { 派生类中新增数据成员初始化语句;
    }
```

【例 6-6】 有内嵌对象的派生类的构造函数示例。

```
#include<iostream>
#include<string>
using namespace std;
class A
{public:
    int a;
    A(int a1)
    {   a=a1;
        cout<<"执行类 A 的构造函数!"<<endl; }
    };
class B
{ public:
    int b;
    B(int b1)
    {    b=b1;
         cout<<"执行类 B 的构造函数!"<<endl;
    }
};
class C:public B
{ public:
    int c;
    A obj_a;
    C(int a1,int b1,int c1):obj_a(a1),B(b1)
     {    c=c1;
         cout<<"执行类 C 的构造函数!"<<endl; }
};
int main()
{   C obj(1,2,3);
    cout<<obj.obj_a.a<<" "<<obj.b<<" "<<obj.c<<endl;
    return 0;
}
```

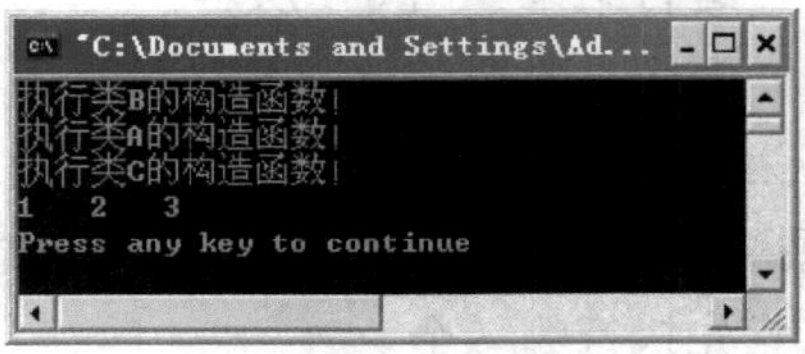

图 6-5 例 6-6 程序运行结果

运行结果如图 6-5 所示。

说明：C 类继承 B 类，同时 C 类还包含 A 类的对象 obj_a(称为内嵌对象或子对象)。在 main 函数中定义了 C 类的对象 obj，其初始化参数有 1、2、3 共 3

个参数。由语句“C(int a1,int b1,int c1):obj_a(a1),B(b1)”可以看出,第 1 个参数 a1 传递给内嵌对象,第 2 个参数 b1 传递给基类的构造函数,第 3 个参数 c1 用于派生类对象自身的初始化。

注意:构造函数的执行顺序为首先基类,然后内嵌对象,最后派生类自身。构造函数的执行顺序与派生类构造函数初始化列表中的排列次序无关。

3. 多层派生的派生类的构造函数

当 A 类作为基类派生出 B 类,然后 B 类又作为基类派生出 C 类时,就形成了所谓的多层派生。这时,在写 C 类的构造函数初始化列表时,只要列出 B 类及其构造函数所需要的参数,而不必列出 A 类及其参数。也就是说,每一个派生类仅负责给它的“顶头上司”准备参数,而不必操心它的间接基类的参数如何得到(本书后面介绍的虚基类的情况除外)。

【例 6-7】 多层派生的派生类的构造函数示例。

```
#include<iostream>
#include<string>
using namespace std;
class A
{public:
    int a;
    A(int a1)
    {    a=a1;          cout<<"执行类 A 的构造函数!"<<endl;     }
};
class B:public A
{ public:
     int b;
     B(int a1,int b1):A(a1)
     {      b=b1;          cout<<"执行类 B 的构造函数!"<<endl; }
};
class C:public B
{ public:
     int c;
     C(int x,int y,int z):B(y,z)
     {      c=x;           cout<<"执行类 C 的构造函数!"<<endl; }
};
int main()
{     C obj(1,2,3);
     cout<<obj.a<<" "<<obj.b<<" "<<obj.c<<endl;
     return 0;
}
```

运行结果如图 6-6 所示。

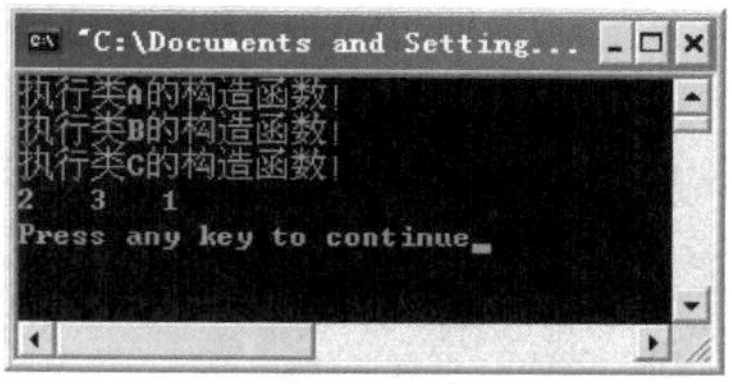

图 6-6 例 6-7 程序运行结果

4. 派生类构造函数的几种特殊形式

(1) 当不需要对派生类新增的成员进行任何初始化操作时,派生类构造函数的函数体可以为空,即构造函数是空函数。

(2) 如果在基类中没有定义构造函数,或定义了没有参数的构造函数(默认构造函数),那么在派生类构造函数初始化列表中就不用列出基类名及其参数。

(3) 如果在基类和内嵌对象类型的声明中都没定义带有参数的构造函数,而且不需要对派生类自己的数据成员初始化,则可不必显式地定义派生类构造函数。

(4) 如果基类或内嵌对象类型的声明中定义了带参数的构造函数,就必须显式地定义派生类构造函数。

(5) 如果基类中既定义了无参的构造函数,又定义了有参的构造函数,在定义派生类构造函数时,既可以包含基类构造函数及其参数,也可以不包含基类构造函数。

6.3.2 派生类的析构函数

与构造函数类似,析构函数也不能被继承,需要派生类中自行定义。掌握了派生类的构造函数之后,派生类的析构函数就非常简单了,只需记住以下特征。

(1) 派生类的析构函数的定义方法与一般(无继承关系时)类的析构函数相同。

(2) 不需要显式地调用基类的析构函数,系统会自动隐式调用。

(3) 析构函数的调用次序与构造函数正好相反。也就是先执行派生类的析构函数,然后执行派生类的内嵌对象的析构函数,最后执行基类的析构函数。

【例 6-8】 派生类的析构函数示例。

```
#include< iostream >
using namespace std;
class A
{public:
    A()
    {         cout <<"执行类 A 的构造函数!"<< endl; }
    ~A()
    {         cout <<"执行类 A 的析构函数!"<< endl; }
};
class B
{ public:
     B()
     {     cout <<"执行类 B 的构造函数!"<< endl;    }
     ~B()
    {         cout <<"执行类 B 的析构函数!"<< endl; }
};
class C:public B
{ A a;
public:
    C()
     {     cout <<"执行类 C 的构造函数!"<< endl; }
     ~C()
    {         cout <<"执行类 C 的析构函数!"<< endl; }
};
int main()
{   C obj;
    return 0;
}
```

运行结果如图 6-7 所示。

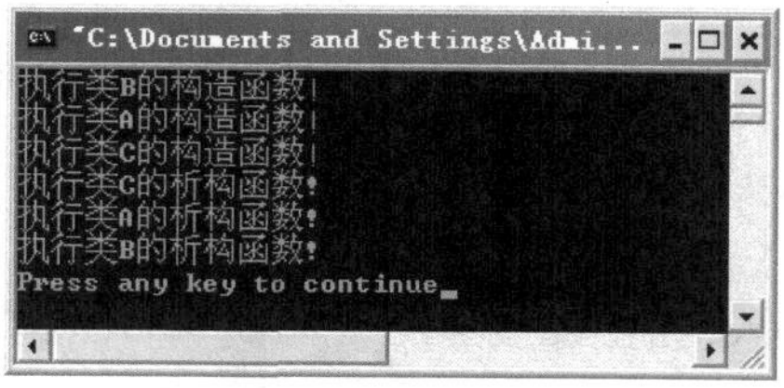

图 6-7　例 6-8 程序运行结果

6.4　多继承

到目前为止，我们讲过的继承关系都是单继承，继承关系相对简单。C++程序不仅能描述单继承，还能描述更复杂的多继承。正如现实世界中孩子继承父亲和母亲的特征一样，C++语言中也有刻画多继承的机制。例如，由于在职研究生具有研究生和教工的双重身份，所以，在职研究生类将继承学生类和教工类。

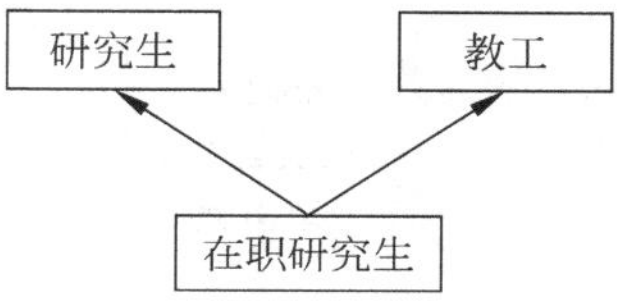

图 6-8　多继承关系

需要指出的是，多继承和多层继承是不同的。多层继承是指继承的层次超过 2 层，中间层的那些类对于上层来说是派生类，而对于下层来说则是基类；多继承是指某个派生类的直接父类多于一个。

6.4.1　多继承的定义

多继承的定义格式如下：

```
class 派生类名：继承方式 1 基类名 1，继承方式 2 基类名 2，…
{      private:
           派生类新增的私有数据成员和函数成员的描述语句；
     public:
           派生类新增的公有数据成员和函数成员的描述语句；
     protected:
           派生类新增的保护数据成员和函数成员的描述语句；
};
```

说明：与单继承的定义的区别在于，派生类名右面冒号后面的描述“继承方式 1 基类名 1，继承方式 2 基类名 2，…”，派生类直接继承了几个基类，就要列出几个“继承方式 基类名”的描述，每个“继承方式”只对紧跟在它后面的“基类名”有效。如果 B 类有 3 个基类 A1、A2、A3，且都是公有继承，则描述为：

```
class B: public A1, public A2, public A3
{ … };
```

【例 6-9】　多继承问题示例。

如果已经存在沙发和床两个类，想创建派生类“沙发床”，它既具有沙发的特点，又有床的特点，程序如下：

```
#include <iostream>
using namespace std;
class bed{
public:
    void sleep()
    {cout<<"Lying in bed!"<< endl; }
};
class sofa{
public:
    void watchTV()
    {cout<<"Watching TV!"<< endl; }
};
class sofabed: protected bed, protected sofa{
public:
    void foldout()
        {}
    void show()
        {sleep();
         watchTV();
        }
};
int main()
{   sofabed obj;
    obj.show();
    return 0;
}
```

思考：关于多继承优劣的争论一直不断，支持者说多继承符合现实特点，能够使得创建派生类的功能更加方便、灵活；反对者认为，多继承带来一系列问题，比如程序的复杂性与含糊性(二义性)问题。现在一些面向对象的程序设计语言如 Java、C# 就不采用多继承。

6.4.2 多继承引起的二义性问题

在多继承中，容易出错的就是二义性问题，这是使用多继承时要特别注意的。在派生类中对基类成员的访问应该是唯一的。但是，在多继承的情况下，可能造成对基类中某个成员的访问出现了不唯一的情况，这时就称对基类成员的访问产生了二义性。

如果派生类的成员与基类的成员同名，那么按照“同名覆盖”的原则，在派生类中使用的该成员指的是派生类的成员，而不是基类的成员，即使派生类的成员函数与基类的成员函数仅名字相同而参数不同，依然遵循“同名覆盖”的原则。此时，不会产生二义性问题。

如果在派生类中使用的某个成员名在多个基类中出现，而在派生类中没有重新定义，这时候使用该成员名就会产生二义性问题。因为如果不加限制条件，编译系统无法区分使用的是哪一个基类的同名成员，即使通过成员函数的参数个数、类型等能够区分，编译系统也仍然认为它们是模糊的、不确定的。

【例 6-10】 多继承中的二义性问题示例。

```
#include <iostream>
using namespace std;
class A1 {
public:
  void print() {cout <<"A1:print"<< endl;}
  void show() {cout <<"A1:show"<< endl;}
};
class A2 {
public:
  void print() {cout <<"A2:print"<< endl;}
  void show(int){cout <<"A2:show"<< endl;}
};
class B: public A1, public A2 {
public:
    void print() {cout <<"B:print"<< endl;}
};
int main ()
{ B b;
  b.print();                          //正确。同名覆盖
  b.show();                           //出错: 'B::show' is ambiguous
  return 0;
}
```

说明：在主函数中，b. print()不会发生歧义，因为 print 函数在 A1 类和 A2 类中定义，而在 B 类中重新定义过，所以 b. print()指的就是 B 类中定义的 print 函数。而 b. show()会因为二义性问题出错，原因是系统无法判断这个 show 函数究竟是来自 A1 类还是 A2 类。

解决上述二义性问题的一个办法就是在所使用的函数名字前增加作用域运算符，比如："b. A1::print()"或者"b. A2::print()"。

解决二义性问题的方法主要如下所述 3 种。

(1) 通过类名和作用域运算符(::)明确指出访问的是哪一个基类中的成员。使用作用域运算符进行限定的一般格式：

```
<对象名>.<基类名>::<数据成员名>
<对象名>.<基类名>::<函数成员名>(<参数表>)
```

(2) 在类中定义同名成员，依据是"同名覆盖"规则，又称为支配规则。X 类中的成员 N 支配 Y 类中同名的成员 N 是指 X 类以 Y 类为它的一个基类。如果一个名字支配另一个名字，则二者之间不存在二义性，当使用该成员时，使用支配者中的成员。

(3) 虚基类，讲解详见 6.5 节。

在解决二义性问题时要注意：

① 一个类不能从同一个类中直接继承一次以上。

② 二义性检查在访问控制权限或类型检查之前进行，所以访问控制权限不同或类型不同不能解决二义性问题。

6.5 虚基类

6.5.1 虚基类的概念

在多继承中可能引起二义性问题,解决它的一个办法是使用作用域运算符或者“同名覆盖”的规则。不过这些方法虽然能处理二义性问题,却在某些场合仍然不能令人满意。

【例 6-11】 家具类 FURNITURE 派生出沙发类 SOFA 和床类 BED,SOFA 和 BED 共同派生出沙发床类 SOFABED,在主函数中定义沙发床类的对象 softbed。

程序清单:

```
#include <iostream>
using namespace std;
class FURNITURE{
public:
    int Price;
};
class BED:public FURNITURE
    {};
class SOFA:public FURNITURE
    {};
class SOFABED:public BED,public SOFA
    {};
int main()
{     SOFABED sofabed;
      sofabed.Price = 1000;                    //编译时出错,'SOFABED::Price' is ambiguous
      return 0;
}
```

以上程序在编译时,语句“sofabed.Price=1000;”出错。出错原因在哪里?

由于 SOFABED 分别从 SOFA 和 BED 获得了 FURNITURE 的数据成员 Price,当执行语句“sofabed.Price=1000;”时,计算机不知道选择哪一个 Price,是来自 SOFA 的?还是来自 BED 的?解决此问题的一个方法是将语句“sofabed.Price=1000;”改为“sofabed.SOFA::Price=1000;”或者“sofabed.BED::Price=1000;”。

尽管二义性问题解决了,可是带来了新的问题。第一,数据的冗余问题。事实上,在 SOFABED 类中要为 Price 留两个存储空间,分别用于 SOFA::Price 和 BED::Price,也就是说 Price 保存着两个副本,这样会浪费存储空间。第二,多个副本会导致维护数据一致性很困难,增加了程序出错的几率。

为了解决以上两个问题,C++语言提供了虚基类的机制。通过使用虚基类技术,派生类可以在内存中只保留基类成员的一个副本,从而消除了数据冗余。

虚基类的声明方法是在派生类的定义过程中进行的,格式为:

```
class 派生类名: virtual 继承方式 基类名
```

可见增加了限定符 virtual，这样基类就定义为了派生类的虚基类。

【例 6-12】 交通工具类可以派生出汽车和船两个子类，而拥有汽车和船共同特性的水陆两用汽车则继承来自汽车类与船类的共同属性。

```
#include <iostream>
using namespace std;
class Vehicle
{  public:
    Vehicle(int weight)
    { Vehicle::weight = weight; }
    void SetWeight(int weight)
    { cout <<"重新设置重量:"<< weight << endl;
      Vehicle::weight = weight; }
   protected:
    int weight;                              //重量
};
class Car: virtual public Vehicle            //①
{ public:
        Car(int weight, int aird):Vehicle(weight)
    { Car::aird = aird; }
  protected:
    int aird;                                //排汽量
};
class Boat: virtual public Vehicle           //②
{ public:
    Boat(int weight, float tonnage):Vehicle(weight)
    { Boat::tonnage = tonnage; }
  protected:
    float tonnage;                           //排水量
};
class AmphibianCar:public Car, public Boat
{ public:
    AmphibianCar(int weight, int aird, float tonnage): Vehicle(weight), Car(weight, aird), Boat
(weight, tonnage)                            //③
     { }
};
int main()
{ AmphibianCar a(4,200,1.35f);
  a.SetWeight(3);
    return 0;
}
```

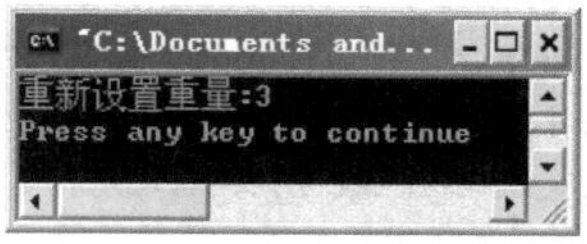
"C:\Documents and...
重新设置重量:3
Press any key to continue

图 6-9　例 6-12 程序运行结果

运行结果如图 6-9 所示。

思考：仔细体会语句①、②、③的作用。如果把语句①、②中的 virtual 删除，程序编译时会出现什么错误？语句③中为什么要把 Vehicle(weight)写在初始化列表里？

提示：什么时候使用虚基类？在"1-X-1"型(亦称"橄榄型")的多继承中，经常使用虚基类。通过把基类继承声明为虚拟的，就只能继承基类的一份拷贝，从而消除歧义。

6.5.2 虚基类及其派生类的构造函数

虚基类的初始化与一般多继承的初始化在语法上是类似的，但是要注意虚基类的构造函数有以下几个不同的特点。

(1) 如果一个派生类有一个直接或间接的虚基类，那么派生类的构造函数的成员初始列表中必须列出对虚基类构造函数的调用。如果未被列出，则表示该虚基类的构造函数没有参数，也就是调用默认构造函数。

(2) 构造函数的执行次序有变化。如果在派生类构造函数初始化列表中出现对虚基类和非虚基类构造函数的调用，则虚基类的构造函数先于非虚基类的构造函数执行；如果初始化列表中有多个虚基类，则按照定义派生类时它们出现的次序调用。

(3) 在包含虚基类的多层继承中，我们把建立对象的那个类称为最远派生类。C++规定，只有最远派生类的构造函数才调用虚基类的构造函数，而该派生类的基类中所列出的对这个虚基类的构造函数的调用在执行中被忽略，这样便保证了对虚基类的对象只初始化一次。

【例 6-13】 在以下程序中，A 类是 B1 类和 B2 类的虚基类，同时 B1 类和 B2 类共同派生出 C 类，建立 C 类的对象 obj，分析构造函数的执行顺序以及有关成员的值。

```
#include <iostream>
using namespace std;
class A
{ public:
    int a;
    A(int x)
    {   a = x;
        cout <<"调用类 A 的构造函数!"<< endl;
    }
};
class B1: virtual public A
{ public:
    B1(int x):A(x)
    {
        cout <<"调用类 B1 的构造函数!"<< endl;
    }
};
class B2: virtual public A
{ public:
    B2(int x):A(x)
    {
        cout <<"调用类 B2 的构造函数!"<< endl;
    }
};
class C: public B2, public B1
{    public:
        C(int x1,int x2,int x3):B1(x1),B2(x2),A(x3)
        {    cout <<"调用类 C 的构造函数!"<< endl;
        }
```

```
};
int main()
{     C obj(1,2,3);
      cout <<"obj.a = "<< obj.C::a << endl;
      cout <<"obj.A::a = "<< obj.A::a << endl;
      cout <<"obj.B1::a = "<< obj.B1::a << endl;
      cout <<"obj.B2::a = "<< obj.B2::a << endl;
      return 0;
}
```

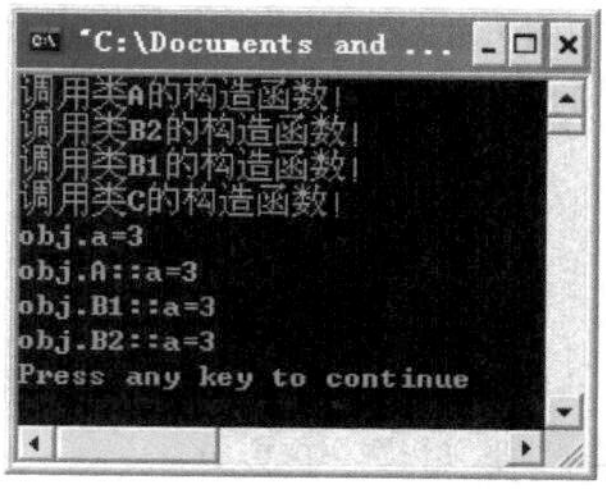

图 6-10　例 6-13 程序运行结果

运行结果如图 6-10 所示。

分析：

(1) 虚基类具有传递特性。由于 A 是 B1(或 B2)的虚基类，而 B1(或 B2)又是 C 的基类，所以 A 自然也是 C 的虚基类。既然 A 是 C 的虚基类，所以 C 的构造函数的初始化列表要负责 A 的对象的初始化，A(x3)表示传递整型数 x3 给 A 的构造函数。

(2) 构造函数执行次序为 A、B2、B1、C。C 类的构造函数初始化列表中，B1(x1)、B2(x2)、A(x3)的顺序对构造函数的执行次序没有影响；由于“class C: public B2, public B1”定义中先继承 B2，然后继承 B1，所以 B2 的构造函数的调用先于 B1。

(3) 定义对象 obj 的类是 C，所以这里 C 是最远派生类。虽然类 B1、B2、C 的构造函数初始化列表中都包含对 A 的初始化，但是只有最远派生类 C 的构造函数对虚基类 A 的构造函数调用起作用，而 B1 或 B2 对 A 的初始化只是形式上的，在执行时就被忽略了。

(4) 由于 A 是虚基类，其对象的初始化只进行一次。所以，从运行结果可以看出，obj.a、obj.A::a、obj.B1::a 和 obj.B2::a 的值都是 3，因为 obj 里存放的 a 只有唯一的一个拷贝。

6.6 基类与派生类的赋值兼容

赋值兼容是指不同类型数据间的自动转换和赋值的能力。基类与派生类的赋值兼容规则是指在需要基类对象的任何地方都可以使用公有派生类的对象来替代。因为通过公有继承，派生类得到了基类中除构造函数、析构函数之外的所有成员，而且所有成员的访问控制属性也和基类完全相同。所以，公有派生类实际就具备了基类的所有功能，凡是基类能解决的问题，公有派生类都可以解决。赋值兼容规则中所指的替代包括如下的情况：

(1) 派生类的对象可以赋值给基类对象。

(2) 派生类的对象可以初始化基类的引用。

(3) 派生类对象的地址可以赋给指向基类的指针。

在替代之后，派生类对象就可以作为基类的对象使用，但需要注意的是只能使用从基类继承下来的成员，而不能使用那些派生类新增的成员和功能。例如，如果 B 类为基类，D 为 B 类的公有派生类，则 D 类中包含了基类 B 中除构造函数、析构函数之外的所有成员，这时，根据赋值兼容规则，基类 B 的对象在可以使用的任何地方，都可以用其派生类的对象来替代。例如，以下程序中，b1 为 B 类的对象，d1 为 D 的对象。

```
class B
{ … }
class D: public B
{ … }
B b1, * pb1;
D d1;
```

(1) 派生类对象可以赋值给基类对象，即用派生类对象中从基类继承来的成员逐个赋值给基类对象的成员：

```
b1 = d1;
```

(2) 派生类的对象也可以初始化基类对象的引用：

```
B &bb = d1;
```

(3) 派生类对象的地址也可以赋给指向基类的指针：

```
pb1 = &d1;
```

【例 6-14】 基类与派生类的赋值兼容示例。

```
#include <iostream>
using namespace std;
class FRUIT{};
class APPLE: public FRUIT{};
class PEAR: public FRUIT{};
int main()
{   FRUIT fruit, * fp = &fruit, &fr = fruit;
    APPLE apple, * ap = &apple, &ar = apple;
    PEAR pear, * pp = &pear, &pr = pear;
    fruit = apple;                 //派生类对象可以赋值给基类对象
    fp = &apple;                   //派生类对象的地址也可以赋给指向基类的指针
    fr = pear;                     //派生类的对象可以初始化基类对象的引用
    //pear = fruit;                //错! 基类对象不能赋值给派生类对象
    //ap = &fruit;                 //错! 派生类指针不能指向基类对象
    //pr = fruit;                  //错! 派生类对象不能作为基类对象的别名
    //apple = pear;                //错! 不同的派生类之间不能相互赋值
    //ap = &pear;                  //错! 派生类的指针不能指向另一个派生类的对象
    //ar = pear;                   //错! 派生类的对象不能初始化另一个派生类对象的引用
    return 0;
}
```

基类与派生类的赋值兼容总结：

(1) 派生类对象向基类对象赋值时，舍弃派生类自己新增的成员，只对基类对象的数据成员赋值。

(2) 基类与派生类的赋值关系是单向的，只能用派生类对象对其基类对象赋值，反之不行。

(3) 同一基类的不同派生类的对象之间不能相互赋值。

总之，赋值兼容规则可以简单地归纳为：具体对象可以向其上层抽象对象赋值，而新增的数据成员无法存放，被自动丢弃；不同的类的对象之间不能相互赋值（包括有共同父类的兄弟之间）。

引入赋值兼容规则有什么用途？由于赋值兼容规则的引入，对于基类及其公有派生类的对象，我们可以使用相同的函数统一进行处理（因为当函数的形参为基类的对象时，实参可以是派生类的对象），而没有必要为每一个类设计单独的模块，从而大大提高程序的效率。这正是 C++语言的又一重要特色，即第 7 章的将要介绍的内容——多态性。可以说，赋值兼容规则是实施多态性的重要基础之一。

6.7 常见错误与典型示例

继承性是面向对象方法的一个重要特征，它为支持代码重用和增量式开发提供了必要的条件。在设计派生类的过程中，经常出错的地方是定义派生类的构造函数和析构函数、确定初始化的执行顺序、多继承中的二义性问题以及违反赋值兼容规则等。

（1）定义派生类的构造函数时，别忘记查看它的基类的构造函数是否需要参数以及它的内嵌对象的初始化是否需要参数。如果需要，必须向它们提供数据。例如以下程序。

```
#include<iostream>
using namespace std;
const double PI = 3.141593;
class Point                        //点类 Point
{double X,Y;
public:
    Point(double x, double y)      //A
    {
        X = x; Y = y;
    }
  void print()
        {
            cout<<'('<< X <<','<< Y <<')'<< endl;
        }
};
class Circle:public Point          //圆类 Circle 继承了点类 Point
{double R;
public:
    Circle(double r)               //B  出错
    {
        R = r;
    }
    void print()
    {   cout<<"圆心为:";
        Point::print();
        cout<<"半径 = "<< R << endl;
        cout<<"面积 = "<< PI * R * R << endl;
    }

};
```

```
int main()
{
    Circle c(5);                    //C
    c.print();
    return 0;
}
```

编译时 B 行出错。原因是 Circle 类继承了 Point 类，Point 类的构造函数需要两个参数（点的横坐标和纵坐标），但是 Circle 类的构造函数没有给基类的构造函数提供参数，因此编译系统因找不到适当的构造函数而出错。解决这个问题有如下两个办法。

方法 1：在 B 行的 Circle 函数中增加两个参数 x 和 y，用这两个参数在构造函数的初始化列表中给 Point 类传递参数。修改后的语句为：

```
Circle(double x,double y,double r):Point(x,y)
```

同时将 C 行定义圆的对象用 3 个参数初始化，语句修改为：

```
Circle c(1, 2, 5);
```

程序如下：

```
#include <iostream>
using namespace std;
const double PI = 3.141593;
class Point                         //点类 Point
{double X,Y;
public:
    Point(double x, double y)
    {
        X = x; Y = y;
    }
  void print()
        {
            cout <<'('<< X <<','<< Y <<')'<< endl;
        }
};
class Circle:public Point           //圆类 Circle 继承了点类 Point
{double R;
public:
    Circle(double x,double y,double r):Point(x,y)
    {
        R = r;
    }
    void print()
    {    cout <<"圆心为:";
         Point::print();
         cout <<"半径 = "<< R << endl;
         cout <<"面积 = "<< PI * R * R << endl;
    }
```

```
};
int main()
{
    Circle c(1,2,5);
    c.print();
    return 0;
}
```

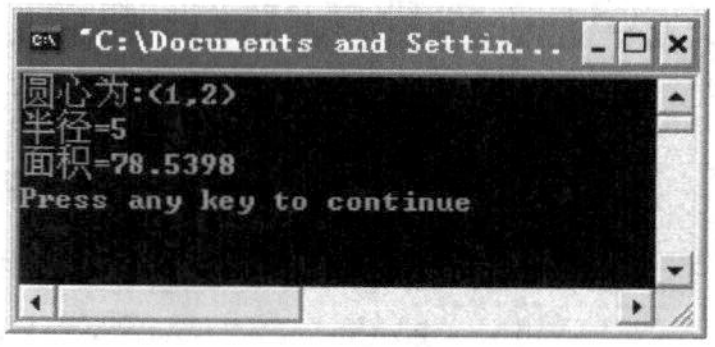

图 6-11 典型示例(1)程序运行结果

运行结果如图 6-11 所示。

方法 2：B、C 行的程序不变，只修改 A 行的程序，比如让 Point 类的参数默认值为 0，其派生类就不必给基类传递参数了。

(2) 没有弄清楚派生类的成员函数和派生类的对象的访问权限的区别，可以记住以下原则：

① 派生类的成员函数可以访问派生类自身的所有成员（包括 public、protected、private 成员）；派生类的成员函数可以访问其直接基类的 public 成员和 protected 成员，但是不能访问基类的私有成员。即使是 public 继承方式，派生类的成员函数也不能访问基类的私有成员。

② 派生类的对象只能访问派生类的 public 成员；基类的成员能否被派生类的对象进行访问取决于两个条件是否同时满足，一是基类成员本身是 public 成员，二是派生类的继承方式是 public 的。如果这两个条件不能同时满足，则派生类的对象就不能访问基类的任何成员。

(3) 多继承如果使用不当，很容易引起二义性错误。所以，应尽量减少使用多继承（Java 语言就只支持单继承，不支持多继承）。如果确实需要使用多继承，可以通过虚基类以及使用类名和作用域限定符来消除二义性。

(4) 赋值兼容规则指出，派生类的对象可以当做基类的对象来使用，也就是说，派生类的对象可以赋值给基类对象；基类对象的指针可以指向派生类的对象；基类对象可以作为派生类对象的别名（引用）。

但是不要忘记，满足上述规则的一个前提条件是派生类必须以 public（不能是 private 或 protected）方式来继承基类，否则这种类型转换将引起错误。

习题 6

1. 选择题

(1) 下列关于派生类的描述中，错误的是(　　)。

A. 派生类至少有一个基类

B. 一个派生类可以作另一个派生类的基类

C. 派生类的构造函数中应包含直接基类的构造函数

D. 派生类默认的继承方式是 public

(2) 派生类的对象可以直接访问的基类成员是(　　)。

A. public 继承的公有成员　　B. protected 继承的公有成员

C. private 继承的公有成员　　D. public 继承的保护成员

(3) 下列描述中错误的是(　　)。

A. 基类的保护成员在 public 派生类中仍然是保护成员

B. 基类的私有成员在 public 派生类中是不可访问的

C. 基类公有成员在 private 派生类中是私有成员

D. 基类公有成员在 protected 派生类中仍是公有成员

(4) 派生类构造函数的成员初始化列表中不能包含的初始化项是(　　)。

A. 基类的构造函数　　B. 基类的内嵌对象

C. 派生类的内嵌对象　　D. 派生类新增的数据成员

(5) 下列关于多继承二义性的描述,错误的是(　　)。

A. 一个派生类的多个基类中出现了同名成员时,派生类对同名成员的访问可能出现二义性

B. 一个派生类有多个基类,而这些基类又有一个共同的基类,派生类访问公共基类成员时,可能出现二义性

C. 解决二义性的方法之一是采用类名限定

D. 基类和派生类中同时出现同名成员时,会产生二义性

(6) 要用派生类的对象访问基类的保护成员,以下观点正确的是(　　)。

A. 不可能实现　　B. 可采用 protected 继承

C. 可采用 private 继承　　D. 可采用 public 继承

(7) 设有基类定义:

```
class Base
{
   private:int a;
   protected: int b;
   public: int c;
};
```

派生类采用(　　)继承方式可以使成员变量 b 成为自己的私有成员。

A. public　　B. protected

C. private　　D. private、protected、public 均可

(8) 基类中的(　　)不允许外界访问,但允许派生类的成员访问,这样既有一定的隐藏能力,又提供了开放的接口。

A. 共有成员　　B. 私有成员

C. 私有成员函数　　D. 保护成员

(9) 下列关于私有成员和保护成员的描述中,(　　)是错误的。

A. 私有成员不能被外界引用,保护成员可以

B. 私有成员不能被派生类引用,保护成员在 public 继承下可以

C. 私有成员不能被派生类引用,保护成员在 protected 继承下可以

D. 私有成员不能被派生类引用,保护成员在 private 继承下可以

(10) 下列虚基类的声明中正确的是(　　)。

A. class virtual B:public A　　B. virtual class B:public A

C. class B:public A virtual　　　　　　D. class B: virtual public A

2. 填空题

(1) 继承的 3 种方式是________、________和________。

(2) 如果 A 类继承了 B 类,则 A 类被称为________类,B 类被称为________类。

(3) 在 protected 继承方式下,基类的公有成员成为派生类的________成员,基类的保护成员成为派生类的________成员。

(4) 在 C++语言中,派生类继承了基类的全部数据成员和除________之外的全部成员函数。

(5) 在 C++程序中,设置虚基类的目的是________,通过关键字________来标识虚基类。

(6) 若 Y 类是 X 类的私有派生类,若 Z 类是 Y 类的公有派生类,则 Z 类________访问 X 类的公有成员和保护成员。

(7) 如果一个类有两个或两个以上直接基类,则这种继承称为________。

(8) 下面程序的运行结果是________。

```
# include < iostream >
  class A
  {public:
          int a;
          A(int c)
          {    cout << c;
               a = c;
          }
  };
  class B : protected A
  {public:
          B(int i, int j) : A(i) {cout << j;}
  };
  class C : public B
  {public:
          C(int i, int j, int m):B(i, j), sub_a(m)
           {cout << m;}
    int geta(){return sub_a.a;}
  private:
          A sub_a;
  };
  void main()
  {
    C obj(1,3,5);
          cout << obj.geta()<< endl;
}
```

(9) 下面程序的运行结果是________。

```
# include < iostream >
using namespace std;
class Point
{ public:
    Point(double i, double j) {x = i; y = j;}
```

```
    virtual double Area(){return 0;}
  private:
    double x, y;
};
class Rectangle:public Point
{ public:
    Rectangle(double i, double j, double k, double l):Point(i,j)
        {w = k;h = l;};
    virtual double Area() {return w * h;}
  private:
    double w,h;
};
void fun(Point &s)
{     cout <<"Area = "<< s.Area()<< endl; }
void main()
{
    Rectangle rec(3.0, 4.0, 10.0, 20.0);
    fun(rec);
}
```

3. 编程题

(1) 定义基类 Person,其包含 name 和 age 两个数据成员;再派生出学生类 Student 和教师类 Teacher,其中学生类增加学号 no 数据,教师类增加职称 Title 数据。每个类均有构造函数和析构函数。在主函数中输入数据进行测试。

(2) 定义一个基类 BaseString,实现基本的输入字符串的功能。以 BaseString 为基类,分别公有派生出字符串复制类 CPString、字符串比较类 CMPString、字符串逆序类 RvString,实现字符串复制、比较、逆序的功能。

(3) 定义一个新的类,它继承第(2)题中那 3 个对字符串加工 的类,同时将基类 BaseString 设置为虚基类,体会虚基类在解决二义性问题时起到的作用。

4. 简答题

(1) 派生类的对象是如何被构造和析构的?

(2) 派生类的对象的访问权限与派生类的成员函数的访问权限有什么区别?

(3) 什么是虚基类? 它的用途是什么?

(4) 多继承中的二义性问题是什么意思? 如何解决?

第7章 多态性

多态性(polymorphism)是C++程序设计语言中面向对象的重要机制,也是富有魅力的一个特征。掌握C++语言的多态性,是程序员必须具备的技能。

7.1 多态性概述

在面向对象的程序设计理论中,多态性是指一个事物有多种形态,即不同类的对象收到相同的消息时,会产生不同的行为。其中,消息就是对成员函数的调用,行为就是函数的不同的实现方法。例如,向一个图形类的对象发出计算面积的消息,如果该对象是一个长方形,那么计算面积的方法是长×宽;如果是三角形,则面积=底×高/2。可见,利用多态性,可以将不同的行为实现方法留给接收消息的对象,使用者只要发送一般形式的消息,对象将自动进行相应的处理。所以,多态性是"一个接口,多种方法"。

1. 根据多态的实现方法划分

(1) 重载多态:包括本书前面介绍的普通函数重载和成员函数重载以及7.2节将要介绍的运算符种载。

(2) 包含多态:以虚函数为基础实现的多态。

(3) 参数多态:用类型参数实例化所体现的多态,参见第9章中的介绍。

2. 根据多态的实现时间划分

从多态的实现时间来划分,多态可分为两类:编译时的多态和运行时的多态。

在介绍这种分类之前,首先引入一个术语——绑定。绑定(binding)又称为联编,是指确定操作具体对象的过程,也就是函数调用与函数本身的关联,或者是把一个标识符名和一个存储地址联系在一起的过程。用面向对象的术语讲,绑定就是把一条消息和一个对象的方法相结合的过程。

1) 编译时的多态

编译时的多态又称为静态多态,是在编译的过程中确定同名操作的具体操作对象。在编译、连接的过程中,系统根据类型匹配等特征确定程序中函数调用与执行该操作的代码的关系,即确定某一个同名标识到底是要调用哪一段程序代码。函数重载、运算符重载以及参数多态都属于静态多态。由于静态绑定是在编译阶段、代码执行之前就确定下来的,所以也被称为早期绑定。

2）运行时的多态

运行时的多态又称为动态多态，它是指在编译阶段不能确切地知道将要调用的函数，绑定工作必须在程序运行时才能完成。运行时的多态发生在程序运行时，类的成员函数的行为能根据调用它的对象类型自动进行适应性调整，无须用户干预。基于虚函数的包含多态是实现动态多态的基础，通常我们所说的多态就是指这种多态。

动态绑定在编译阶段无法确定，因为这时候还没有足够的信息来做决定，必须等到程序执行时。所以，动态绑定又称为后期绑定。

7.2 运算符重载

运算符是在C++系统内部定义的，它们具有特定的语法规则，如操作数的类型和个数、运算的顺序和优先级别等。因此，运算符重载也必须遵守一定的规则。在介绍运算符重载之前，我们先看一个示例。

【例 7-1】 定义一个复数类 Complex，然后定义一个复数加法的函数 complex_add，在主函数中定义两个复数类的对象，调用函数 complex_add 实现复数相加，并输出结果。

```
#include <iostream>
using namespace std;
class Complex
{
public:
    Complex(){real = 0;imag = 0;}
    Complex(double r,double i){real = r;imag = i;}
    Complex complex_add(Complex &c2);
    void display();
private:
    double real, imag;
};
Complex Complex::complex_add(Complex &c2)
{   return Complex(real + c2.real,imag + c2.imag);
}
void Complex::display()
{   cout <<"("<< real <<","<< imag <<"i)"<< endl;
}
int main()
{   Complex c1(1,2),c2(4,-5),c3;
    c3 = c1.complex_add(c2);
    cout <<"c1 = "; c1.display();
    cout <<"c2 = "; c2.display();
    cout <<"c1 + c2 = "; c3.display();
    return 0;
}
```

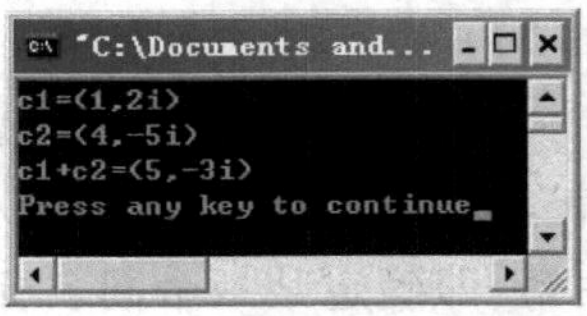

图 7-1　例 7-1 程序运行结果

运行结果如图 7-1 所示。

分析：+可以对 int、float、double 型的数据进行加法运算，但不能直接用于自定义的复数类型数据的加法。因此，我们需要编写一个复数加法的函数 complex_add，调用该函数完成复数加法。

本例运算结果是正确的，但语句"c3=c1.complex_add(c2);"看起来很不直观，使用也不方便。我们希望能采用 c3=c1+c2 的形式，编译系统就会自动完成复数加法。这种想法可行吗？答案是肯定的。只要对运算符"+"赋予新的含义，使"+"可以用于复数加法即可，这个过程就是运算符重载。

所谓运算符重载，就是对已有的运算符重新进行定义，使得该运算符能用于计算不同的数据类型。我们想一下，实现两个整数 a 和 b 的相加之和赋给变量 c，我们会用 $c=a+b$ 的形式表示，其实编译系统对 $c=a+b$ 的解释就相当于 $c=\text{add}(a,b)$，现在我们要做的工作就是扩展+的功能，使它不仅能用于 int、float、double 型数据，还能用于新创建的数据类型，比如复数类型。

在 C++语言中，运算符重载实质上就是函数重载，具体形式有两种，一种是重载为成员函数；另一种是重载为非成员函数。

7.2.1 运算符重载为成员函数

将运算符重载为成员函数的方法是在类中定义一个特殊的函数，格式如下：

```
函数返回值类型 类名:: operator 运算符(形参表)
{
//函数体，重新定义运算符的功能
}
```

这里，operator 是 C++语言的关键字，可以认为 operator 和后面的运算符共同构成该运算符函数的函数名。

【例 7-2】 定义一个复数类 Complex，将运算符+重载为成员函数，实现两个复数的加法。

```
#include <iostream>
using namespace std;
class Complex
{
public:
    Complex(){real = 0;imag = 0;}
    Complex(double r,double i){real = r;imag = i;}
    Complex operator + (Complex &c2);
    void display();
private:
    double real, imag;
};
Complex Complex::operator + (Complex &c2)
{   return Complex(real + c2.real, imag + c2.imag);
}
void Complex::display()
{   cout <<"("<< real <<","<< imag <<"i)"<< endl;
```

```
}
int main()
{   Complex c1(1,2),c2(4,-5),c3;
    c3 = c1 + c2;
    cout <<"c1 = "; c1.display();
    cout <<"c2 = "; c2.display();
    cout <<"c1 + c2 = "; c3.display();
    return 0;
}
```

运行结果与例 7-1 相同。与例 7-1 相比,例 7-2 只修改了 3 处。将成员函数名 complex_add 改为了 operator+,将语句"c3=c1.complex_add(c2);"改为"c3=c1+c2;",这里的 c1+c2 就相当于 c1.operator+(c2)。显然,c1+c2 的书写形式更加直观、简练。

需要指出,+作为双目运算符,有两个操作数,但是重载的成员函数的参数表里只有一个参数,原因是第 1 个操作数——被加数隐含着就是调用成员函数的对象本身(由 this 指针指出),所以成员函数的参数减少了一个。

7.2.2 运算符重载为非成员函数

运算符重载函数除了可以作为类的成员函数,还可以作为非成员函数。为了不仅能访问类中的公有成员,还能够访问私有成员和保护成员,通常将运算符重载为友元函数。

运算符重载为的友元函数,与普通的友元函数类似,差别就是友元函数名由 operator 和运算符组成。一般声明格式如下:

```
friend 函数返回值类型 operator 运算符(形参表);
```

【例 7-3】 定义一个复数类 Complex,将运算符+重载为友元函数,实现两个复数的加法。

```
#include <iostream.h>
class Complex
 {public:
    Complex(){real = 0;imag = 0;}
    Complex(double r){real = r;imag = 0;}
    Complex(double r,double i){real = r;imag = i;}
    friend Complex operator + (Complex &c1,Complex &c2);
    void display();
 private:
    double real;
    double imag;
 };
Complex operator + (Complex &c1,Complex &c2)
 {return Complex(c1.real + c2.real, c1.imag + c2.imag);}
void Complex::display()
{cout <<"("<< real <<","<< imag <<"i)"<< endl;}
int main()
{Complex c1(1,2),c2(4,-5),c3;
 c3 = c1 + c2;
 cout <<"c1 = "; c1.display();
```

```
 cout <<"c2 = "; c2.display();
 cout <<"c1 + c2 = "; c3.display();
 return 0;
}
```

运行结果与例 7-1 相同。

注意：VC++ 6.0 自身存在的一个缺陷会导致它对正常的友元函数编译出错，而用其他的编译器没有问题。为了能在 VC++ 6.0 上运行，可以将程序的前 2 行替换为"#include <iostream.h>"。

7.2.3 运算符重载的规则和限制

运算符重载要遵循以下规则。

(1) 只能对已有的 C++运算符进行重载，而不能臆造新的运算符。

(2) 不是所有的运算符都能重载。以下运算符不能重载：

- .(成员访问运算符)。
- .*(成员指针访问运算符)。
- ::(域运算符)。
- ?:(条件运算符)。
- sizeof(长度运算符)。

(3) 重载以后"四不变"：操作数的个数不变，运算符的优先级不变，运算符的结合性不变，运算符的语法结构不变。

(4) 运算符重载函数不能有默认的参数。

(5) 重载运算符必须和用户定义的对象一起使用，其参数至少应有一个是类对象或是类对象的引用。也就是说参数不能全是 C++语言的标准类型，以防用户改变了原标准类型的运算性质。

(6) C++语言规定，有些运算符(如=、[]、()、->等)只能重载为成员函数；有些运算符(如流插入运算符"<<"和流提取运算符">>")只能重载为非成员函数。

(7) 运算符重载后的功能应当与原有的功能相似。重载运算符的目的是使程序更加简洁、直观，加强可读性强，如果重载之后发生歧义或误解，便失去了重载的意义。

(8) 当重载为成员函数时，形参的个数要比操作数个数少一个(后置"++"、后置"--"除外)，这是由于有一个参数已经隐含在对象本身里面；当重载为非成员函数时，则形参的个数与操作数个数相同。

7.2.4 运算符重载的应用

下面再列举几个示例，帮你体会运算符重载的用法和好处。

【例 7-4】 编写一个模拟"天数与周数"自增的运算符重载函数，我们知道，1 周有 7 天，假如现在是 2 周+5 天，那么自增以后变成 2 周+6 天，再自增则变为 3 周+0 天。

分析：单目运算符"++"有两种形式——前置运算符++a、后置运算符 a++。对于++a，如果重载为成员函数，则相当于调用函数 a.operator++()；如果重载为友元函数，则相当于调用函数 operator++(a)；对于 a++，为了跟前置运算区别开来，C++规定增加一个名义上的形式参数(int 型)。如果重载为成员函数,则相当于调用函数 a. operator++(0);如果重载为友元函数,则相当于调用函数 operator++(a,0)。

程序如下:

```
#include <iostream.h>
class Week_day
{public:
    Week_day(){week = 0;day = 0;}
    Week_day(int w,int d){week = w;day = d;}
    Week_day operator++()                   //前置自增运算
    {   if(++day>=7)
            {day -= 7; ++week;}
        return *this;
    }
    Week_day operator++(int)                //后置自增运算
    {   Week_day temp = *this;
        if(++day>=7)
            {day -= 7; ++week;}
        return temp;
    }
    void display(){cout << week <<"周 + "<< day <<"天"<< endl;}
  private:
    int week,day;
};
int main()
{   Week_day x(2,5),y;
    cout <<"x:    ";
    x.display();
    ++x;
    cout <<"++x: ";
    x.display();
    y = x++;
    cout <<"x++: ";
    x.display();
    cout <<"y:    ";
    y.display();
    return 0;
}
```

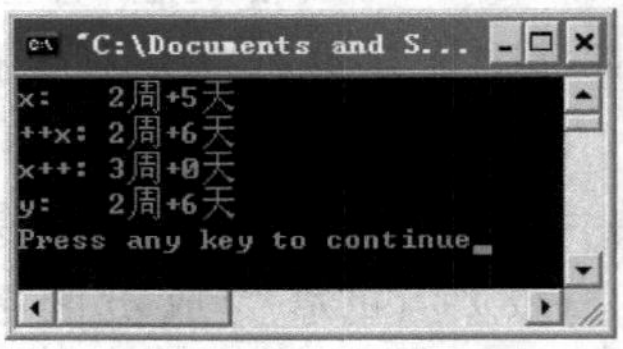

图 7-2 例 7-4 程序运行结果

运行结果如图 7-2 所示。

试一试:修改以上程序,将运算符重载为友元函数。

【例 7-5】 定义一个字符串 String,用友元函数重载运算符>,实现字符串大小比较。如果前一个字符串大于后一个字符串,则输出 1,否则输出 0。

程序如下:

```
#include <iostream.h>
#include <string.h>
class String
{public:
```

```
    String(){p = NULL;}
    String(char * str){p = str;}
    friend bool operator >(String &String1,String &String2);
    void display(){cout << p;};
  private:
    char * p;
};
bool operator >(String &String1,String &String2)
  {if(strcmp(String1.p,String2.p)> 0)
        return true;
   else return false;
  }
int main()
{String String1("Good"),String2("morning");
 cout <<(String1 > String2)<< endl;
 return 0;
}
```

"C:\Documents a...
0
Press any key to continue

图 7-3　例 7-5 程序运行结果

运行结果如图 7-3 所示。

分析：因为字符串 Good 和 morning 的首字符分别是 G 和 m，而 G 的 ASCII 码小于 m，所以，逻辑值 Good > morning 为假，输出结果为 0。

7.3 虚函数

第 6 章中讲到的赋值兼容规则告诉我们，可以用指向基类对象的指针去指向派生类的对象，也可以用派生类的对象初始化基类对象的引用。因此，我们就会产生这样一种想法，假设在一个继承关系中，基类与派生类有相同的成员函数，定义一个指向基类对象的指针，如果它指向基类对象，就调用基类的同名函数；如果它指向派生类对象，就调用派生类的同名函数。我们这个愿望合乎情理，能否实现呢？请看下面的程序示例。

【例 7-6】 验证基类对象的指针能否操作派生类对象的成员函数。

```
#include < iostream >
using namespace std;
class A{
public:
    void print(){ cout <<"In class A"<< endl;}
};
class B:public A{
    public:
    void print(){ cout <<"In class B"<< endl;}
};
int main()
{   A  a, * p;
    B  b;
    p = &a; p -> print();
    p = &b; p -> print();          //①
    return 0;
}
```

运行结果如图 7-4 所示。

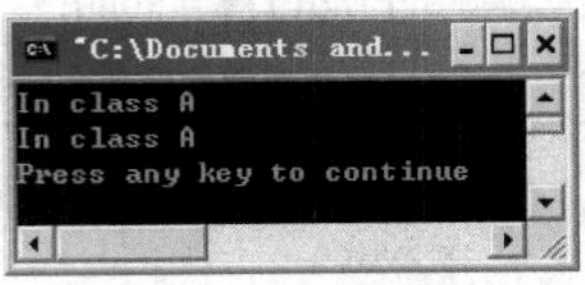

图 7-4　例 7-6 程序运行结果

分析：我们期望语句①的输出结果为 In class B，很不幸，实际输出结果为 In class A。事实上，根据赋值兼容规则，如果基类指针 *p* 指向派生类对象 b，那么 *p* 只能访问基类中的成员函数，而不能访问派生类 B 中的成员函数。所以，*p*->print() 调用的是 A 类的 print 函数，而不可能是 B 中的 print 函数。

那么，有什么办法实现我们的愿望？答案就是采用虚函数。请看例 7-7。

【例 7-7】 基类对象的指针能否操作派生类对象的成员函数。

```
#include<iostream>
using namespace std;
class A{
public:
    virtual void print(){ cout<<"In class A"<< endl;}      //增加 virtual 关键字
};
class B:public A{
    public:
    void print(){ cout<<"In class B"<< endl;}
};
int main()
{   A  a, *p;
    B  b;
    p = &a; p->print();
    p = &b; p->print();                                 //①
    return 0;
}
```

运行结果如图 7-5 所示。

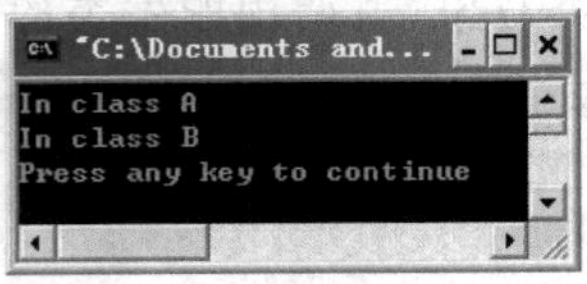

图 7-5　例 7-7 程序运行结果

分析：这一次的运行结果符合我们的设想。比较例 7-6 和例 7-7 的程序代码，我们只在 A 类的 print 函数定义前面增加了一个关键字 virtual，结果就正确了。看来，virtual 具有神奇的功能。实际上，例 7-7 正是通过虚函数实现了动态多态。虚函数的作用就是实现动态绑定，也就是在程序的运行阶段根据不同的对象，动态地选择合适的成员函数来执行。

定义虚函数的一般形式为：

```
virtual 函数返回值类型 虚函数名(形参表)
    { 函数体 }
```

说明：

(1) 如果函数的声明和定义是分开的，通常在基类的函数原型声明中出现 virtual，以表示该函数是虚函数，而函数定义时不需要使用关键字 virtual。

(2) 只有类的普通成员函数才能声明为虚函数；非成员函数不能声明为虚函数，因为虚函数仅适用于有继承关系的类对象；静态成员函数也不能声明为虚函数，因为静态成员函数不受限于某个对象；内联函数也不能声明为虚函数，因为内联函数不能在运行中动态确定其位置。

(3) 虚函数具有向下传递的特性，只要在基类中定义了一个虚函数，那么在派生类(直接或间接)中的完全相同的函数也是虚函数，函数名前面有无 virtual 都无所谓。但要注意，这里所说的完全相同，包括函数名、参数个数、类型和顺序完全一致，返回值类型也相同，否则派生类里的函数就属于重载，而不是虚函数。

(4) 构造函数不能声明为虚函数。多态是指不同的对象对同一消息有不同的行为特性。虚函数作为运行过程中多态的基础，主要是针对对象的，而构造函数是在对象产生之前运行的，因此，虚构造函数是没有意义的。另外，虚机制在构造函数中不起作用(在构造函数中的虚函数只会调用它的本地版本)。

(5) 析构函数可以声明为虚函数，详见 7.5 节的介绍。

将基类中的成员函数设置为虚函数，为实现运行时的多态奠定了基础，它的好处是显而易见的，即以统一的接口实现不同的功能。当然，虚函数会增加一些额外的资源开销，包括虚函数表、虚函数指针等，但与其带来的好处相比还是值得的。

那么，什么时候考虑使用虚函数呢？是否使用虚函数，主要看成员函数所在的类是否会作为基类，然后看成员函数在派生类中是否要更改功能和代码。如果需要更改，则应当在基类中声明为虚函数，否则不必声明为虚函数。

必须指出的是，虚函数并不是实现动态多态的充分条件，还需要通过基类指针或引用来访问成员函数才行。实现动态多态的条件如下所述。

(1) 在基类中定义了虚函数，并且在派生类中重新定义了虚函数。虚函数是实现动态多态的必要条件，但仅有虚函数还不行。

(2) 派生类从基类的继承方式必须是公有的(public)。这一条件是为了确保赋值兼容。

(3) 必须采用“基类对象的指针或引用”的方式调用虚函数，才能实现动态绑定；对于非虚函数，不管采用什么调用方式，都不会执行动态绑定，因为它不具备动态绑定的特征。

7.4 纯虚函数和抽象类

在定义基类的虚函数时，很多情况下只能暂时先给虚函数起个名字，此时虚函数的具体功能还无法明确，而是依赖于派生类去实现。例如，在图形类中设置求面积的虚函数，其面积计算方法必须等到派生类确定图形的形状时才能确定。因此，我们可以把此函数设置为纯虚函数。纯虚函数的声明的格式为：

```
virtual 函数返回值类型 函数名(形参表) = 0;
```

“=0”并不是表示函数返回值是 0，而是表明该虚函数是一个纯虚函数，它被初始化为 0。纯虚函数没有函数体(在 VC++ 6.0 中，即使给出函数体，系统也忽略；而在 MinGW Developer Studio 系统中则会编译出错)。编译系统知道目前这个函数是“徒有虚名”，它的实现要留给派生类去实现。

如果一个类包含了纯虚函数，称此类为抽象类。抽象类与非抽象类的根本区别在于抽象类不能直接实例化。因为抽象类包含了尚未实现的纯虚函数，所以不能定义抽象类的对象。这也不难理解，比如，水果包括苹果、香蕉、橘子等，这里作为基类的水果是一个抽象的、笼统的概念,而苹果、香蕉、橘子是派生类出来的具体的、实在的东西。如果你说想吃一个水果,这就麻烦了,因为一个抽象的水果个体是什么样的没有明确?所以,水果类不能建立一个水果对象。

下面用一个实例描述如何实现运行时的多态。在程序中,我们采用了抽象类和纯虚函数,函数调用方式没有采用常见的基类指针形式,而是改为基类对象引用的方式。

【例 7-8】 编写一个抽象类 Shape,它派生出矩形类 Rectangle 和圆类 Circle。在 shape 类中声明一个计算面积的虚函数 Area,并在矩形类 Rectangle 和圆类 Circle 中实现。用多态的方法调用函数,计算并输出矩形和圆的面积。

程序如下:

```
#include <iostream>
using namespace std;
const double PI = 3.14159;
class Shape                                    // Shape 是抽象类,因为它包含纯虚函数
{public:
    virtual double Area() = 0;                 //定义纯虚函数 Area()
};
class Rectangle:public Shape
{double length,width;
 public:
    Rectangle(double x = 0,double y = 0)
        {length = x;width = y;}
    double Area()                              //纯虚函数 Area 在 Rectangle 类中的实现
        {return length * width;}
};
class Circle:public Shape
{double radius;
 public:
    Circle(double r)
        {radius = r;}
    double Area()                              //纯虚函数 Area 在 Circle 类中的实现
        {return PI * radius * radius;}
};
double get_area(Shape &ref)                    //普通函数,形参为基类 Shape 的引用
{return ref.Area();
}
int main()
{    double l = 5,w = 3;                       //矩形长 = 5,宽 = 3
     cout <<"矩形的长 = "<< l <<",宽 = "<< w <<",面积 = "<< get_area(Rectangle(l,w))<< endl;
     double r = 10;                            //圆的半径 = 10
     cout <<"圆的半径 = "<< r <<",面积 = "<< get_area(Circle(r))<< endl;
     return 0;
}
```

说明:类 Shape、Rectangle 和 Circle 组成一个类族,抽象类 Shape 通过纯虚函数为整个类族提供通用的外部接口,纯虚函数 Area 分别在类 Rectangle 和 Circle 中实现。类 Rectangle 和 Circle 中的函数 Area 已经实现,所以类 Rectangle 和 Circle 不是抽象类,可以创建对象。我们定义了一个普通函数 get_area(),形参为 Shape 对象的引用。在 main 函数

中，当调用 get_area 函数的实参为 Rectangle(l，w)时，就是将 Shape 对象的引用初始化为矩形对象，因而自动选择 Rectangle 类中的 Area 函数计算矩形面积；当调用 get_area 函数的实参为 Circle(r)时，就是将 Shape 对象的引用初始化为圆对象，因而自动选择 Circle 类中的 Area 函数计算圆的面积。这样就实现了对同一类族中的对象进行统一的多态处理。

运行结果如图 7-6 所示。

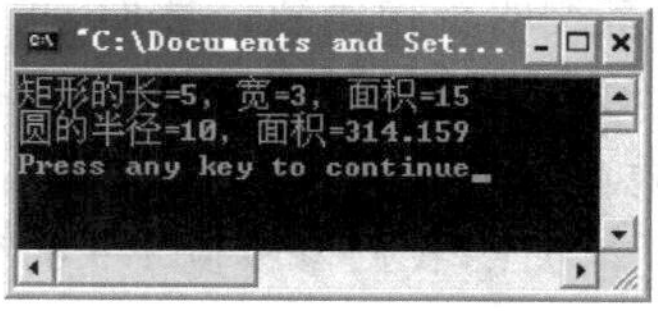

图 7-6　例 7-8 程序运行结果

下面对抽象类进行一个总结。建立抽象类的目的是为一个类族建立一个公共接口，更有效地发挥多态特性。使用抽象类时需注意以下几点。

(1) 抽象类只能用作其他类的基类，不能建立抽象类对象。抽象类处于继承层次结构的较上层，一个抽象类自身无法实例化，而只能通过继承机制派生出非抽象派生类，然后再实例化。

(2) 抽象类不能用作参数类型、函数返回值或显式转换的类型，原因还是因为抽象类不能创建对象。

(3) 抽象类派生出新的类之后，如果派生类给出所有纯虚函数的函数实现，这个派生类就可以声明自己的对象，而不再是抽象类；反之，如果派生类没有给出全部纯虚函数的实现，这时的派生类仍然是一个抽象类。

(4) 不能创建抽象类的对象，但可以声明抽象类对象的指针和引用。通过指针或引用，我们可以访问派生类对象，从而实现动态多态。

7.5 虚析构函数

我们前面说过，虚函数是运行时多态的基础，是针对具有继承关系的对象而言的，所以用于对象初始化的构造函数当然不能是虚函数，然而，在 C++程序中，虚析构函数却是被允许的，而且有它的特殊用途。下面首先看例 7-9。

【例 7-9】 阅读程序，分析基类指针指向动态建立的派生类对象时的析构函数执行过程。

```
#include <iostream>
using namespace std;
class Base
{public:
    Base()  {cout << "执行基类的构造函数!"<< endl;}
    ~Base() {cout << "执行基类的析构函数!" << endl; }  //①
};
class Derived : public Base
{public:
    Derived() {cout <<"执行派生类的构造函数!"<< endl;};
    ~Derived() {cout <<"执行派生类的析构函数!"<< endl;}
};
void main()
{    Base *p = new Derived;
```

```
    delete p;
}
```


运行结果如图 7-7 所示。

分析：基类指针 p 指向用 new 运算符创建的派生类 Derived 的对象，先后调用基类和派生类的构造函数。在执行 delete p 语句时，应该先调用 Derived 类的析构函数，然后再调用基类的析构函数。然而，我们发现 Derived 类的析构函数并没有被执行。这样，在派生类里动态申请的资源没有得到释放，该内存空间尽管不用了，却仍然被占用着，将引起所谓的“内存泄漏”。

为此，我们修改例 7-9 的程序，将语句①改为“virtual ～Base() { cout << "执行基类的析构函数！" << endl;}”，重新编译运行程序，这时派生类的析构函数先被执行，然后再执行基类的析构函数。修改后的程序运行结果如图 7-8 所示。

图 7-7　例 7-9 程序运行结果

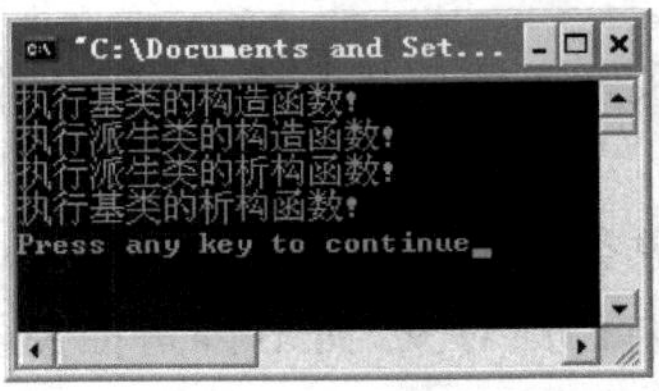

图 7-8　修改后程序的运行结果

虚析构函数定义的格式为：

```
virtual ～类名()
  {函数体}
```

虚析构函数兼有虚函数和析构函数的性质。当一个类用来作为基类的时候，专业的程序员往往把基类的析构函数定义为虚函数。这样，当用基类指针操作它的包含动态申请内存的派生类对象的函数时，利用 delete 删除该基类对象指针，系统将首先调用派生类的析构函数，然后再调用基类的析构函数，从而保证在撤销动态存储空间时能得到正确的处理。如果不将析构函数定义为虚函数，则只调用基类的析构函数，而派生类的析构函数没有被执行，会导致内存泄漏。

7.6　常见错误与典型示例

本章主要介绍运算符重载和类的多态性。运算符重载的规则很多，必须严格遵守，否则将出现错误。比如，不能创造新的运算符；不能改变现有运算符的操作数个数、优先级、结合性；运算符重载函数的参数不能带默认值，参数当中至少要有一个是类的对象；有 5 个运算符(.、. *、::、?:和 sizeof)不能重载；[]、()、->、=只能重载为成员函数；流插入运算符<<和流提取运算符>>只能重载为非成员函数。

一个类只要其中含有纯虚函数，那么这个类就称为抽象类。不能用抽象类去定义一个对象。虚函数和纯虚函数都可以作为实现动态多态的一种手段，如果不打算由基类定义对象，而只是由它派生出新的类，那么该基类可以作为抽象类包含纯虚函数；如果需要基类定义对象，那么该基类不能包含纯虚函数，但可以包含虚函数。

仅有虚函数还不能实现动态联编。还需要配合使用基类指针指向派生类的对象，或者引用派生类的对象，才能真正实现动态多态性。

【例 7-10】 修改以下程序，并使运行结果为 Derived。

```
#include<iostream>
using namespace std;
class Base
{public:
    void print(){}                    //**** A
};
class Derived:protected Base          //**** B
{
public:
    void print()
    {cout<<"Derived"<<endl;}
};
void print(Base *pBase)
{
    pBase->print();
}
int main()
{
    Derived d;
    print(&d);                        //***** C
    return 0;
}
```

分析：首先，程序的第一个错误在 B 行，应该将 protected 改为 public，也就是改为公有继承，否则 C 行编译时会出错。如果是 protected 或 private 方式的继承，那么派生类的对象 d 就不能访问基类 Base 中的成员，因此 &d 赋值给 pBase 就不符合赋值兼容规则。只有在 public 继承方式下，派生类的对象才可以作为基类的对象使用。其次，需要修改程序的 A 行，改为：

```
virtual void print(){}
```

或者

```
virtual void print() = 0;
```

也就是将函数 print()设为虚函数或者纯虚函数，这样，当基类 Base 的指针 pBase 指向派生类 Derived 的对象 d 时，将调用 Derived 类的 print 函数。

习题 7

1. 选择题

(1) 下列运算符中，不可以重载的是(　　)。

A. &&　　　B. &　　　C. [ ]　　　D. ?:

(2) 下列关于运算符重载的描述中，错误的是(　　)。

A. 运算符重载不改变优先级

B. 运算符重载后，原来运算符操作不可再用

C. 运算符重载不改变结合性

D. 运算符重载函数的参数个数与重载方式有关

(3) 下列关键字中，用来说明虚函数的关键字是(　　)。

A. inline　　　B. operator　　　C. virtual　　　D. public

(4) 下列成员函数中，纯虚函数是(　　)。

A. virtual void f1() = 0;　　　B. void f1() = 0;

C. virtual void f1() {}　　　D. virtual void f1() == 0;

(5) 含有一个或多个纯虚函数的类称为(　　)。

A. 抽象类　　　B. 具体类　　　C. 虚基类　　　D. 派生类

(6) 下列关于虚函数的描述中，错误的是(　　)。

A. 虚函数是一个成员函数

B. 虚函数具有继承性

C. 静态成员函数可以说明为虚函数

D. 在类的继承的层次结构中，虚函数是说明相同的函数

(7) 下列各种类中不能定义对象的类是(　　)。

A. 派生类　　　B. 抽象类　　　C. 嵌套类　　　D. 虚基类

(8) 下列关于抽象类的描述中，错误的是(　　)。

A. 抽象类中至少应该有一个纯虚函数

B. 抽象类可以定义对象指针和对象引用

C. 抽象类通常用做类族中最顶层的类

D. 抽象类的派生类必定是具体类

(9) 一个类的层次结构中，定义有虚函数，并且都是public继承，在下列情况下，实现动态绑定的是(　　)。

A. 使用类的对象调用虚函数

B. 使用类名限定调用虚函数，其格式：<类名>::<虚函数名>

C. 使用构造函数调用虚函数

D. 使用成员函数调用虚函数

(10) 下列关于动态联编的描述中，错误的是(　　)。

A. 动态绑定是函数绑定的一种方式，它是在运行时来选择绑定函数的

B. 动态绑定又可称为动态多态性，它是C++语言中多态性的一种重要形式

C. 函数重载和运算符重载都属于动态绑定

D. 动态绑定只是用来选择虚函数的

2. 填空题

(1) C++语言的多态性主要表现在动态绑定、________重载和________重载。

(2) 运算符重载函数的两种主要方式是________函数和________函数。

(3) 静态绑定支持的多态性称为________多态性，它是在________时进行的；动态绑定支持的多态性称为________多态性，它是在________时进行的。

(4) 虚函数是一种________成员函数。说明方法是在函数名前加关键字________。虚函数具有________性，在基类中被说明的虚函数。具有相同说明的函数在派生类中自然是虚函数。

(5) 含有________的类称为抽象类。它不能定义对象，但可以定义________和________。

(6) 以下程序的输出结果是________。

```
#include <iostream.h>
class A
{public:
    virtual void test()
        {cout <<"aaa"<< endl; }
};
class B:public A{
    public:
    void test()
            {cout <<"bbb"<< endl;}
};
class C:public B
    {public:
        void test()
            {cout <<"ccc"<< endl;}
};
void main()
{     C cc;
      A * p = &cc;
      p->test();
}
```

(7) 以下程序的输出结果是________。

```
#include <iostream.h>
class Base
{public:
     virtual void func()
     {   cout <<"Base   ";
     }
};
class Derive : public Base
{public:
     void func()
     { cout <<"Derive   ";
     }
};
int main()
{     Derive obj1;
      Base* p1 = &obj1;
      Base& p2 = obj1;
```

```
    Base obj2;
    obj1.func();
    p1 -> func();
    p2.func();
    obj2.func();
    return 0;
}
```

3. 编程题

(1) 编写一个实现复数自增操作的运算符重载函数,要求分别重载为成员函数和友元函数,并考虑前置运算和后置运算两种情形。复数自增是指其实部和虚部分别加 1,比如原来的复数为 $5+2i$,自增以后变为 $6+3i$。

(2) 定义一个坐标点类 point,数据成员包括该点的横坐标 x 和纵坐标 y,重载运算符+和−为成员函数,实现两个点类的对象的加减法。例如,如果有 p1(2,4),p2(5,7),那么执行 p3=p1+p2 之后,有 p3(7,11); 执行 p4=p1−p2 之后,有 p4(−3,−3)。

4. 简答题

(1) 运算符重载为成员函数与重载为友元函数有什么区别?

(2) 如何区分++和−−的前置与后置重载函数?

(3) 为什么流运算符<<和>>不能重载为成员函数,而要重载为友元函数?

(4) 什么是抽象类? 它有何用途? 在使用上有什么限制?

(5) 虚函数与纯虚函数有什么区别? 虚函数与虚基类分别用在什么场合?

(6) 基类指针可以指向派生类的对象,但是反过来,派生类的指针为什么不能指向基类对象?

(7) 虚函数是实现动态多态性的充分条件吗?

(8) 虚析构函数有什么用途?

第8章 输入输出流

在任何程序设计中，数据的输入和输出（简称为 I/O）都是必不可少的。C++语言中的所有 I/O 操作都是通过“流”（stream）来进行的，数据像流水线上的产品在计算机系统中传输。数据从键盘（标准输入设备）流向内存，称为输入流；数据从内存流向显示屏（标准输出设备），称为输出流。从外存（硬盘）获取数据到内存，称为文件流的输入；向外存（硬盘）设备写数据文件称为文件流的输出。

8.1 流的概念

细心的读者会注意到，在 VC++ 6.0 系统的编辑窗口中，cin 和 cout 没有显示蓝色字体，说明它们不是 C++语言的保留字，实际上它们是两个特殊的对象。C++语言中的输入输出流被定义为一个类，叫做“流类”。流类的对象（流对象）通过流类定义，在输入输出语句中使用的 cin 和 cout 就是流对象。

C++语言系统为实现数据的输入和输出定义了一个庞大的流类库，包括基本的 I/O 流类库和文件流类库，如图 8-1 所示。其中，ios 为抽象基类，其余都是它的直接或间接派生类。类名的首字符 i、o 和 f 分别代表输入（input）、输出（output）、文件（file）。

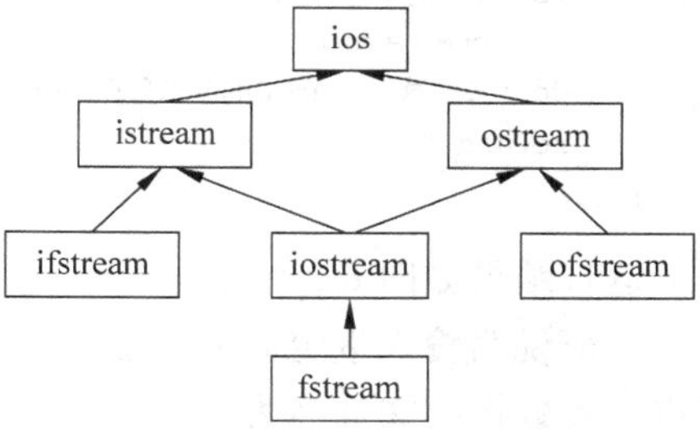

图 8-1　C++语言的流类库

注意：在一个程序或一个编译单元（即一个程序文件）中，当需要进行标准 I/O 操作时，则必须包含头文件 iostream；当需要进行文件 I/O 操作时，则必须包含头文件 fstream。

8.2 输入输出重定向

8.2.1 4个标准的输入输出流对象

C++语言为用户进行标准 I/O 操作定义了 4 个类对象，其中包括我们非常熟悉的 cin 和 cout 对象。cin（console input）为输入流对象，代表标准输入设备键盘；cout（console output）为输出流对象，表示在控制台显示器上输出信息。

cin 从标准输入设备(键盘)获取数据，一般格式为“cin >> x;”，其中，右移操作符“>>”通过运算符重载被赋予新的意思，表示从流里提取数据给变量 x，所以“>>”称为“提取”运算符。

cout 从标准输入设备(键盘)获取数据，一般格式为“cout << 表达式;”，其中，左移操作符“<<”通过运算符重载被赋予新的意思，表示变量 x 向流里插入数据，所以“<<”称为“插入”运算符。

另外还有两个输出流对象 cerr 和 clog，用于在屏幕上显示异常和错误信息。

8.2.2 输入重定向

通常运行程序时，从键盘上输入数据，从屏幕上显示运行结果，这是标准输入输出规定的。然而，这样的规定有时并不方便。比如，我们对程序进行测试时，需要大量输入数据，而且这种测试工作往往要重复多次，每次输入都要花费大量时间和精力。我们能否考虑把测试数据以文件的形式存放在硬盘上，每次测试时直接读取该文件呢?

【例 8-1】 定义包含 10 个元素的整型一维数组，输入各元素的值，输出它们的和。

程序如下：

```
#include < iostream >
using namespace std;
int main()
{    int a[10],i,sum = 0;
     cout <<"请输入 10 个整数: "<< endl;
     for(i = 0;i < 10;i++)
         cin >> a[i];
     for(i = 0;i < 10;i++)
         sum += a[i];
     cout <<"这 10 个数的和等于:"<< sum << endl;
     return 0;
}
```

运行结果如图 8-2 所示。

下面说明输入重定向的方法。假设上述程序的可执行代码名字为 input_redirect. exe，提供输入数据的文件名为 data. txt，两个都位于 D 盘的根目录下。data. txt 文件里存放一行数据，“1 3 5 7 9 11 13 15 17 19”(数据之间用空格分隔)。首先，在“开始”菜单中选择“运行”命令，在打开的对话框里输入 cmd，单击“确定”按钮进入 DOS 界面；然后输入 D:进入 D 盘根目录，再输入“input_redirect. exe < data. txt”后按 Enter 键。这时，运行结果如图 8-3 所示。

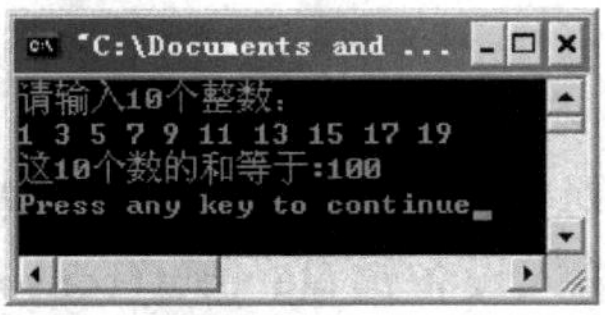

图 8-2　例 8-1 程序运行结果

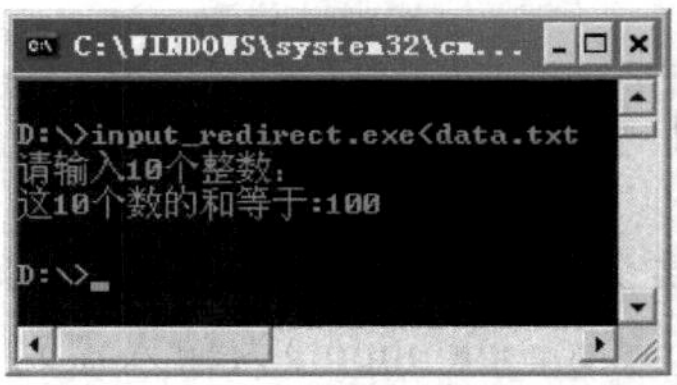

图 8-3　程序运行结果

可见，运行结果与以前的相同，但是执行时不必用键盘输入 10 个数据，系统直接从 data.txt 文件获取数据，很方便。

我们利用"<"符号实现了输入重定向。箭头的方向表明了数据的流向。输入重定向的一般格式为：

```
可执行文件名(.exe文件) < 输入数据文件名
```

注意：数据文件中的数据必须完全符合输入顺序、个数、类型要求，否则可能使得数据读取不正确。

8.2.3 输出重定向

运行程序时，如果运算结果产生大量输出，我们能否把运算结果保存起来？以便以后想看运行结果时不必重新执行程序。肯定可以。C++既可以对输入进行重定向，也能够对输出进行重定向。输出重定向的一般格式为：

```
可执行文件名 > 输出数据文件名
```

【例 8-2】 编程输出 100～200 的全部素数，并将运行结果存放到文件 prime.txt 中。

程序如下：

```
#include <iostream>
#include <cmath>
using namespace std;
bool prime(int x)
{
    for(int i = 2;i <= sqrt(x);i++)
        if(x % i == 0)return false;
    return true;
}
int main()
{   int count = 0;
    for(int i = 100;i <= 300;i++)
        if(prime(i)){
            cout << i <<'\t';
            count++;
            if(count % 5 == 0)
                cout << endl;
        }
    cout << endl;
    return 0;
}
```

运行结果如图 8-4 所示。

下面说明输出重定向的步骤。假设上述程序的可执行代码名字为 prime.exe，位于 D 盘的根目录下。进入 DOS 界面，输入 D:进入 D 盘根目录，再输入 prime.exe > prime.txt，然后按 Enter 键。这时，输出结果不在屏幕上显示，而是转到文件 prime. txt 中。打开 prime. txt，可以看到其内容如图 8-5 所示。

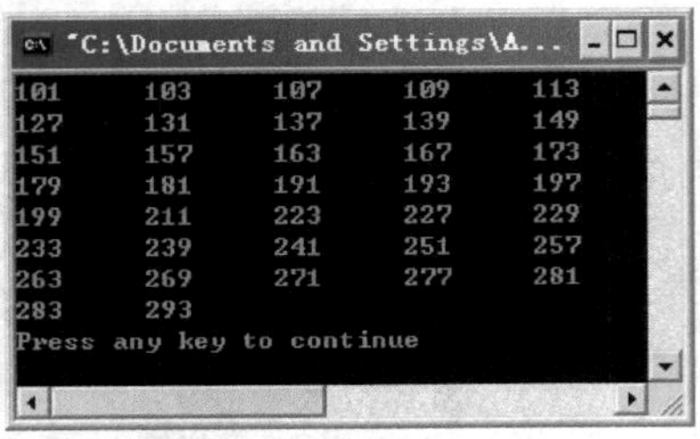

图 8-4　例 8-2 程序运行结果

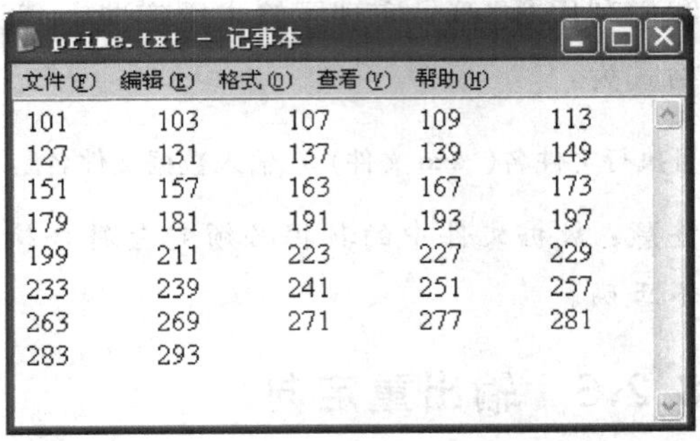

图 8-5　输出文件 prime. txt 的内容

输入重定向和输出重定向可以同时实现。也就是说，可执行程序从一个已有的数据文件中获取数据，经过加工处理后，将运算结果存放到另一个数据文件。一般格式为：

可执行文件名 < 输入数据文件名 > 输出数据文件名

注意：标准输入输出对象 cin 和 cout 可以被重定向，但是 cerr 和 clog 不能被重定向，它们只能在屏幕上输出信息，因为它们的用途就是为了在出错时及时把错误信息反馈给用户。

【例 8-3】 假设以下程序的可执行文件为 test. exe，在 DOS 界面中输入 test. exe > output. txt，观察运行结果。

```
#include<iostream>
using namespace std;
int main()
{   cout<<"用 cout 输出信息!"<<endl;
    cerr<<"用 cerr 输出信息!"<<endl;
    clog<<"用 clog 输出信息!"<<endl;
    return 0;
}
```

运行结果如图 8-6 和图 8-7 所示。

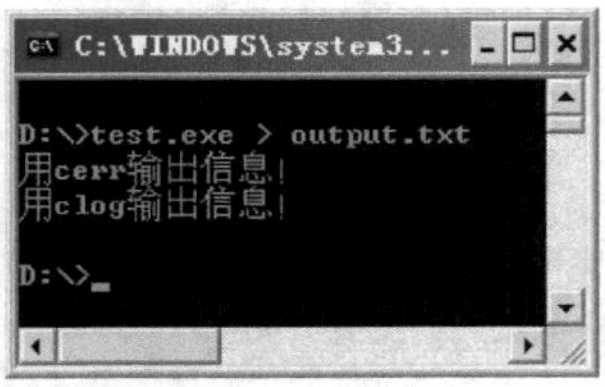

图 8-6　屏幕显示程序运行结果

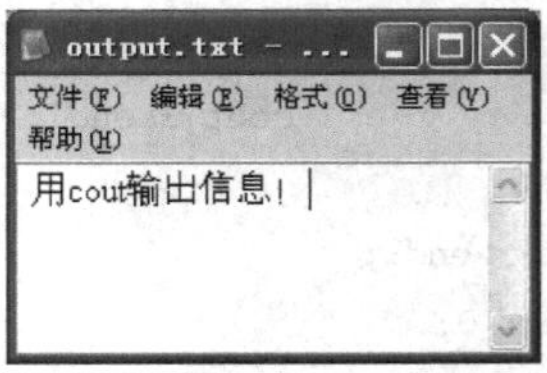

图 8-7　文件 output. txt 的内容

可以看出，cerr 和 clog 输出的信息仍在屏幕上显示，而 cout 输出的信息被重定向到 output. txt 文件中。

8.3 输入输出格式控制

我们到目前为止所采用的输入输出都是系统默认的格式。如果希望能满足人们特殊的要求,以便程序更加整齐、美观,就要采用专门的输入输出格式控制方法。C++语言提供了大量输入输出格式控制符,如表 8-1 所示。

表 8-1 常用的格式控制符

控 制 符	功 能	输入/输出
dec	将此后输入输出的整数设置为十进制数(默认)	I/O
hex	将此后输入输出的整数设置为十六进制数	I/O
oct	将此后输入输出的整数设置为八进制数	I/O
setw(int *w*)	设置下一个数据的输出域宽为 *w*	O
setfill(int c)	在给定域宽范围内填充字符 c	O
setprecision(int *n*)	设置浮点数的输出精度为 *n* 位有效数字	O
setiosflags(ios::left)	输出数据左对齐	O
setiosflags(ios::right)	输出数据右对齐	O
setiosflags(ios::fixed)	以小数形式输出实数	O
setiosflags(ios::scientific)	以指数形式输出实数	O

注意:程序中如果使用输入输出控制符,必须在程序的开头添加头文件,即"#include < iomanip >",因为这些控制符是在头文件 iomanip 中定义的,iomanip 是 input output manipulator(输入输出控制符)的缩写。

【例 8-4】 输入输出格式控制示例。

```
#include < iostream >
#include < iomanip >
using namespace std;
void main()
{
    int i = 20;                                       //十进制数
    double x = 12.3, y = 12345.678;
    cout <<"十进制数"<< i <<"对应的十六进制数是: "<< hex << i << endl;  //20 的十六进制为 14
    cout <<"i = "<< i << endl;                        //再次输出 i,仍然是十六进制形式
    cout << dec <<"i = "<< i << endl;                 //通过使用 dec,i 的输出形式恢复为十进制
    cout <<"x = "<< x <<"      y = "<< y << endl;     //y 的宽度超过 double 型的规定,采取四舍五入
    cout <<"x = "<< setw(6)<< x;                      //域宽为 6,x 只有 4 位,所以前面补两个空格
    cout <<"    y = "<< setw(4)<< y << endl;          //y 的位数超过 setw 的设置,则按照 min{实际
                                                      //宽度,默认宽度}输出
    cout <<"x = "<< setw(6)<< setfill('*')<< x << endl; //域宽为 6,x 只有 4 位,所以前面补两个 *
    cout <<"y = "<< setprecision(8)<< y << endl;      //精度为 8 位,输出的 y 保持原值,精度没损失
    cout <<"x = "<< setw(6)<< setiosflags(ios::left)<< x << endl;  //x 左对齐,右边填充两个 *
    cout <<"x = "<< setw(6)<< setiosflags(ios::right)<< x << endl; ///x 右对齐,左边填充两个 *
    cout <<"y = "<< setiosflags(ios::scientific)<< y << endl;      //按照科学记数法输出实数
    cout <<"y = "<< setiosflags(ios::fixed)<< y << endl;           //按照固定小数位数输出实数
}
```

运行结果如图 8-8 所示。

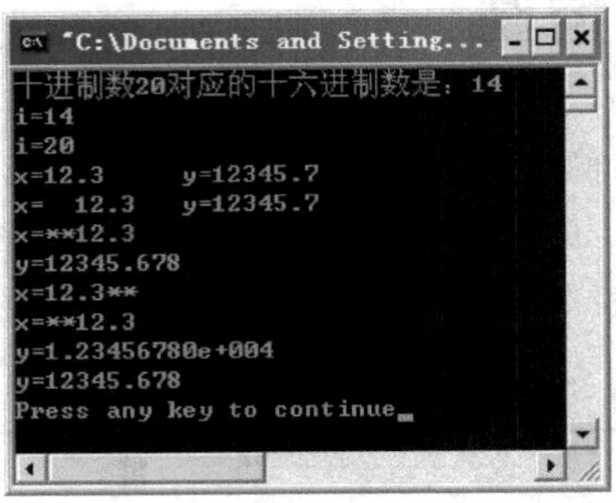

图 8-8　例 8-4 程序运行结果

注意：表 8-1 中的控制符中，setw(*n*)仅影响其右面邻近的数据的输出宽度，其他控制符的作用则对于 cin 或 cout 对象持续有效，直到该项设置被重新设定新值为止。

8.4 文件操作

以前进行的输入输出操作都是在键盘和显示器上进行的，通过键盘向程序输入待处理的数据，通过显示器输出程序运行过程中需要告诉用户的信息。

数据的输入和输出除了可以在键盘和显示器上进行之外，还可以在磁盘上进行。磁盘是外部存储器，它能够永久保存信息，并能够被重新读写和携带使用。所以若用户需要把信息保存起来，以便下次使用，则可以把它存储到外存磁盘上。8.2 节介绍的输入输出重定向也要用到磁盘文件，但是这种方法对文件的使用不够方便灵活。C++提供了专门的文件操作语句，能发挥文件的强大功能。

8.4.1　C++文件概述

在磁盘上保存的信息是按文件的形式组织的，每个文件都对应一个文件名，并且属于某个物理盘或逻辑盘的一个确定的目录之下。在 C++系统中，文件扩展名通常由 1～3 个字符组成，通常. h 表示头文件，. cpp 表示源文件，. obj 表示目标文件，. exe 表示目标文件连接后生成的可执行文件，. txt 表示用户建立的文本文件，. dat 表示用户建立的二进制数据文件。

C++程序中的数据文件按存储格式分为两种类型，一种是文本文件，或 ASCII 码文件或字符文件。在文本文件中，每个字节单元的内容为字符的 ASCII 码，被读出后能够直接送到显示器或打印机上输出，供人们直接阅读。另一种为二进制文件，或字节文件。在二进制文件中，文件内容是数据的内部表示。当然，对于字符信息，数据的内部表示就是 ASCII 码，所以在文本文件和在二进制文件中保存的字符信息没有差别。但对于数值信息，数据的内部表示和 ASCII 码表示截然不同，所以在文本文件和在二进制文件中保存的数值信息也截然不同。如对于一个短整型数 1000，它的内部表示占有两个字节，对应的十六进制编码为 03E8，其中 03 为高字节值，E8 为低字节值；若用 ASCII 码表示则为 4 个字节，每个字节依次为 1000 中每个字符的 ASCII 码，对应的十六进制编码为 31303030。当从内存向文本文件输出数值数据时，需要自动转换成它的 ASCII 码表示；相反，当从文本文件向内存输入数值数据时，也需要自动将它转换为内部表示，而对于二进制文件的输入输出则不需要转换，仅是内外存信息的直接复制，显然比文本文件的输入输出要快得多。所以，当建立的文件主要是为了进行数据加工时，则适合采用二进制文件；如果主要是为了输出打印，供人们阅读，则适合建立文本文件。

C++系统把各种外部设备也看做相应的文件，如把标准输入设备键盘和标准输出设备显示器看做标准输入输出文件，因为键盘和显示器都属于字符设备，所以它们都是字符格式文件。本书后面对字符文件所介绍的访问操作也同样适应于键盘和显示器，而以前介绍的对键盘(cin)和显示器(cout)的访问操作也同样适应于所有字符文件。

无论是文本文件还是二进制文件，都需要通过一个文件流类的对象来定义，并用该对象打开它，以后对该对象的访问操作就是对被它打开的文件的访问操作；对文件操作结束后，再用该对象关闭它。

对文件的访问操作包括输入和输出两种，输入操作是指从外部文件向内存变量输入数据，实际上是系统先把文件内容读入该文件的内存缓冲区，然后再从内存缓冲区中取出数据并赋给相应的内存变量。用于输入操作的文件称为输入文件。对文件的输出操作是指把内存变量或表达式的值写入外部文件，实际上是先写入该文件的内存缓冲区，待缓冲区被写满后再由系统一次写入到外部文件。用于输出操作的文件称为输出文件。

对于每个打开的文件，都存在着一个文件指针，初始指向一个隐含的位置，该位置由具体打开方式决定。每次对文件写入或读出信息都是从当前文件指针所指的位置开始的，当写入或读出若干个字节后，文件指针就后移相应多个字节。当文件指针移动到最后，读出的是文件结束符时，则将使流对象调用 eof()成员函数返回非 0 值(通常为 1)；当然读出的是文件内容时将返回 0。文件结束符占有一个字节，其值为－1，在 ios 类中把 EOF 常量定义为－1。若利用字符变量依次读取字符文件中的每个字符，当读取到的字符等于文件结束符 EOF 时，则表示文件访问结束。

C++系统对文件的操作过程可以分为如下所述 4 个步骤。

(1) 定义文件流类的对象。

(2) 打开文件。

(3) 使用文件对象的有关成员函数对文件进行读、写操作。

(4) 使用文件对象的成员函数 close 关闭所操作的文件，也就是取消流对象与实际文件之间的关联。

在创建文件之前，首先要明确自己需要什么样的文件，不同的文件要用不同的文件流来定义。C++的文件流有输入文件流 ifstream、输出文件流 ofstream、输入输出文件流 fstream 3 种，相应地可以定义 3 种文件流对象，格式为：

```
ifstream  ifile;                    //定义一个输入文件流对象,简称输入文件
ofstream  ofile;                    //定义一个输出文件流对象,简称输出文件
fstream   iofile;                   //定义一个输入输出文件流对象,简称输入输出文件
```

注意：如果在程序中要使用文件，必须在程序开头增加包含语句“#include < fstream >”，以便能使用文件流类、对象及其成员函数。

8.4.2 文件的打开与关闭

1. 文件的打开

对文件进行操作，首先要打开该文件，打开文件的作用就是在流对象与实际文件之间建立关联。打开文件的方式有如下所述两种。

(1) 在定义文件流对象时，直接用带参构造函数去初始化，打开第1个实参所指向的文件，并按照第2个实参所给的打开方式进行操作。

(2) 先定义文件流对象，然后使用成员函数 open 打开文件。

open 函数的原型为：

```
void open(const char * filename, int mode);
```

其中，参数 filename 表示要打开的文件名，是一个指向常字符串的指针变量。文件名可以是"绝对名字"(带有盘符和路径名)，比如"E:\\mydata\\abc.dat"(注意：\要连续写两个，这是转义字符的要求)；也可以是"相对名字"(不带盘符和路径名)，这时文件的盘符和路径就默认为当前程序所在的位置。参数 mode 指明打开文件的方式，对应的实参是 ios 类中定义的 open_mode 枚举常量，或由它们按位或"|"运算的表达式。

open_mode 枚举类型中的每个枚举常量含义如下：

```
ios::in                          //使文件只用于数据输入，即从文件中读取数据
ios::out                         //使文件只用于数据输出，即向文件写入数据
ios::app                         //使文件只用于数据输出，指针移至文件尾部，追加数据
ios::trunc                       //若打开的文件存在，则清除其全部内容，使之变为空文件
ios::binary                      //规定打开的为二进制文件，否则默认为文本文件
```

(1) 对于输入文件，默认打开方式为 ios::in。若文件不存在，则打开失败；若文件存在，则将读文件的指针指向文件的起始位置，准备读入文件数据。

(2) 对于输出文件，默认打开方式为 ios::out|ios::trunc。若文件不存在，则创建一个0字节的空文件；若文件存在，则将已有内容清空，将写文件的指针指向文件的起始位置，准备写数据到文件中。

(3) 对于输出文件，假设打开方式为 ios::app。如果文件不存在，则创建一个0字节的空文件；若文件存在，则原来的数据保留，移动写文件的指针到文件的末尾，准备追加数据到文件中。

(4) 如果打开方式为 ios::in|ios::out，那么既可以从文件中读取数据，又可以将数据写入文件中。如果想对已有文件的数据进行增加、删除或修改，一般采用这种打开方式。

(5) 如果没有特别说明，系统默认的文件是文本文件(ASCII 码文件)；如果希望文件为二进制形式，那么打开方式要设置为 ios::binary。

2. 打开文件的示例

(1)
```
ofstream ofile;
ofile.open("a:\\abc.dat");       //字符串中的双反斜线表示一个反斜线
```

说明：先定义一个输出文件流对象 ofile，使系统为其分配一个文件缓冲区；然后调用 open 成员函数打开 a 盘上的 abc.dat 文件，由于打开方式参数省略，所以采用默认的 ios::out 方式。执行这个调用时，若 a:xxk.dat 文件存在，则清除该文件内容，使之成为一个空文件；若该文件不存在，则就在 a 盘上建立名为 abc.dat 的空文件。通过 ofile 流打开 a:abc.dat 文件后，对 ofile 流的输出操作就是对 a:abc.dat 文件的输出操作。

(2) `ifstream fin("E:\\student.dat", ios::in);`

说明：在本例中，我们将定义文件对象和打开文件合二为一，比原来的两个步骤更简练，这也是一种常见的打开文件的方法。在定义输入文件流对象 fin 的同时对它进行初始化，如果 E 盘根目录下存在文件 student.dat，则打开成功；否则，文件打开失败。若要判断文件打开是否成功，一般采用以下两种方法。

(1) 根据文件对象的成员函数 fail()的值来判断。如果 fail()的值为真，则文件打开失败，否则打开成功。

(2) 调用 open 打开文件之后，文件对象有一个返回值，0 表示失败，非 0 表示成功。如果!fin，则文件打开失败，否则打开成功。

读者应该养成一个良好的编程习惯，只要打开一个文件，在进行后续处理之前，首先判断文件打开是否成功，这对提高程序的可靠性和健壮性非常有益。例如：

```
if (fin.fail()) //或者 if (!fin)        //文件打开失败
    { cerr<<"文件打开出错!";
      return -1;                        //终止程序运行,main 函数返回值 -1
    }
else                                    //文件打开正常
    { 文件打开成功的处理程序; }
```

```
(3) fstream fio;
    fio.open("list.dat", ios::in | ios::out | ios::binary);
```

说明：首先定义一个输入输出文件流对象 fio，在内存中得到一个文件缓冲区，然后按输入和输出方式打开当前目录下的二进制文件 list.dat。此后既可以按字节向该文件写入信息，又可以从该文件中读出信息。

3. 文件的关闭

当打开的文件操作结束后，一定要关闭它。关闭文件有如下所述 3 个作用。

(1) 关闭文件意味着切断文件流与对应的物理文件的关联。

(2) 关闭文件是为了保证文件的完整性。最后输出到文件缓冲区中的内容可能由于未填满缓冲区而没有及时写入对应的物理文件中，当调用 close 函数时，缓冲区数据就能保存到文件中，从而避免数据丢失。

(3) 同时打开文件的数目受操作系统的限制。如果文件打开，用完以后不及时关闭，资源不断被消耗，可能在某一时刻无法再打开其他文件，因为操作系统只允许同时打开这么多文件。

当然，对于小型的程序，感觉不到操作系统对打开文件数目的限制，即使忘记关闭，等程序运行结束时，也会自动关闭。但是，为了文件的完整性以及开发大型软件，应当养成及时关闭文件的习惯。

关闭一个流对象所对应的文件，就是用该对象调用成员函数 close()，即：

```
filename.close();
```

其中，filename 为文件流类的对象，即打开文件时调用 open 函数的那个文件对象，成员函数 close()没有返回值，也没有参数。

8.4.3 对文本文件的操作

文本文件应用广泛，适合用记事本等进行编辑，非常直观。文本文件的内容由可打印的 ASCII 字符以及回车(\r)、换行(\n)、制表符(\t)等组成。

C++程序中对文本文件的操作主要采用插入运算符号(<<)、提取运算符(>>)、成员函数(put、get、getline 等)。为了便于区分文本文件中的数据，通常在各个数据之间添加特殊的分隔符(如空格、\t、\n、$ 、逗号及分号等)，当然，要求这些分隔符本身不会出现在数据本身当中。

文本文件比较适合于对数据进行顺序输入输出操作，包括向文本文件顺序输出数据和从文本文件顺序输入数据这两个方面。所谓顺序输出就是依次把数据写入文件的末尾(当然文件结束符也随之后移，它始终占据整个文件空间的最后一个字节位置)，顺序输入就是从文件开始位置起依次向后读取数据，直到碰到文件结束符为止。

1. 向文本文件输出数据

1) 方法一：使用插入操作符“<<”

使用格式：

```
文件流对象 << 要输出到文件中的数据项;
```

这里的用法与 cout 输出的功能类似，cout 是输出信息到显示器上，而现在是将数据输出到与文件流对象相关联的文件中。

若要向文本文件中插入用户自定义类型的数据，除了可以将每个域的值依次插入外，还可以进行整体插入。对于后者，要预先对该类型数据进行运算符“<<”的重载。

【例 8-5】 在 D 盘 data 目录下创建数据文件 data. txt，并存放 1～20 的奇数。程序如下：

```
#include <iostream>
#include <fstream>
using namespace std;
int main()
{     ofstream ofile;                                    //定义输出文件流
      ofile.open("D:\\data\\data.txt", ios::out);   //打开文件,建立 ofile 与 data.txt 的关联
      if (ofile.fail())                                  //打开失败时进行错误处理
      {     cerr<<"文件打开错误!"<< endl;
            exit(1);
      }
      for(int i = 1;i < 20;i += 2)
            ofile << i <<" ";                           //数据项之间用空格分隔开
      ofile.close();                                     //关闭文件
```

```
    return 0;
}
```

如果程序运行正常，将在 D:\data 下建立文件 data. txt，其内容为：

```
1 3 5 7 9 11 13 15 17 19
```

说明：

(1) 文件的物理名采用了绝对路径，在程序执行前要确保 D 盘及其 data 目录存在，否则文件打开将失败。程序执行后，如果“d:\data”目录下已有 data. txt 文件，该文件内容将被清空，然后写进新数据；如果不存在 data. txt，则创建一个 0 字节的空文件 data. txt，然后向其中输出数据。

(2) 语句“ofstream ofile;”和“ofile. open("d:\\data\\data. txt",ios::out);”可以合并为一句为“ofstream ofile("d:\\data\\data. txt");”，用 ofstream 建立输出流对象，可以省略文件打开方式，因为其默认值就是 ios::out。如果用 fstream 建立输出流对象，则 ios::out 不能省略。

(3) 与语句“if (ofile. fail())”等价但更简练的是“if(! ofile)”，它表示“如果文件 ofile 打开失败”。

【例 8-6】 向例 8-5 的程序中建立的 data. txt 文件中追加 1～20 之间的偶数(原来存放在其中的奇数予以保留)。程序如下：

```
#include <iostream>
#include <fstream>
using namespace std;
int main()
{     ofstream ofile;
      ofile.open("D:\\data\\data.txt",ios::app);  //以追加方式打开文件 data.txt
      if (!ofile)
      {     cerr<<"文件打开错误!"<< endl;
            exit(1);
      }
      ofile<<'\n';                                 //准备追加的内容换行输出
      for(int i = 2;i <= 20;i += 2)                //选择 1～20 之间的偶数
            ofile<< i<<" ";
      ofile.close();
      return 0;
}
```

说明：对于输出文件 data. txt，采用 ios::app 方式打开。如果文件 data. txt 不存在，则创建一个 0 字节的空文件 data. txt，然后换行，添加数据“2 4 6 8 10 12 14 16 18 20”；如果 data. txt 已经存在，那么，保留它原有的内容“1 3 5 7 9 11 13 15 17 19”，然后换行追加偶数“2 4 6 8 10 12 14 16 18 20”。如果程序第 2 次执行，那么文件 data. txt 中将存在两行相同的数据，即“2 4 6 8 10 12 14 16 18 20”。

2) 方法二：使用成员函数 put

使用格式：

```
ofile.put( ch );
```

上述语句的功能是将字符变量 ch 中的一个字符写到与流对象 ofile 相关联的文件中。

【例 8-7】 把从键盘输入的字符存入 abc.dat 文件，直到遇到字符"#"为止。

程序如下：

```
#include <iostream>
#include <fstream>
using namespace std;
int main()
{   char ch;
    ofstream outfile("abc.txt");
    if (!outfile)
        {cerr<<"文件打开失败!"<< endl;
         exit(1);
        }
    cin>> ch;
    while(ch! = '#')
    {     outfile.put(ch);
          cin>> ch;
    }
    outfile.close();
    return 0;
}
```

思考：本程序存在两个问题需要解决。第一，输入的空格、换行等空白符号在读取时会被忽略跳过，因此输出文件中的数据之间没有分隔符；第二，以#作为输入结束的控制符并非好办法，如果要求输出文件本身包含#等特殊符号怎么办？

以上问题的解决方法：删除"cin >> ch;"语句；while 语句改为"while((ch＝cin.get())!＝EOF)"，EOF 表示输入结束，在输入时按住 Ctrl 键同时按 z(屏幕显示^_Z)，再按 Enter 键即可结束输入。

2. 从文本文件中读取数据

从已经存在的文本文件中读取数据的方法有如下所述两种。

1) 方法一：使用提取操作符">>"

使用格式：

```
文件流对象 >> 变量名;
```

这里的用法与 cin 输入的功能类似，cin 是从键盘上输入数据到内存的变量中，而现在是将与输入流对象相关联的文件的数据传送到内存的变量中。

2) 方法二：使用成员函数 get 或 getline

(1) 使用格式一：

```
infile.get( ch );
```

功能：在与流对象 infile 相关联的文件中，将文件指针当前所指向的字符传送到字符变量 ch 中，然后移动文件指针指向下一个字符。

(2) 使用格式二：

```
infile.getline( str, n, delim );
```

功能：从 infile 文件当前指针读取 $n-1$ 个字符赋给字符数组或字符指针 str，如果在读取 $n-1$ 个字符之前遇到终止标志符 delim，则提前结束读取。本语句执行后，文件指针会移到终止标志符 delim 后面的那个字符。

【例 8-8】 文本文件的复制示例。打开文件 data1.txt，用 get 函数读取数据，并用 put 函数将其写入文件 data2.txt。

程序如下：

```
#include <iostream>
#include <fstream>
using namespace std;
int main()
{   fstream infile,outfile;
    infile.open("data1.txt",ios::in);           //以输入方式打开文件 data1.txt
    if(infile.fail())
    {cerr<<"文件 data1.txt 打开失败!"<<endl;
        exit(1);
    }
    outfile.open("data2.txt",ios::out);         //以输出方式打开文件 data2.txt
    if(outfile.fail())
    {cerr<<"文件 data2.txt 打开失败!"<<endl;
        exit(1);
    }
    char ch;
    while(infile.get(ch))     //若没到文件末尾,就读取当前指针指向的一个字符并赋给变量 ch
        outfile.put(ch);                        //向文件 data2.txt 写入一个字符
    infile.close();
    outfile.close();
    return 0;
}
```

说明：文件 data1.txt 如果不存在，则打开失败。函数 get 和 put 用于字符操作，所以 data1.txt 应当是文本文件，否则复制后的文件很可能不完整。

8.4.4 对二进制文件的操作

文本文件的优点是直观、便于阅读，但是它也有缺点，第一，占用的存储空间较大，对于大型数据文件尤其浪费空间；第二，当文件中有非字符数据时，采用文本文件读写可能会出现混乱和错误。与文本文件不同，二进制文件不是以 ASCII 码存放数据，而是将内存数据存储形式不加转换地传送到磁盘文件，所以，二进制文件的优点是数据存放紧凑、占用空间少、访问速度快。

对二进制文件操作前也需要先打开文件，然后读、写文件，最后关闭文件。二进制文件的读写操作分别用成员函数 read 和 write。注意：在打开二进制文件时，必须指明打开模式 ios::binary。

1. 向二进制文件输出数据

使用格式：

```
outfile.write(buf,len)
```

说明：write 函数有两个参数，buf 是字符数组或指向字符的指针，len 是写到文件中的字节个数。例如：

```
char buffer[80];
...
outfile.write(buffer,strlen(buffer));
```

上述语句的作用是把存储在 buffer 中的数据输出到 outfile 中，不管 buffer 中是什么字符，write()总是把指定字节数的字符写到文件中。

向二进制文件中写入的数据经常是自定义数据类型的，比如结构类型 person_info 定义人的“姓名”、“身高”、“年龄”等属性，Aperson 是一个结构类型变量：

```
struct person_info
{ char name[20];
  float height;
  unsigned short age;
} Aperson;
```

我们可以用以下语句把 Aperson 的内容写到 outfile 文件中：

```
outfile.write((char * ) & Aperson, sizeof(Aperson));
```

其中，& Aperson 是结构体变量 Aperson 的地址，但是 write 函数要求第 1 个参数是字符指针，所以要用(char *)对 &Aperson 进行强制类型转换；sizeof(Aperson)计算出一次要向文件写多少个字节。

2. 从二进制文件读取数据

使用格式：

```
outfile.read(buf, len);
```

说明：函数 read 用于读取二进制文件中的数据。与 write 用法类似，read 也有两个参数，buf 是字符数组或指向字符的指针，len 是从文件中一次读取的字节个数。例如，假设给定数据记录为：

```
struct person_info
{ char name[20];
  float height;
  unsigned short age;
};
person_info people[4] = {"Zhao",1.6,28, "Qian",1.67,1, "Sun",1.8,33, "Li",1.82,29};
```

那么，可用 read 语句将 infile 文件中的某一块数据传送给 people 结构数组，格式为：

```
infile.read((char * )&people[0],sizeof(people));
```

【例 8-9】 二进制文件的复制示例。打开文件 data1.dat,用 read 函数读取数据,再用 write 函数写入文件 data2.dat。程序如下:

```
#include <iostream>
#include <fstream>
using namespace std;
int main()
{   fstream infile,outfile;
    infile.open("data1.dat",ios::in|ios::binary);
    if(infile.fail())
    {cerr<<"文件 data1.dat 打开失败!"<<endl;
        exit(1);
    }
    outfile.open("data2.dat",ios::out|ios::binary);
    if(outfile.fail())
    {cerr<<"文件 data2.dat 打开失败!"<<endl;
        exit(1);
    }
    while(!infile.eof())                    //只要文件没有结束,就继续处理
    {   char buf[256] = {0};                //定义一个大小为 256 字节的缓冲区数组
        infile.read(buf,sizeof(char) * 256);
        outfile.write(buf,sizeof(char) * 256);
    }
    infile.close();
    outfile.close();
    return 0;
}
```

说明:与例 8-8 的程序相比,本程序的适用范围更广,可以实现任意类型文件的复制(例如.exe 文件或图片文件等)。在程序中,以二进制方式打开输入、输出文件,每次读取和写入的数据为 256 字节,当然大小也可以为其他值。

【例 8-10】 以二进制格式创建一个通讯录文件 people.dat,每条记录包含姓名、年龄、地址、电话及 E-mail 等信息,然后录入数据。然后打开文件 people.dat,输出其全部数据。

程序如下:

```
#include <iostream>
#include <fstream>
using namespace std;
struct Info
{   char    name[11] ;
    int         age ;
    char    address[51] ;
    char    phone[14] ;
    char    email[21] ;
} ;
int main()
{   fstream  people("people.dat", ios::out | ios::binary);
    Info  person ;
```

```
    char  again ;
    if(people.fail( ))
    {  cout << "打开文件 people.dat 出错! \n" ;
        exit( 0 );
    }
    do {
    cout << "姓名:  " ;             cin.getline(person.name, 11);
    cout << "年龄: " ;              cin >> person.age ;
    cin.ignore( );                          // 略过换行符。试想删除这一句结果会怎样?
    cout << "联系地址: " ;    cin.getline(person.address, 51);
    cout << "联系电话: " ;    cin.getline(person.phone, 14);
    cout << "E-mail: " ;        cin.getline(person.email, 21);
    people .write(( char * )&person, sizeof(person));
    cout << "再输入一个学生的数据吗 ? " ;
    cin >> again;
    cin.ignore( );
} while( toupper( again ) == 'Y' );
people.close( );                                   // 关闭文件
cout << "\n\n *** 以下显示 people.dat 中存放的全部数据  *** \n" ;
people.open("people.dat", ios::in | ios::binary);
if(people.fail( ))
{  cout << "打开文件 people.dat 出错! \n" ;
    exit( 0 );
}
while( !people.eof( ))
    {    people.read(( char * )&person, sizeof(person));
         if(people.fail())break;               //删除这一句结果会怎样?
         cout << "姓名: " << person.name << endl ;
         cout << "年龄: " << person.age << endl ;
         cout << "地址: " << person.address << endl ;
         cout << "电话: " << person.phone << endl ;
         cout << "E-mail: " << person.email << endl << endl;
    }
    cout << "显示完毕 ! \n" ;
    people.close( );
return 0;
}
```

运行结果如图 8-9 所示。

说明：本程序中，先创建二进制文件，写入数据后关闭文件；然后再打开文件，读取数据。分别用 read 和 write 读取和写入数据，每次读写的基本单位都按照结构体类型数据 people 的大小来确定。

注意：age 是 int 型变量，不能用 get 函数输入，而要用“cin >> age”的方式。为防止输入 age 时的回车对后续的 getline 语句的影响，要用 ignore 函数跳过换行符。

3. 随机访问文件

不论是文本文件还是二进制文件，都是按照数据排列的顺序依次访问，这种方式适合于从头到尾对全部数据进行处理。但是，有时我们需要用其中的某个数据进行查询，如查找通讯录中名字叫"张三"的电话号码，如果按顺序逐个查找，费时费力。为了解决这个问题，随机访问文件应运而生。

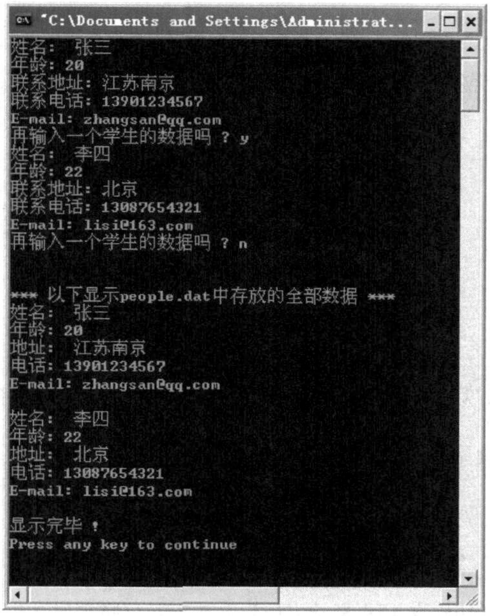

图 8-9　例 8-10 程序运行结果

在随机访问方式下，我们可以将文件读(写)指针直接定位到指定位置，而不必先读前面的数据。一般来说，对于文本文件大多采用顺序访问方式，较少采用随机访问方式(因为对文本文件中的数据进行定位比较麻烦)；而对于二进制文件，顺序访问或随机访问方式都可以。下面介绍文件指针定位的两个成员函数。

(1) 对于文件读指针：

```
file.seekg(位移量,参照位置);
```

(2) 对于文件写指针：

```
file.seekp(位移量,参照位置);
```

说明：

(1) seekg 和 seekp 的最后一个字母，g 就是 get 的简写，p 就是 put 的简写，这样不难理解 seekg 用于输入文件中的读指针定位，seekp 用于输出文件中的写指针定位。

(2) 第 1 个参数"位移量"是 long int 型数据，表示与参照位置的距离(字节数)。如果把指针从文件头到尾方向的移动称为"向前"，指针从尾向头方向的移动称为"向后"，那么，"位移量"为正数，表示向前移动；"位移量"为负数，表示向后移动。

(3) 第 2 个参数"参照位置"有 3 种取值，ios::beg 表示文件开头(beg 是 begin 的缩写)，指文件中的第 0 号字节，这是默认值；ios::end 表示文件末尾，指文件结束符 EOF 的位置；ios::cur(cur 是 current 的缩写)表示指针当前的位置。

举例如下：

```
infile.seekg(10, ios::beg)              //将输入文件的读指针从文件头开始向前移动 10 个字节
infile.seekg(-20, ios::end)             //将输入文件的读指针从文件尾部向后退 20 个字节
outfile.seep(-2, ios::cur)              //将输出文件的写指针从当前位置向后退两个字节
```


【例 8-11】 建立一个二进制文件 fsqrt.dat,文件里存放 1～100 的平方根。在程序运行时,输入 1～100 的一个整数,则输出该整数的平方根;输入 0,则程序结束。

程序如下:

```
#include<iostream>
#include<fstream>
#include<cmath>                          //需要包含计算平方根的数学库函数
using namespace std;
int main()
{   double x;
    int n;
    fstream file_sqrt("fsqrt.dat",ios::out|ios::binary);   //先创建二进制文件 fsqrt.dat
    if(!file_sqrt)
    {cout<<"打开文件 fsqrt.dat 出错!"<<endl;
     exit(0);
    }
    for(int i=1;i<101;i++)
    {x=sqrt(i);
     file_sqrt.write((char *)&x,sizeof(x));          //将整数 x 的平方根写到文件 fsqrt.dat 中
    }
    file_sqrt.close();                              //关闭文件
    file_sqrt.open("fsqrt.dat",ios::in|ios::binary); //打开已有的二进制文件 fsqrt.dat
    if(!file_sqrt)
    {cout<<"打开文件 fsqrt.dat 出错!"<<endl;
     exit(0);
    }
    cout<<"输入 1 个 1～100 之间的整数:(0 表示结束)"<<endl;
    cin>>n;
    while(true)
    {    if(n==0){cout<<"程序结束!\n";exit(0);}
        while(n<1||n>100)
        {cout<<"数据输入错误,请重新输入!\n";
         cin>>n;
         if(n==0){cout<<"程序结束!\n";exit(0);}
        }
        file_sqrt.seekg((n-1)*sizeof(double),ios::beg);   //文件读指针定位
        file_sqrt.read((char *)&x,sizeof(double));
                                            //double 型变量 x 地址强制转换为字符指针
        cout<<n<<"的平方根是:"<<x<<endl;
        cout<<"输入 1 个 1～100 之间的整数:(0 表示结束)"<<endl;
        cin>>n;
    }
    file_sqrt.close();
    return 0;
}
```

运行结果如图 8-10 所示。

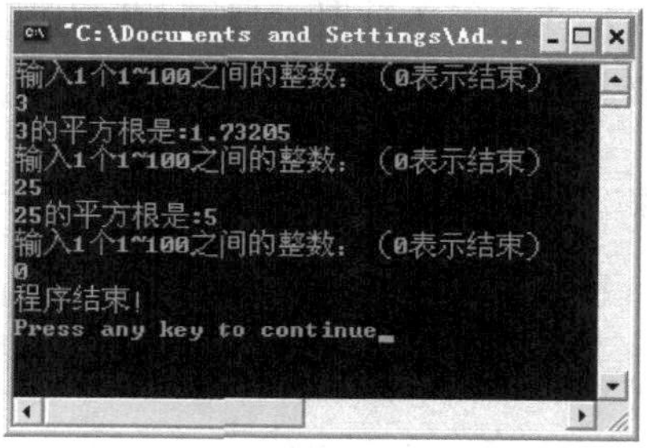

图 8-10　例 8-11 程序运行结果

注意：文件读指针的位移量计算方法，不是 n＊sizeof(double)，而是(n－1)＊sizeof(double)。

8.5 常见错误分析

利用文件，既能有效减少键盘输入工作量，又能将输出结果长期保存到硬盘，所以文件操作在现实中的应用非常广泛。文件操作过程中容易出现的错误主要如下所述。

(1) 没有搞清楚文件流的类型、用法以及文件打开的模式。

(2) 没有培养文件操作的良好习惯。应当做到文件打开后一定检查一下打开是否成功，并做两手准备，打开成功怎么做，不成功又怎么处理。如果文件打开失败，仍继续对该文件进行处理，有可能导致系统异常终止。

(3) 文件处理完毕，应及时关闭文件，不要指望程序运行结束时自动关闭。因为缓冲区的数据要等文件关闭时才真正写入文件，所以不及时关闭文件，有可能造成数据丢失或不完整。

习题 8

1. 选择题

(1) 以下语句中，实现以读的方式打开文件“D:\f1.txt”的是(　　)

A. ofstream outfile("D:\f1.txt", ios::out);

B. ofstream outfile("D:\\f1.txt", ios::out);

C. ifstream infile("D:\f1.txt", ios::in);

D. ifstream infile("D:\\f1.txt", ios::in);

(2) 在下列选项中，(　　)不是 ostream 类的对象。

A. cin　　B. cerr　　C. clog　　D. cout

(3) 进行文件操作时，需要包含(　　)文件。

A. iostream　　B. fstream　　C. stdio　　D. iofstream

(4) 格式化输入输出控制符中，(　　)是设置域宽的。

A. ws　　B. oct　　C. setfill()　　D. setw()

(5) 当使用 ifstream 流类打开一个文件时，默认打开方式是(　　)。

A. ios::binary　　B. ios::out　　C. ios::in　　D. ios::trunc

2. 填空题

(1) 下面程序的运行结果________。

```
#include < iostream.h >
void main()
{       int x = 30, y = 300, z = 1024;
        cout << x <<' '<< y <<' '<< z << endl;
        cout.setf(ios::oct);
        cout << x <<' '<< y <<' '<< z << endl;
        cout.unsetf(ios::oct);
        cout.setf(ios::hex);
        cout << x <<' '<< y <<' '<< z << endl;
}
```

(2) 下面程序的运行结果________。

```
#include < iostream.h >
void main()
{       int x = 468;
        double y = -3.425648;
        cout <<"x = ";
        cout.width(10);
        cout << x;
        cout <<"y = ";
        cout.width(10);
        cout << y << endl;
        cout.setf(ios::left);
        cout <<"x = ";
        cout.width(10);
        cout << x;
        cout <<"y = ";
        cout.width(10);
        cout << y << endl;
        cout.fill('*');
        cout.precision(3);
        cout <<"x = ";
        cout.width(10);
        cout << x;
        cout <<"y = ";
        cout.width(10);
        cout << y << endl;

}
```

(3) 下面程序的运行结果________。

```
#include < iomanip.h >
void main()
{       double x = 25, y = -4.762;
```

```
        cout << x <<' '<< y << endl;
        cout << x <<' '<< y << endl;
        cout << setiosflags(ios::scientific);
        cout << x <<' '<< y << endl;
        cout << setiosflags(ios::fixed);
        cout << x <<' '<< y << endl;
}
```

3. 编程题

(1) 读入一个文本文件 data1.txt,将其中的小写字母转换为大写字母,大写字母转换为小写字母,其他字符不变,然后重新写到文本文件 data2.txt 中。

(2) 利用文件流的操作。要求:

① 输入若干学生的数据(学号、姓名、成绩)。

② 存入二进制文件 Student.dat 中。

③ 从文件 Student.dat 中读出所有数据并全部显示。

④ 根据学号或姓名查找并显示某学生的信息。

4. 简答题

(1) 文本文件与二进制文件有什么区别? 文件访问方式有哪些?

(2) 打开文件、关闭文件是什么意思? 如何实现?

(3) 为什么打开文件要检查打开是否成功? 如何检查?

(4) 4 个标准的输入输出流对象是什么?

(5) 打开文件时,何时用 in、out、app 方式?

第9章 模板

C++语言的一个目标是实现代码重用，从而减少程序员的编程工作量。模板是实现这个目标的有力工具。回顾函数重载的内容，它可以使我们在调用函数时，用同名的函数来实现相似的功能，前提条件是事先定义一系列的同名函数，这些函数的功能相同，但是参数类型或者个数不同。例如，求两个数中较大的一个数，我们可定义一个函数 max，并对 int 型和 float 型两种参数类型进行函数重载。

```
int max(int x, int y)
{
    return (x > y)?x:y;
}
float max(float x, float y)
{
    return (x > y)?x:y;
}
```

现在，如果在主函数中有“double a=1.2, b=3.4;”，那么函数调用 max(a,b)将出错，原因是没有对参数类型为 double 的函数重载。可见，为了保证函数调用的正确执行，必须事先在函数重载定义时考虑周全，把各种类型都包括在内。显然，函数重载有两个缺陷，第一，重复编写代码，函数重载方便了函数调用，但是对于函数的实现并没有节省编程工作量；第二，必须在使用前对各种类型参数的函数进行重载定义。

有没有更好的解决办法？答案就是采用 C++语言提供的模板机制。既然程序的逻辑功能相同，不同的仅仅是数据类型，那么我们就可以把数据类型作为参数，来编写一个统一的、通用的模板。所谓“通用”，是指模板具有相同的处理方法、不同类型的数据对象。模板通过采用参数化设计方法，有效地减少了程序冗余和重复劳动。

C++语言中的模板有函数模板和类模板两种。

9.1 函数模板

9.1.1 函数模板的定义

定义函数模板的一般形式：

```
template <类型参数表>
```

```
返回值类型 函数名(函数参数表)
{函数体}
```

说明：template 是关键字，表示定义一个模板。尖括号里要定义该模板用到的各种通用数据类型名，格式为< typename T1，typename T2，…>，其中，typename 为关键字(也有用 class 的，但是要注意这里的 class 与类毫无关系)；T1 或 T2 是给通用类型起的一个名字，相当于一个占位符号，它告诉编译器可用合适的数据类型替代它。

函数模板的定义跟普通的函数定义相同，只不过要把函数参数表以及返回值类型由具体的类型变为刚才定义的通用类型而已。

例如，下面是求两个数中较大的一个数的函数模板：

```
template < typename T >
T max(T x, T y)
{ return(x > y)?(x):(y);}
```

如果对编写模板不习惯，我们可以将普通函数转换为函数模板。首先将普通函数中的具体类型(例如形参、返回值等)改为对应的虚拟类型名，然后在函数的前面加入一行"template <类型参数表>"。

9.1.2 函数模板的使用

定义了函数模板以后，就可以对满足模板要求的类型创建函数模板的一个实例——模板函数，然后调用该模板函数。需要指出的是，函数模板与模板函数是两个不同的概念。函数模板是一个通用的函数"框架"，但它并不是真正意义上的函数，因为它没有给出具体的数据类型，编译系统也不会为模板产生可执行代码。只有给出模板中的实际参数类型，也就是对模板进行"实例化"，这时由函数模板产生一个模板函数，编译系统才为模板函数产生可执行代码。

【例 9-1】 编写一个交换数据的函数模板。程序如下：

```
#include < iostream >
using namespace std;
template < typename T >
void myswap(T &x,T &y)
{     T t;
      t = x;
      x = y;
      y = t;
}
int main()
{     int i1 = 1,i2 = 2;
      char c1 = 'A',c2 = 'B';
      double d1 = 1.2,d2 = 3.4;
      char *a1 = "Hello", *a2 = "C++";
      myswap(i1,i2);
      cout <<"i1 = "<< i1 <<"\ti2 = "<< i2 << endl;
      myswap(c1,c2);
      cout <<"c1 = "<< c1 <<"\tc2 = "<< c2 << endl;
```

```
    myswap(d1,d2);
    cout <<"d1 = "<< d1 <<"\td2 = "<< d2 << endl;
    myswap(a1,a2);
    cout <<"a1 = "<< a1 <<"\ta2 = "<< a2 << endl;
    return 0;
}
```

说明：

(1) 定义一个用于交换数据的函数模板，为避免与 VC++ 6.0 自身的系统函数 swap 同名而发生歧义，我们给函数模板起名为 myswap。

(2) 为了使得在主函数中交换成功，myswap 的参数必须采用引用传递，而不能采用值传递方式。

(3) 对于整型、双精度型、字符型和字符指针类型的数据，函数模板 myswap 分别被实例化为相应的模板函数，然后执行调用。

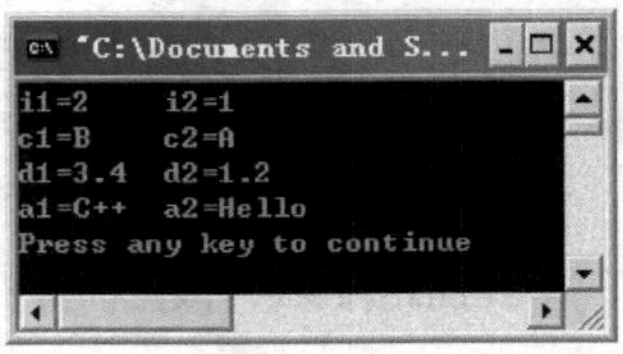

图 9-1 例 9-1 程序运行结果

运行结果如图 9-1 所示。

【例 9-2】 编写一个求 3 个数中最小数的函数模板。程序如下：

```
#include <iostream>
using namespace std;
template< typename T>
T mymin(T x,T y,T z)
{   T t;
    t = x < y?x:y;
    t = t < z?t:z;
    return t;
}
int main()
{   int i1 = 1,i2 = 3,i3 = 2;
    char c1 = 'A',c2 = 'M',c3 = 'D';
    double d1 = 1.2,d2 = 3.14,d3 = 0.1;
    char * a1 = "HELLO", * a2 = "C++", * a3 = "PROGRAM";
    cout << mymin(i1,i2,i3)<< endl;
    cout << mymin(c1,c2,c3)<< endl;
    cout << mymin(d1,d2,d3)<< endl;
    cout << mymin(a1,a2,a3)<< endl;      //此语句执行结果与预期的不同!
    return 0;
}
```

运行结果如图 9-2 所示。

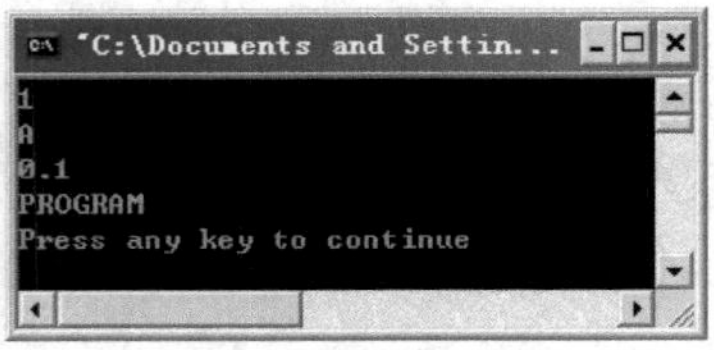

图 9-2 例 9-2 程序运行结果

说明：观察程序的执行结果，发现前 3 行正确，但是第 4 行结果错误。因为字符串 HELLO、C++和 PROGRAM 中最小的应该是 C++。之所以出错，原因是模板 mymin 中比较大小的方法只适合于数值型或字符型数据，而不能用于字符串大小的比较。按照模板中的方法，它比较的是字符串的地址，而不是它们的内容。

可见，模板也不是万能的，如果有些类型的数据不适合用模板函数处理，那么我们可以编写针对该类型数据的重载函数。

【例 9-3】 编写一个求 3 个变量中最小变量的程序。为了使得程序能用于字符串比较，我们不仅使用了函数模板，同时还有重载函数。程序如下：

```
#include <iostream>
using namespace std;
template<typename T>
T mymin(T x,T y,T z)
{     T t;
      t = x < y?x:y;
      t = t < z?t:z;
      return t;
}
char * mymin(char * p1, char * p2, char * p3)
{     if(strcmp(p1,p2)< 0)
            if(strcmp(p1,p3)< 0)
                  return p1;
            else
                  return p3;
      else
            if(strcmp(p2,p3)< 0)
                  return p2;
            else
                  return p3;
}
int main()
{     int i1 = 1,i2 = 3,i3 = 2;
      char c1 = 'A',c2 = 'M',c3 = 'D';
      double d1 = 1.2,d2 = 3.14,d3 = 0.1;
      char * a1 = "HELLO", * a2 = "C++", * a3 = "PROGRAM";
      cout << mymin(i1,i2,i3)<< endl;     //函数模板实例化
      cout << mymin(c1,c2,c3)<< endl;     //函数模板实例化
      cout << mymin(d1,d2,d3)<< endl;     //函数模板实例化
      cout << mymin(a1,a2,a3)<< endl;     //执行重载函数
      return 0;
}
```

运行结果如图 9-3 所示。

说明：与例 9-2 中的程序相比，例 9-3 重载了函数 mymin，其参数类型及返回值类型都是指向字符的指针类型。这样，在执行语句“cout≪mymin(a1,a2,a3)≪endl;”时，如果重载函数的形参与实参的类型和个数完全匹配，那么系统将执行重载函数，而不再使用函数模板。从本例的运行结果可以看出，字符串 HELLO、C++和 PROGRAM 中最小的是 C++。

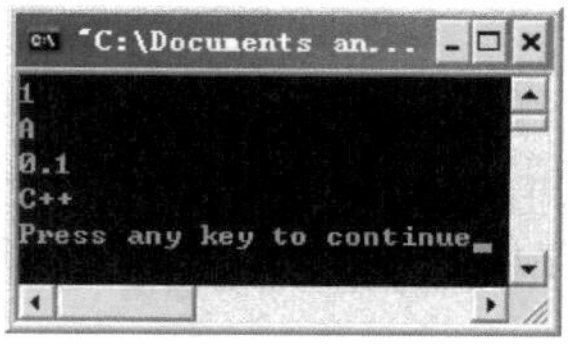

图 9-3 例 9-3 程序运行结果

9.2 类模板

C++程序是由函数和类构成的。既然函数模板能产生一个通用的函数样板，那么类模板也能产生一个通用的类样板。类模板又称为参数化的类，也就是说其中的数据类型没有确定，可暂时定义为一种虚拟的、通用的类型。因此类模板并不是真正的类，只有将类模板与某种特定数据类型联系在一起时，才产生一个实际的类。

类是一组相似对象的公共性质的抽象，类模板则是对若干功能相似但数据类型不同的类的公共性质的抽象，所以类模板是更高层次的抽象。

9.2.1 类模板的定义

类模板定义的一般形式：

```
template <模板参数表>
class 类模板名
{
    类成员的声明;
};
```

说明：将类模板的定义方法与普通类的定义进行比较，两者类似，也有如下不同之处。

(1) 在类模板定义的开始，要增加一行：

```
template <模板参数表>
```

“模板参数表”的形式为

```
< typename T1, typename T2, …>
```

(2) 类成员的声明方法与普通类的基本相同，只是在数据成员和函数成员中要用到模板参数表所列出的参数。

(3) 在类模板内定义其成员函数比较简单，与在类中定义成员函数的方法相同。但是如果想在类模板之外定义其成员函数则比较烦琐，其定义格式为：

```
template <模板参数表>
返回值类型 类模板名<模板参数顺序表>::成员函数名(函数参数表)
{
    函数体
}
```

需要注意的是，“模板参数表”与“模板参数顺序表”不同，前者的形式为< typename T1, typename T2, …>，每一个参数前都要加关键字 typename 或 class；后者的形式为< T1, T2, …>，它的作用是说明类型参数的顺序，因此不要写关键字 typename 或 class。

9.2.2 类模板的使用

定义了类模板以后，就可以定义对象了。用类模板定义对象的格式为：

类模板名<类模板实参表>对象名(构造函数实参表);

上述语句实际上包含两个过程,首先,类模板根据"类模板实参表"所指定的数据类型产生一个真正的类,也就是由类模板实例化为一个模板类;然后,由这个类来定义一个具体的对象,如果有必要,对象名后面圆括号里的数据提供给构造函数进行对象的初始化。

【例 9-4】 编写一个类模板,对数组成员进行求和、排序,并在主函数中进行验证。程序如下:

```
#include <iostream>
using namespace std;
template <typename T>
class vector
{  public:
        void sort(T a[],int n);
        T sum(T a[],int n);
};
template <typename T>
T vector <T>::sum(T a[],int n)
{     T sum = a[0];
      for(int i = 1; i < n; i ++ )
          sum += a[i];
  return sum;
}
template <typename T>
void vector <T>::sort(T a[],int n)
{     T temp;
      for(int i = 0; i<n-1;i ++ )
         for(int j = i+1;j<n;j ++ )
             if(a[i]> a[j])
                 {temp = a[j]; a[j] = a[i]; a[i] = temp;}
}
int main()
{     int data[5] = {3,5,2,4,1};
      int n = sizeof(data)/sizeof(data[0]);
      vector <int> obj;
      cout <<"数组和为: "<< obj.sum(data,n)<< endl;
      cout <<"排序前数组各元素为: "<< endl;
      for(int i = 0;i<n;i ++ )
         cout << data[i]<<" ";
      obj.sort(data,n);
      cout <<"\n 排序后数组各元素为: "<< endl;
      for(i = 0;i<n;i ++ )
         cout << data[i]<<" ";
      cout << endl;
      return 0;
}
```

说明:

(1) 定义类模板 vector,它包含两个成员函数 sum 和 sort,分别用于对数组的所有元素进行求和、排序。

（2）成员函数 sum 和 sort 在类模板内声明，然后在类模板外定义，请注意在类模板外定义的格式。

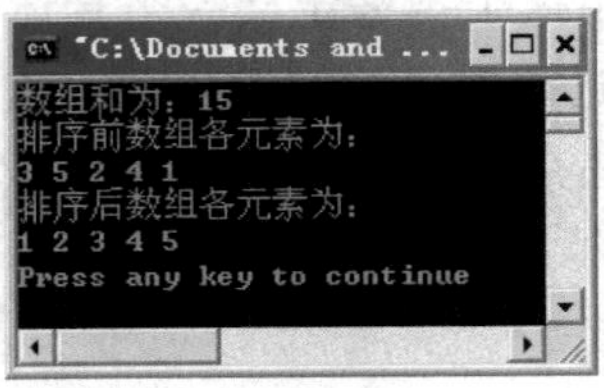

图 9-4　例 9-4 程序运行结果

（3）“n = sizeof(data)/sizeof(data[0])”用于计算数组 data 的元素个数。

（4）语句“vector < int > obj;”的作用是将类模板 vector 实例化为一个类，然后定义该类的一个对象 obj。

（5）排序采用最简单的排序算法，如果想提高效率，可以采用其他更好的算法。

运行结果如图 9-4 所示。

习题 9

1. 单选题

（1）下列是模板声明的开始部分，其中正确的是（　　）。

A. template < T >　　　　B. template < class T1,T2 >

C. template < class T1,class T2 >　　　　D. template < class T1;class T2 >

（2）有如下模板定义：

```
template < class T >
T func(T x,T y){return x * x + y * y;}
```

在下列对 func 的调用中错误的是（　　）。

A. func(3,5);　　　　B. func <>(3,5);

C. func(3,5.5);　　　　D. func < int >(3,5.5);

（3）关于类模板，下列说法错误的是（　　）。

A. 用类模板定义一个对象时，不能省略实际参数

B. 类模板只是虚拟类型的参数

C. 类模板本身在编译中不会生成任何代码

D. 类模板的成员函数都是模板函数

（4）有如下函数模板声明：

```
template < typename T >
T Max(T a,T b){return (a >= b)?a:b;}
```

下列对函数模板 Max 的调用中错误的是（　　）。

A. Max(3.5,4.5);　　　　B. Max(3.5,4);

C. Max < double >(3.5,4.5);　　　　D. Max < double >(3.5,4);

（5）下面的函数模板定义中错误的是（　　）。

A. template < class Q > Q F(Q x){return Q+x;}

B. template < class Q > Q F(Q x){return x+x;}

C. template < class T > T F(T x){return x * x;}

D. template < class T > bool F < T x >{return x > 1;}

(6) 关于关键字 class 和 typename,下列表述中正确的是(　　)。

A. 程序中所有的 typename 都可以替换为 class

B. 程序中所有的 class 都可以替换为 typename

C. 答案 A 和 B 都正确

D. 答案 A 和 B 都错误

(7) 下列关于模板的叙述中,错误的是(　　)。

A. 模板声明中的第一个符号总是关键字 template

B. 在模板声明中用<和>括起来的部分是模板的形参表

C. 类模板不能有数据成员

D. 在一定条件下函数模板的实参可以省略

(8) 模板对类型的参数化提供了很好的支持,因此(　　)。

A. 类模板的主要作用是生成抽象类

B. 类模板实例化时,编译器将根据给出的模板实参生成一个类

C. 类模板中的数据成员都具有同样类型

D. 类模板中的成员函数都没有返回值

(9) 有如下函数模板:

```
template < class T > T square(T x) {return x * x;}
```

其中,T 是(　　)。

A. 函数形参　　　　B. 函数实参

C. 模板形参　　　　D. 模板实参

(10) 下列关于模板的叙述中,错误的是(　　)。

A. 调用模板函数时,在一定条件下可以省略模板实参

B. 可以用 int、double 这样的类型修饰符来声明模板参数

C. 模板声明中的关键字 class 都可以用关键字 typename 替代

D. 模板的形参表中可以有多个参数

2. 填空题

(1) 模板函数是________经________而生成的函数。

(2) 函数模板或类模板的定义都以________关键字和一个________开头。

(3) 在下面横线处填上适当代码,使程序完整。

```
#include < iostream >
using namespace std;
template <______________>
class myclass
{
    T1 i; T2 j;
public:
    myclass(T1 a,T2 b)
        {i = a;j = b;}
    void show()
        {cout <<"i = "<< i <<" j = "<< j << endl;}
};
```

```
int main()
{
    myclass <__________> obj('x',"This is a test");
    obj.show();
    return 0;
}
```

(4) 执行下列程序后，输出的结果是________。

```
#include<iostream>
using namespace std;
template<typename T>
T total(T * data)
{
    T s=0;
    while(*data)s+= *data++;
    return s;
}
int main()
{
    int x[]={2,4,6,8,0,12,14,16,18};
    cout<<total(x);
    return 0;
}
```

3. 编程题

(1) 编写一个函数模板 swap，实现两个同类型的数据的交换。

(2) 编写一个求绝对值的函数模板。

(3) 编写一个实现逆序输出的类模板。

(4) 编写一个堆栈(stack)的类模板。stack 是一种“后进先出”的数据结构，主要操作有进栈(push)和出栈(pop)。

4. 简答题

(1) 函数模板与模板函数有什么区别？类模板与模板类有什么区别？

(2) 什么是模板的实例化？

(3) 函数模板与函数重载有什么区别？

能 力 篇

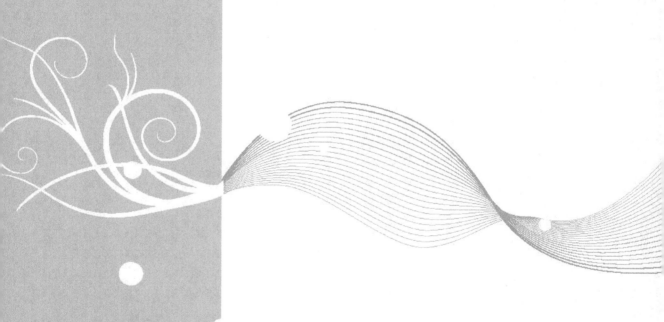

第10章 常用算法与综合实例

本书第1～9章的内容重点从语法角度介绍了C++语言的基本概念和基础知识，通过前面的学习，读者可以初步掌握面向过程的程序设计方法和面向对象的程序设计方法。本章将从解决问题的角度介绍一些常用的算法和典型的编程实例，通过本章的学习，读者可以理解常见的计算机算法的基本思想，并用C++语言实现这些算法，解决实际问题。另外，本章通过“一题多解”和对一个综合实例的不断完善，帮助读者体会程序设计从抽象到具体、从简单到复杂的过程，理解从面向过程程序设计到面向对象程序设计的转变。

10.1 常用的算法

用计算机编写程序来解决实际问题主要涉及两个方面，一是有关数据的输入输出和人机交互界面设计；二是处理问题的步骤和方法。显然，第二个方面是编程的核心，也就是算法的设计与实现。前面的一些程序示例用到了有关算法，本节将专门按照算法进行分类，系统地讲解这些算法的基本思想、特点、适用范围等，以便读者今后有针对性地挑选合适的算法解决现实问题。

10.1.1 枚举法

枚举法又称为穷举法，它是指一一列举出一个有限的可能的解的集合中的每一个元素，并用题目给定的约束条件去判断其是否符合条件。若满足条件，则该元素即为整个问题的解，否则不是问题的解。枚举法往往是最容易想到的一种解题策略，利用程序设计中的循环结构很容易实现。

下面用枚举法解决几个经典问题。

【例10-1】 “百钱百鸡”问题。中国古代数学家张丘建在《算经》中提出一个问题：“鸡翁一，值钱五，鸡母一，值钱三，鸡雏三，值钱一，百钱买百鸡，问翁、母、雏各几何？”意思是公鸡1只5元，母鸡1只3元，小鸡3只1元，100元买100只鸡，公鸡、母鸡、小鸡各多少只？

设公鸡、母鸡、小鸡各有a、b、c只，那么有

$$\begin{cases} a+b+c=100 & ① \\ 5a+3b+c/3=100 & ② \end{cases}$$

显然，这个方程组的解不唯一。本题适合用枚举法编程求解。注意：方程②实际上还有一个隐含条件，就是c能被3整除。

程序如下：

```
#include<iostream>
using namespace std;
int main()
{
    int a,b,c;
    for(a=1;a<100;a++)
        for(b=1;b<100;b++)
            for(c=1;c<100;C++)
                if(a+b+c==100 && 5*a+3*b+c/3==100 && c%3==0)
                    cout<<"公鸡："<<a<<" 母鸡："<<b<<" 小鸡："<<c<<endl;
    return 0;
}
```

运行结果如图 10-1 所示。

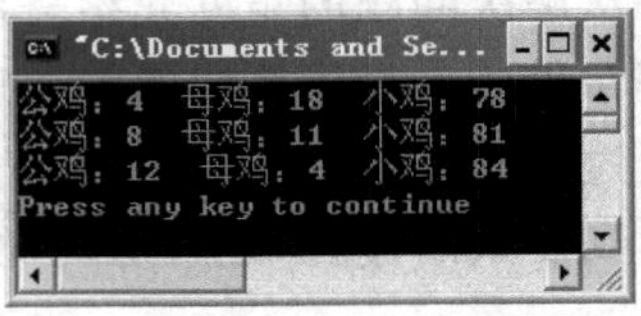

图 10-1 例 10-1 程序运行结果

程序修改：根据题意，程序可以进行优化。首先，可以用二重循环取代三重循环，因为最里层的循环没有必要，只要公鸡和母鸡个数 a、b 确定了，那么小鸡个数就是 $100-a-b$；其次，a 和 b 的取值范围可以进一步缩小，从而减少循环次数。

修改后的程序如下：

```
#include<iostream>
using namespace std;
int main()
{
    int a,b,c;
    for(a=1;a<20;a++)
        for(b=1;b<33;b++)
        {   c=100-a-b;
            if(5*a+3*b+c/3==100 && c%3==0)
                cout<<"公鸡："<<a<<" 母鸡："<<b<<" 小鸡："<<c<<endl;
        }
    return 0;
}
```

思考：优化前后，循环体各执行了多少次？

从以上例题可以看出，在枚举法中采用无限制的穷举策略并不明智，应该根据题意进行有效地列举。好的枚举法应该在以下方面进行优化。

(1) 减少枚举的变量。考虑解元素之间的关联，将一些非枚举不可的解元素列为枚举变量，其他元素通过计算得出可能值。比如在例 10-1 中，小鸡的个数不必枚举，而是由 $100-a-b$ 得到。

(2) 根据题意，尽量减少枚举变量的值域。例如，公鸡个数从 1～99 缩小到 1～19。

【例 10-2】 水仙花数。水仙花数是一个三位数，其各位数字的立方和等于该数本身。例如 $153=1^3+5^3+3^3$，所以 153 是一个水仙花数。

分析：解决本题有两种思路，一种方法是通过三重循环依次给定百位、十位和个位，然后组成一个三位数，最后再判断能否组成水仙花数；另一种方法是通过一个循环语句先给定一个三位数，然后剥离出它的百位、十位和个位数，最后再判断是否水仙花数。

方法一程序如下：

```
#include<iostream>
#include<cmath>
using namespace std;
int main()
{
    int a0,a1,a2,b;      //a0、a1、a2 分别代表个位、十位、百位
    cout<<"水仙花数: "<<endl;
    for(a2 = 1;a2 <= 9;a2 ++ )
        for(a1 = 0;a1 <= 9;a1 ++ )
            for(a0 = 0;a0 <= 9;a0 ++ )
            {
                b = a2 * 100 + a1 * 10 + a0;
                if(b == pow(a2,3) + pow(a1,3) + pow(a0,3))
                    cout << b << endl;
            }
    return 0;
}
```

运行结果如图 10-2 所示。

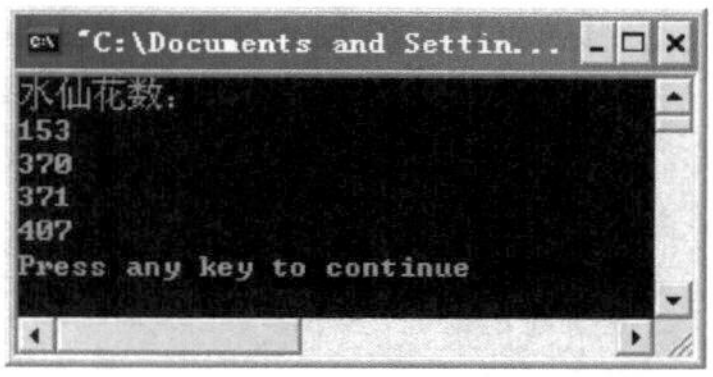

图 10-2　例 10-2 程序运行结果

方法二程序如下：

```
#include<iostream>
using namespace std;
int main()
{
    int a0,a1,a2,b;                 //a0、a1、a2 分别代表个位、十位、百位
    cout<<"水仙花数: "<<endl;
    for(b = 100;b <= 999;b ++ )
    {   a2 = b/100;                 //剥离百位数
        a1 = (b/10) % 10;           //剥离十位数
        a0 = b % 10;                //剥离个位数
        if(a0 * a0 * a0 + a1 * a1 * a1 + a2 * a2 * a2 == b)
            cout << b << endl;
    }
    return 0;
}
```

【例 10-3】 上地理课时，老师要求 4 个学生对我国四大淡水湖面积由大到小排序。4 个学生分别回答如下：

甲：洞庭湖最大，洪泽湖最小，鄱阳湖第三。

乙：洪泽湖最大，洞庭湖最小，鄱阳湖第二，太湖第三。

丙：洪泽湖最小，洞庭湖第三。

丁：鄱阳湖最大，太湖最小，洪泽湖第二，洞庭湖第三。

上述回答中，每个学生只说对了一个。根据以上情况，编程推断各个湖泊大小。

分析：假设洞庭湖、洪泽湖、鄱阳湖、太湖的排名分别用变量 dong、hong、po、tai 表示，

它们的取值范围是 1～4；学生甲、乙、丙、丁正确回答问题的个数分别用变量 a、b、c、d 表示。那么，满足题意的条件是 dong、hong、po、tai 互不相同，并且 a、b、c、d 都等于 1，程序中可以巧妙地用以下形式表示：

```
if(dong * hong * po * tai == 24 && a * b * c * d == 1 )
```

程序如下：

```
#include < iostream >
using namespace std;
int main()
{
    int dong, hong, po, tai, a, b, c, d;
    cout <<"湖泊大小排名"<< endl << endl;;
    for(dong = 1;dong < 5;dong ++ )
        for(hong = 1;hong < 5;hong ++ )
            for(po = 1;po < 5;po ++ )
                for(tai = 1;tai < 5;tai ++ )
                {a = (dong == 1) + (hong == 4) + (po == 3);
                 b = (hong == 1) + (dong == 4) + (po == 2) + (tai == 3);
                 c = (hong == 4) + (d == 3);
                 d = (po == 1) + (tai == 4) + (hong == 2) + (dong == 3);
                 if(dong * hong * po * tai == 24 && a * b * c * d == 1)
                     {    cout <<"洞庭湖:"<< dong << endl;
                          cout <<"洪泽湖:"<< hong << endl;
                          cout <<"鄱阳湖:"<< po << endl;
                          cout <<"太  湖:"<< tai << endl;
                     }
                }
    return 0;
}
```

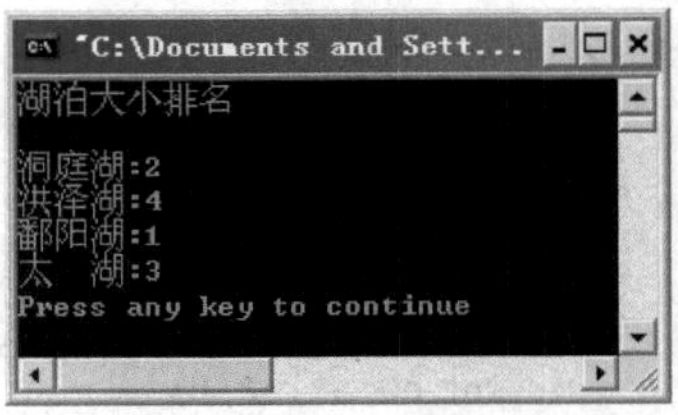

图 10-3　例 10-3 程序运行结果

运行结果如图 10-3 所示。

【例 10-4】 巧填数字。将数字 1～9 填入 9 个空格中。要求：每个格里的数字互不相同；第 2 行组成的 3 位数是第 1 行组成的 3 位数的 2 倍，第 3 行组成的 3 位数是第 1 行组成的 3 位数的 3 倍，如图所示应怎样填数？

1	9	2
3	8	4
5	7	6

分析：在本题目中，9 个格子要求填 9 个数，如果不考虑问题给出的条件，共有 9!＝362880 种方案。笨拙的办法就是采用 9 重循环，每个变量从 1 变到 9，循环体就是判断这 9 个变量中的任意两个都不相等。

根据题意，第 1 行的数应当在 123～329(因为各位数字不能重复，并且该数的 3 倍不能超过 999)，只要确定第一行的数就可以根据条件算出其他两行的数，这样可以大大减少枚举次数。

设计一个名为 ok 的函数，有数组 a、整型 x、整型 index 3 个参数。其中，数组 a 为一维数组，a[0]～a[2]、a[3]～a[5]、a[6]～a[8]分别表示第 1、2、3 行的数；x 表示第 1 行组成的三位数；index 表示从数组 a 的下标为 index 的元素开始处理。函数返回值为 bool，如果满足要求则返回 1，否则返回 0。例如，ok(a,m,0)判断第 1 行组成的三位数是否满足要求，ok(a,2 * m,3)判断第 2 行组成的三位数是否满足要求，ok(a,3* m,6)判断第 3 行组成的三位数是否满足要求。

程序如下：

```
#include <iostream>
using namespace std;
bool ok(int a[], int x, int index)      //如果 x 满足要求,则函数 ok 返回 1,否则返回 0
{
    int i,j;
    for(i = index;i < 3 + index;i ++ )
    {
        a[i] = x % 10;                   //分解整数 x
        x/ = 10;
        for(j = 0;j < i;j ++ )
            if(a[j] == a[i] || a[j] == 0)  //如果分解出的数字已经出现过或者为 0
                return 0;                  //则函数返回 0
    }
    return 1;                            //函数返回 1
}
int main()
{
    int a[9],m;
    cout <<"第 1 行"<<" 第 2 行"<<" 第 3 行"<< endl;
    for(m = 123;m < = 329;m ++ )         //试探可能的三位数
        if(ok(a,m,0) && ok(a,2 * m,3) && ok(a,3 * m,6))  //若 3 行都满足要求,则输出结果
          cout << m <<'\t'<< 2 * m <<'\t'<< 3 * m << endl;
    return 0;
}
```

运行结果如图 10-4。

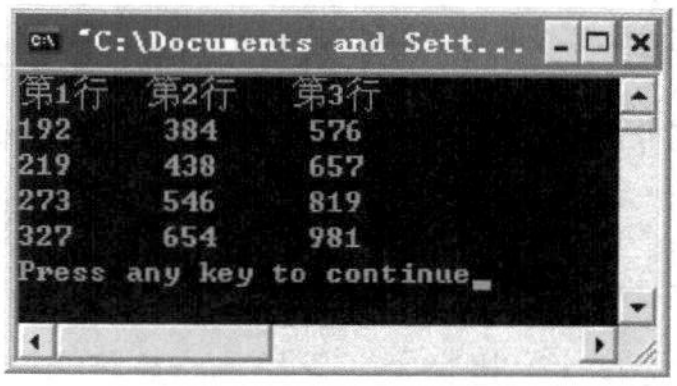

图 10-4 例 10-4 程序运行结果

10.1.2 递推法

有一类数列的相邻两项数之间的变化有一定的规律性，我们可将这种规律归纳成如下的递推关系式：

$$f(n) = g(f(n-1))$$

其中，$f(1)$或 $f(0)$是已知的，称为初始条件。在建立了后项和前项之间的关系以后，从初始条件入手，逐步按递推关系递推，直至求出最终结果，这就是所谓的“递推法”。递推法是程序设计中常见的高效算法，一般离不开循环结构。

递推法可分为顺推法和倒推法两种。所谓顺推法，就是由边界条件出发，不断由前项推出后项，直至推进到这个问题的解为止，例 10-5 利用的就是顺推法。所谓倒推法，就是从问题的解或目标出发，逐步倒推到这个问题的初始值，例 10-6 利用的就是倒推法。

【例 10-5】 兔子繁殖问题。有一对兔子，从出生后第 3 个月起每个月都生一对兔子，小兔子长到第 3 个月后每个月又生一对兔子，假如兔子都不死，输出第 1～20 个月每个月的兔子总数。

分析：每个月兔子个数的规律为数列"1,1,2,3,5,8,13,21,…"，本题的数学模型实际上就是计算 fibonacci 数列：

$$f_n = f_{n-1} + f_{n-2}$$

其中初始值 $f_0=0, f_1=1$。

程序如下：

```
#include <iostream>
using namespace std;
const int N = 21;
int main()
{      //数组 fib 共 21 个元素,其中 fib[0]不用,使用 fib[1]～fib[20]
       long fib[N] = {0,1,1}; //fib[0] = 0,fib[1] = 1,fib[2] = 1
       int i;
       for(i = 3;i < N;i ++ )
             fib[i] = fib[i - 1] + fib[i - 2];          //递推
     for(i = 1;i < N;i ++ )
     {
           cout << fib[i]<<'\t';                       //输出每个月的兔子数
           if(i % 5 == 0)                              //每行输出 5 个数据,换行
                 cout << endl;
     }
     return 0;
}
```

运行结果如图 10-5 所示。

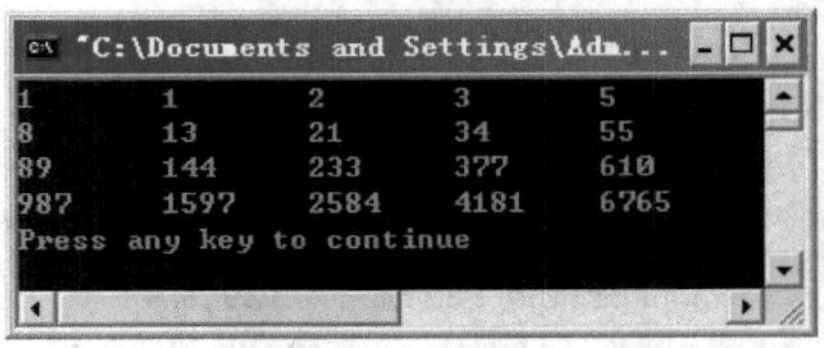

图 10-5　例 10-5 程序运行结果

【例 10-6】 "猴子吃桃"的问题。猴子第 1 天摘下若干桃子，当天吃了一半，还不过瘾，又多吃一个。此后，每天都吃掉前一天剩下的一半，再多吃一个。到第 10 天再准备吃时，发现只有一个桃子。问猴子第 1 天摘下多少桃子？

思路：已知第 10 天的桃子为 1。那么，第 9 天的桃子数等于第 10 天的桃子加 1 后的 2 倍，依此类推。设第 n 天的桃子数为 x_n，在此前一天（第 $n-1$ 天）的桃子数为 x_{n-1}，那么 x_n 与 x_{n-1} 的关系为：

$$x_n = x_{n-1}/2 - 1$$

即 $x_{n-1}=(x_n+1)*2$。

程序如下：

```
#include< iostream>
using namespace std;
int main()
{
    int x = 1,t;
    cout <<"第 10 天桃子总数为:"<< 1 << endl;
    for(int n = 9;n> = 1;n -- )
```

```
    {
        t = (x + 1) * 2;
        x = t;
        cout <<"第 "<< n <<"天桃子总数为:"<< x << endl;
    }
    return 0;
}
```

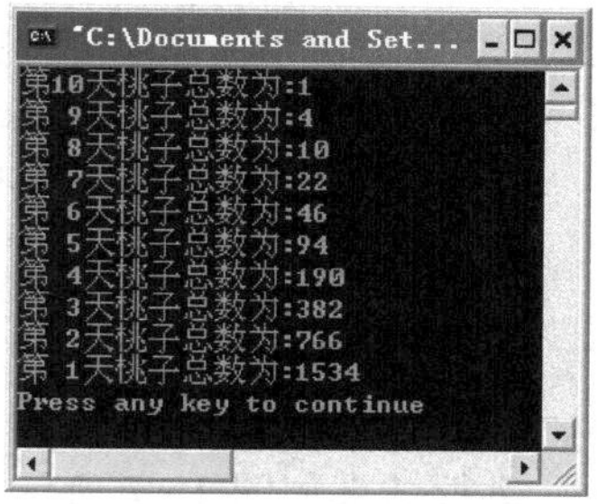

图 10-6　例 10-6 程序运行结果

运行结果如图 10-6 所示。

递推法还可以应用于数值计算与分析，这时又称为“迭代法”。迭代法经常用于计算机求解方程或方程组的近似解。最常见的迭代法有牛顿迭代法、二分法等。

利用迭代算法解决问题，首先要确定迭代变量和迭代公式，然后是对迭代过程进行控制，包括控制循环的次数或者当问题的解达到精度要求以后结束迭代。

【例 10-7】 利用迭代法求一个数 a 的平方根。

(1) 迭代公式：$x_1=0.5\times(x_0+a/x_0)$。

(2) 算法。

① 先设定一个初值 x_0 作为 a 的平方根值，在本程序中取 $a/2$ 作为 a 的初值；利用迭代公式求出一个 x_1，此值与真正的 a 的平方根值相比误差很大。

② 把新求得的 x_1 代入 x_0 中，准备用此新的 x_0 再去求出一个新的 x_1。

③ 利用迭代公式再求出一个新的 x_1 值，也就是用新的 x_0 又求出一个新的平方根值 x_1，此值将更趋近于真正的平方根值。

④ 比较前后两次求得的平方根值 x_0 和 x_1，如果它们的差值小于我们指定的值，即达到要求的精度，则认为 x_1 就是 a 的平方根值，输出近似解 x_1，转步骤⑤；否则执行步骤②，即继续循环迭代。

⑤ 程序结束。

程序如下：

```
#include <iostream>
#include<cmath>
using namespace std;
int main()
{
    double a,x0,x1;
    cout <<"Input a:";
    cin >> a;
    if(a == 0)
        cout <<"sqrt(0) = "<< 0 << endl;
    else if(a < 0)
        {
         cout <<"负数不能开平方!\n";
         exit(0);
        }
    else
    {
        x0 = a/2;
```

```
        x1 = (x0 + a/x0)/2;
        do  {x0 = x1;
             x1 = (x0 + a/x0)/2;
            } while(fabs(x0 - x1)> = 1e - 6);//当两次迭代值之差的绝对值<10^-6时结束迭代
        cout <<"sqrt("<< a <<") = "<< x1 << endl;
    }
    return 0;
}
```

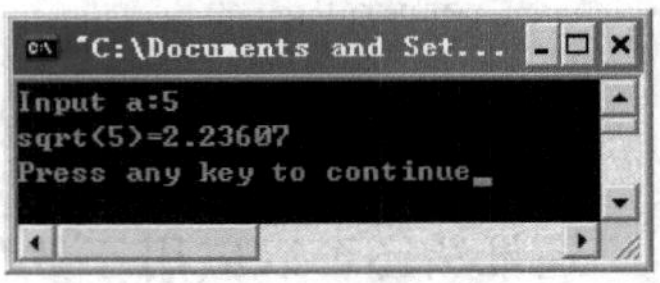

图 10-7　例 10-7 程序运行结果

运行结果如图 10-7 所示。

注意：使用迭代法求根时应注意以下两种可能发生的情况。

(1) 如果方程无解，迭代过程会变成死循环，因此在使用迭代算法前应先考察方程是否有解，并在程序中对迭代的次数给予限制。

(2) 方程虽然有解，但迭代公式选择不当，或迭代的初始近似根选择不合理，也会导致迭代失败。

10.1.3　递归法

现实中有些大型复杂的问题可以转化为一个与原问题相似的规模较小的问题，解决这类问题的方法就是递归法。能采用递归描述的算法通常有这样的特征：为求解规模为 N 的问题，设法将它分解成规模较小的问题，然后从这些小问题的解方便地构造出大问题的解，并且这些规模较小的问题也能采用同样的分解和综合方法分解成规模更小的问题，并从这些更小问题的解构造出解。特别地，当规模 $N=1$ 时，能直接得解。

如果一个函数在其定义中又直接或间接调用自身，则称该函数为递归函数。一般地，递归函数代码简洁，容易理解，是设计和描述算法的一种有力的工具。

【例 10-8】　用递归法编程计算斐波那契(Fibonacci)数列的第 n 项。

斐波那契数列为“0,1,1,2,3,…”，即：

fib(0)＝0；

fib(1)＝1；

fib(n)＝fib(n－1)＋fib(n－2)（当 $n>1$ 时）。

写成递归函数为：

```
int fib(int n)
{ if (n == 0) return 0;
 if (n == 1) return 1;
 if (n>1) return fib(n - 1) + fib(n - 2);
}
```

递归算法的执行过程分递推和回归两个阶段。在递推阶段，把较复杂的问题(规模为 n)的求解推到比原问题简单一些的问题(规模小于 n)的求解。例如上例中，求解 fib(n)，把它推到求解 fib(n－1)和 fib(n－2)，也就是说，为计算 fib(n)，必须先计算 fib(n－1)和 fib(n－2)，而计算 fib(n－1)和 fib(n－2)，又必须先计算 fib(n－3)和 fib(n－4)，依次类推，直至计算 fib(1)和 fib(0)，分别能立即得到结果 1 和 0。在递推阶段，必须要有终止递归的情况。例如在函数 fib 中，当 n 为 1 和 0 的情况。在回归阶段，当获得最简单情况的解后逐级返回，依次得到稍复杂问题的解，例如得到 fib(1)和 fib(0)后，返回得到 fib(2)的结果……在得到了 fib(n-1)和 fib(n-2)的结果后，返回得到 fib(n)的结果。

10.1.4 递归与递推的比较

递归与递推关系密切。递归函数由直接或间接的递归调用来实现，递归程序短小、简练；递推方法一般由循环语句来实现，代码比较长。

由于递归引起一系列的函数调用，并且可能会有一系列的重复计算，递归算法的执行效率相对较低。

当某个问题既能采用递归算法又能采用递推算法求解时，通常选择效率更高的递推算法。例如，例 10-8 计算斐波那契数列的第 n 项的函数 fib(n)应采用递推算法，即从斐波那契数列的前两项出发，逐次由前两项计算出下一项，直至计算出要求的第 n 项。

用递推法求解斐波那契(Fibonacci)数的程序如下：

```
#include <iostream>
using namespace std;
int fib(int n)
{
    if(n == 0)
        return 0;
    if( n == 1)
        return 1;
    int f1 = 0,f2 = 1,f;
    while(n > 1)
    {
        f = f1 + f2;
        f1 = f2;
        f2 = f;
        n--;
    }
    return f;
}
int main()
{
    cout <<"输入 n:";
    int n;
    cin >> n;
    cout <<"fib("<< n <<") = "<< fib(n)<< endl;
    return 0;
}
```

【例 10-9】 汉诺塔问题。如图 10-8，有 A、B、C 3 根柱子，A 柱子上按从小到大的顺序堆放了 N 个盘子，现在要把全部盘子从 A 柱移动到 C 柱，移动过程中可以借助 B 柱。移动时有如下要求：

(1) 一次只能移动一个盘子。

(2) 不允许把大盘放在小盘上边。

(3) 盘子只能放在 3 根柱子上。

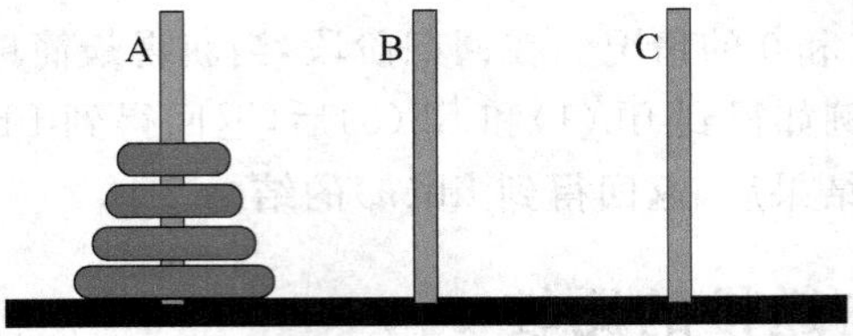

图 10-8　汉诺塔

试编程打印出移动过程。

分析：当盘子比较多时，问题比较复杂，所以我们先分析简单的情况。

(1) 如果只有一个盘子(n=1)，只需一步，直接把盘子从 A 柱移动到 C 柱：A→C。

(2) 如果是两个盘子，共需要移动 3 步：

① 把 A 柱上的小盘子移动到 B 柱；

② 把 A 柱上的大盘子移动到 C 柱；

③ 把 B 柱上的大盘子移动到 C 柱；

(3) 如果 N 比较大时，需要很多步才能完成。先考虑是否能把复杂的移动过程转化为简单的移动过程。如果要把 A 柱上最大的盘子移动到 C 柱上去，必须先把上面的 $N-1$ 个盘子从 A 柱移动到 B 柱上暂存，按这种思路，就可以把 N 个盘子的移动过程分作 3 大步：

① 把 A 柱上面的 $N-1$ 个盘子借助 C 柱移动到 B 柱，即 hanoi($n-1$,A,C,B)。

② 把 A 柱上剩下的一个盘子移动到 C 柱，即 move(A,C)。

③ 把 B 柱上面的 $N-1$ 个盘子借助 A 柱移动到 C 柱，即 hanoi($n-1$,B,A,C)。

其中 $N-1$ 个盘子的移动过程又可按同样的方法分为三大步，这样就把移动过程转化为一个递归的过程，直到最后只剩下一个盘子，按照移动一个盘子的方法移动，递归结束。

递归函数 hanoi 原型为：

```
void hanoi(int n,char x,char y,char z);
```

其中，n 表示盘子个数；x 为源柱子；y 为中间过渡的柱子；z 为目标柱子。

程序如下：

```
#include <iostream>
using namespace std;
void move(char x,char z);
void hanoi(int n,char x,char y,char z);
int main()
{      int num;
       cout <<"请输入盘子数: ";
       cin >> num;
       cout << num <<"个盘子从A柱搬到C柱的过程: "<< endl;
       hanoi(num,'A','B','C');
       return 0;
}
void move(char x, char z)
{
       static int i;         //变量i表示盘子移动的次序
       i ++ ;
```

```
    cout << i <<" : "<< x <<" → "<< z << endl;
}
void hanoi(int n,char x,char y,char z)
{     if(n == 1)
              move(x,z);
   else
          {
              hanoi(n - 1,x,z,y);
              move(x,z);
              hanoi(n - 1,y,x,z);
          }
}
```

运行结果如图 10-9 所示。

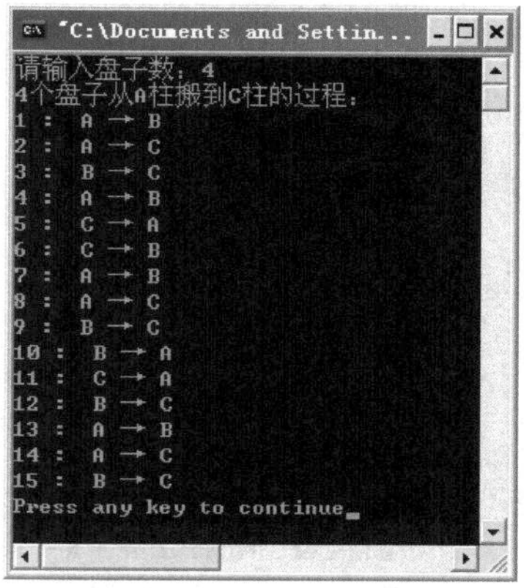

图 10-9　例 10-9 程序运行结果

10.1.5　分治法

分治法是指“分而治之”的方法。当我们处理大规模问题时，求解可能比较困难，可以将原问题分解成规模较小而结构与原问题相似的子问题，然后递归地解决这些子问题，最后由这些小问题的解构造出原问题的解。因此，一个问题能否用分治法解决，关键是看该问题算法能否将原问题分成 n 个规模较小而结构与原问题相似的子问题。递归地解决子问题，然后合并其结果就可得到原问题的解。可见，分治法是递归法中的一种。$n=2$ 时的分治法又称二分法。

分治策略一般分为 3 个步骤：

(1) 分解：将要解决的问题划分成若干个规模较小的同类问题。

(2) 求解：当子问题划分得足够小时，用较简单的方法解决。

(3) 合并：按原问题的要求将子问题的解逐层合并成原问题的解。

【例 10-10】 设有 10 名学生的姓名和 C++程序设计成绩，按照字典顺序存放学生姓名及其相对应的成绩于数组中，现从键盘输入一个学生的姓名，编程查找该学生是否在这 10 个学生中，如果在，请输出他的姓名及 C++程序设计成绩，否则输出“查无此人!”。

分析：根据题意，可以采用结构体类型的数组存放这 10 名学生的数据，每个数组元素有两个域——姓名域、成绩域。数组中存放的数据按照字典顺序存放学生姓名及相应成绩。由于已经按照姓名排序，所以可以选择比顺序查找更快的“二分查找”(“折半查找”)算法，步骤如下。

(1) 首先看将要查找的学生的姓名与中间位置的 stu[mid]. name 是否相同，若相同，则查找成功，输出该学生姓名和成绩。

(2) 若查找的学生姓名顺序小于中间位置的学生姓名，则余下查找在数据序列的前半部分查找。

(3) 若查找的学生姓名顺序大于中间位置的学生姓名，则余下查找在数据序列的后半部分查找。

(4) 重复以上三步操作，直到查找到或查无此人为止。

程序如下：

```
//非递归算法
```

```
#include <iostream>
#include<cstring>
using namespace std;
struct Student                  //定义结构体类型
    {
        char name[20];          //姓名
        short score;            //分数
    };
const int N=10;                 //常量 N 为学生人数
int main()
{
    char xm[20];                //存放要查找的人名
    int left=0,right=N-1,mid;  //left、right、mid 分别代表左、右、中间指针
    Student stu[N]={{"caocao",80}, {"guanyu",95}, {"jiabaoyu",85}, {"lindaiyu",90},
{"liqui", 85}, {"liubei", 78}, {"songjiang", 82}, {"sunwukong", 65}, {"wusong", 79},
{"zhangfei",80}};
    cout<<"请输入要查找的姓名：";
    cin>>xm;
    while(left<=right)
    {
        mid=(left+right)/2;
        if(strcmp(xm,stu[mid].name)==0)  //试一试，用 if(xm==stu[mid].name)可以吗?
        {
            cout<<xm<<'\t'<<stu[mid].score<<endl;
            break;
        }
        else if(strcmp(xm,stu[mid].name)<0)
            right=mid-1;       //在左半部分找
        else
            left=mid+1;        //在右半部分找
    }
    if(left>right)
        cout<<"查无此人!"<<endl;
    return 0;
}
```

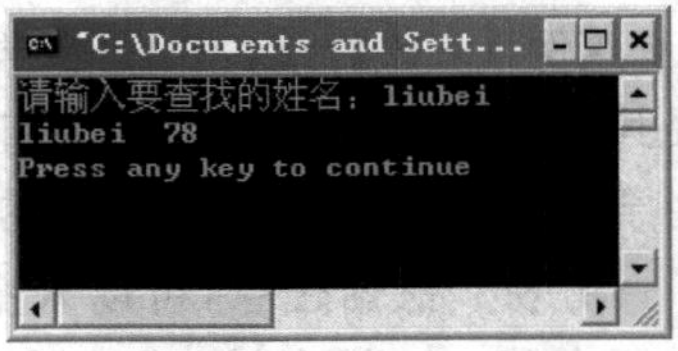

图 10-10 例 10-10 程序运行结果

运行结果如图 10-10 所示。

注意：

(1) 数组元素初始化时的排列顺序是按照姓名的字典顺序排列的，不能随意，因为二分查找法要求数组元素必须是已经排序的。

(2) 比较字符串大小必须使用 strcmp 函数，不能用运算符“==”。

分治法是属于递归法中的一种方法，下面用递归算法写出二分查找的程序。

【例 10-11】 二分查找的递归算法。

程序如下：

```
//递归算法
#include <iostream>
#include<cstring>
using namespace std;
```

```
struct Student                //定义结构体类型
    {
        char name[20];        //姓名
        short score;          //分数
    };
const int N = 10;             //常量 N 为学生人数
void Find(Student stu[],int left,int right,char xm[])     //递归函数 Find 用于查找
{    //在数组 stu 中查找字符串 xm,left 与 right 是查找的左右边界
     int mid,cmp;
     if(left <= right)
     {
        mid = (left + right)/2; //mid 是 left 和 right 中间的数
        cmp = strcmp(xm,stu[mid].name);  //cmp 存放两个字符串比较的结果
        if(cmp == 0)          //找到
        {
            cout << xm <<'\t'<< stu[mid].score << endl;
            return;           //查找成功,返回到 main 函数
        }
        else
            if(cmp < 0)       //准备在左半部分找
                right = mid - 1;
            else
                left = mid + 1; //准备在右半部分找
        Find(stu,left,right,xm);  //递归调用,开始新的查找
    }
    else                      //查找完毕,没找到
        cout <<"查无此人!"<< endl;
}
int main()
{
    char xm[20];              //存放要查找的人名
    int left = 0,right = N - 1;  //left、right 分别代表左、右指针
    Student stu[N] = {{"caocao",80}, {"guanyu",95}, {"jiabaoyu",85}, {"lindaiyu",90},{"liqui",
85}, {"liubei",78}, {"songjiang",82}, {"sunwukong",65}, {"wusong",79}, {"zhangfei",80}};
    cout <<"请输入要查找的姓名: ";
    cin >> xm;
    Find(stu,left,right,xm);
    return 0;
}
```

图 10-11　例 10-11 程序运行结果

运行结果如图 10-11 所示。

从以上的二分查找算法可以看出,它是将原问题的规模减半,化为子问题,其子问题的算法与原问题相同,通过不断减小查找范围,快速查找所需要的数据,因此这是一个高效算法。

10.1.6　贪心法

贪心法是指,在对问题求解时,总是做出在当前看来是最好的选择(局部最优解)。贪心法不是对所有问题都能得到整体最优解,但对许多问题能产生整体最优解或整体最优解的

近似解。

【例 10-12】 发放现金的问题。某单位给员工发工资，采用现金支付的方式。假设人民币有 100 元、50 元、20 元、10 元、5 元、2 元、1 元、5 角、2 角、1 角、5 分、2 分、1 分共 13 种面值。要求：用最少数量的货币发给员工。

分析：在日常生活中，我们往往在无意识中使用贪心法。比如，售货员要找给你零钱——人民币 6 角 8 分钱，为了能减少钱币的数目，售货员尽量从最大的面额找给你，先拿 1 张 5 角的，然后再找 1 张 1 角的，1 枚 5 分的硬币，1 枚 2 分的硬币，1 枚 1 分的硬币。对于现行的人民币面值来说，可以证明用贪心法能得到问题的最优解。

程序如下：

```
#include<iostream>
using namespace std;
const int N = 13;
int main()
{
    double changes[N] = {100, 50, 20, 10, 5, 2, 1, 0.5, 0.2, 0.1, 0.05, 0.02, 0.01};
    char money_kind[N][6] = {"100 元","50 元","20 元","10 元","5 元","2 元","1 元","5 角","2
角","1 角","5 分","2 分","1 分"};
    int i,count[N] = {0};
    double amount;
    int amount100,t;
    cout <<"输入金额(例如,67 元 8 角 9 分,输入 67.89): ";
    cin >> amount;
    amount100 = 100 * amount;
    for (i = 0; i < N; i ++ )
    {
        t = (int)(100 * changes[i]);
        count[i] = amount100 / t;
        amount100 = amount100 % t;
        if (amount100 == 0)
            break;
    }
    cout <<"\n 面值\t 数量"<< endl;
    for(i = 0;i < N;i ++ )
        if(count[i]! = 0)
            cout << money_kind[i]<<'\t'<< count[i]<< endl;
    return 0;
}
```

运行结果如图 10-12 所示。

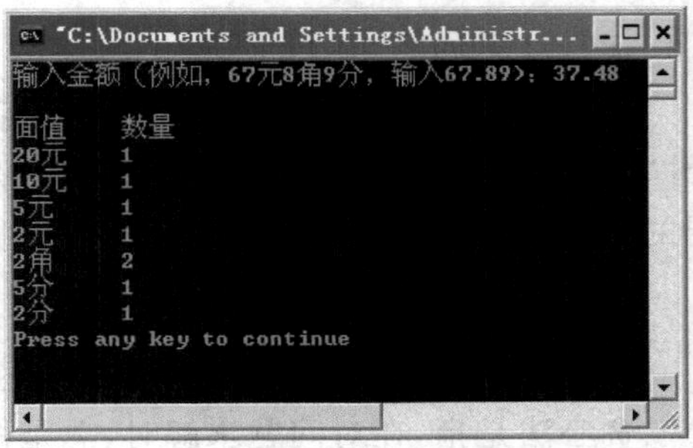

图 10-12 例 10-12 程序运行结果

【例 10-13】 用贪心法解“多机调度问题”。

设有 n 个独立的作业 $\{1,2,\cdots,n\}$，由 m 台相同的机器加工处理。作业 i 所需要的处理时间为 t_i。约定：任何一个作业可在任何一台机器上处理，但未完工前不准中断处理；任何作业不能拆分成更小的子作业。要求给出一种调度方案，使所给的 n 个作业在尽可能短的时间内由 m 台机器处理完毕。

这个问题迄今还没有一个有效的解法。利用贪心法可以设计一个较好的近似算法，贪心的策略就是选择最长处理时间的作业优先运行。

多机调度问题的一个实例：机器台数 $m=3$，假设机器编号为 M_1、M_2、M_3；作业个数 $n=7$，假设作业编号为 J_1、J_2、J_3、J_4、J_5、J_6、J_7，各个作业需要处理的时间分别为 2、14、4、16、6、5、3。根据处理时间长的作业优先处理的策略，调度次序应该是 J_4、J_2、J_5、J_6、J_3、J_7、J_1，如图 10-13 所示。作业 J_4 在机器 M_1 上加工，用时 16；J_2 在 M_2 上加工，用时 14；J_5 在 M_3 上加工，用时 6；J_6 在 M_3 上加工，用时 5；J_3 在 M_3 上加工，用时 4；J_7 在 M_2 上加工，用时 3；J_1 在 M_3 上加工，用时 2。最终，机器 M_1 用时 16 个单位处理完作业 J_4，机器 M_2 用时 17 个单位处理完作业 J_2 和 J_7，机器 M_3 用时 17 个单位处理完作业 J_5、J_6、J_3 和 J_1。所以，这 7 个作业在 3 台机器上全部处理完毕用时 17，对于本例来说，这确实是问题的最优解。

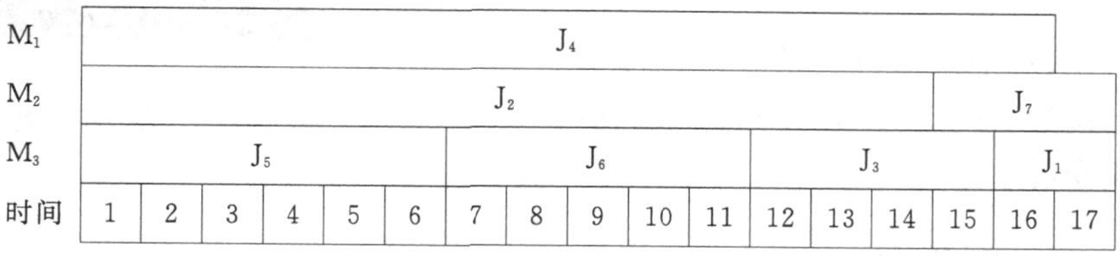

图 10-13　多机调度示例

算法分析：

(1) 当 $n\leqslant m$ 时，只要将机器 M_i 的 $[0,t_i]$ 时间区间分配给作业 J_i 即可。

(2) 当 $n>m$ 时，将 n 个作业按照处理时间从大到小依次分配给空闲的机器；也可以先将 n 个作业按照处理时间从大到小排序，然后将作业依此顺序分配给空闲的机器。

程序如下：

```
#include <iostream>
using namespace std;
const int n = 3,m = 7;                    //n是机器台数; m是作业数
int main()
{
    int t[] = {2,14,4,16,6,5,3};          //数组 t 存放每个作业需要处理的时间
    int M[n] = {0};                       //数组 M 存放每台机器处理作业累计的完成时间
    int long_job = 0;                     //存放处理时间最长的作业序号(在数组 t 中的下标)
    int free_machine = 0;                 //存放当前工作量最小的机器序号(在数组 M 中的下标)
    for(int i = 0;i < m;i ++ )            //对 m 个作业进行处理
    { int max = INT_MIN,min = INT_MAX;    //max、min 存放
    //INT_MIN 和 INT_MAX 分别是 C++ 系统中的最小、最大整数
    for(int j = 0;j < m;j ++ )            //选择处理时间最长的作业
        if(max < t[j])
            { max = t[j]; long_job = j; }
    for(j = 0;j < n;j ++ )                //选择工作量最小的机器
        if(M[free_machine]> M[j])
            free_machine = j;
    M[free_machine] = M[free_machine] + t[long_job];
    //将选中的作业提交给 free_machine 号机器处理
    t[long_job] = 0; //被选择过的作业处理时间调为 0
```

```
            cout << long_job + 1 <<"号作业:\t"<< free_machine + 1 <<"号机器"<< endl;
        }
        cout <<"\n 各机器处理完成时间: "<< endl;
        for(i = 0;i < n;i ++ )
            cout << i + 1 <<"号机器:"<< M[i]<< endl;      //输出各机器的处理完成时间
        return 0;
    }
```


运行结果如图 10-14 所示。

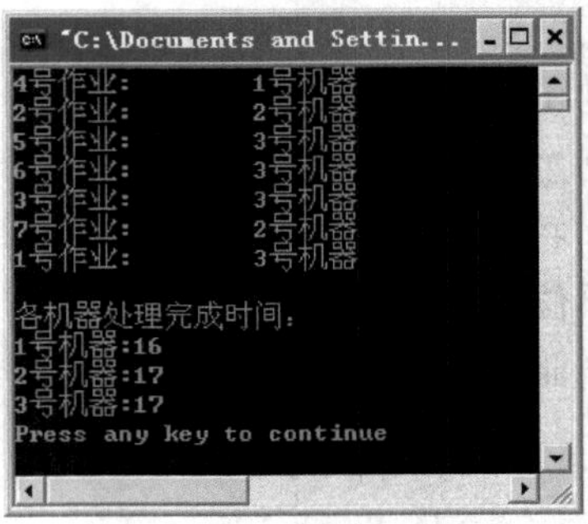

图 10-14　例 10-13 程序运行结果

需要指出的是，有时候我们不那么幸运，举一个用贪心法不能得到最优解的反例。假设机器数 $m=3$，作业数 $n=7$，各个作业需要处理的时间分别为 8、7、6、5、4、3、2，如果用贪心算法调度，则处理时间为 13，而最优解应该为 12。

总的来说，对于规模较大的多机调度问题，贪心法能迅速得到近似解，尽管不能保证得到最优解，但是次优解也是可以接受的。

10.1.7　模拟法

在自然界和日常生活中，许多现象具有不确定的性质，有些问题甚至很难建立数学模型，或者很难用递推、枚举等方法得到精确解。这时采用模拟策略比较容易得到问题的近似解。

随着高速计算机的广泛应用，数值计算领域出现了以概率统计理论为指导的计算方法，其中一种方法称为蒙特卡罗方法(Monte Carlo method)，也称为统计模拟方法。蒙特卡罗方法的名字来源于摩纳哥的一个城市蒙特卡罗，该城市以赌博业闻名。

与确定性算法不同，蒙特卡罗方法得到的结果是一个近似解，每次运行得到的解可能都有一些差别，但基本都在精确解附近波动。该方法广泛应用于金融工程学、宏观经济学、计算物理学等领域。

在对实际问题中的随机现象进行数学模拟时，利用计算机产生的随机数是必不可少的。由于用计算机产生的随机数受字长的限制，其随机的意义要比实际问题中真实的随机变量稍差，因此通常将计算机产生的随机数称为伪随机数。

C++程序中使用 rand()函数模拟产生随机数，通过 srand()函数“播撒”随机数的“种子”，从而使随机数不断变化。

【例 10-14】　利用蒙特卡罗方法求圆周率 π 的近似值。

分析：如图 10-15 所示，假设在平面坐标系中有一个边长为 1 的正方形，4 个顶点坐标分别为(0,0)、(0,1)、(1,1)、(1,0)；在该正方形内有一个扇形——半径为 1、圆心为(0,0)的 1/4 个圆。我们让计算机每次随机生成两个 0 到 1 之间的实数作为一个点的横坐标和纵坐标，看这个点是否在扇形内。生成一系列随机点，假设落到扇形内的点数与总点数之比为 m，则 m 应该等于扇形面积与正方形面积之比($\pi/4$)，即 $m=\pi/4$，所以，圆周率 $\pi=4*m$。随机点取得越多，其结

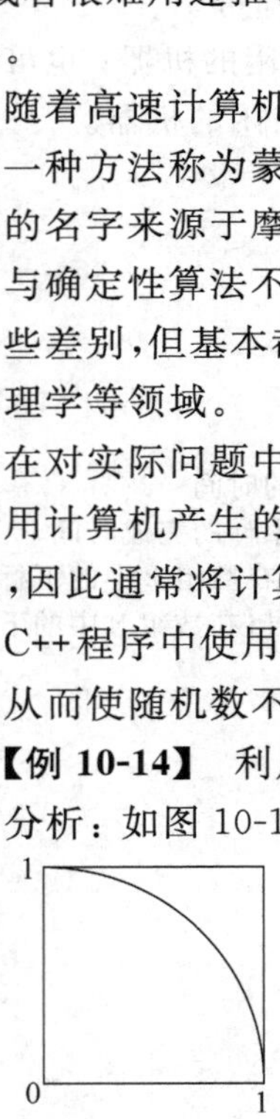

图 10-15　例 10-14 图

果会越接近于圆周率。

程序如下：

```
#include<iostream>
#include<cmath>
#include<ctime>
using namespace std;
const long N = 1000000;                    //采样次数
bool InCircle(double x,double y)           //是否在 1/4 圆范围之内
{
    if((x * x + y * y)<= 1)
        return true;
    return false;
}
int main()
{
    double x,y;
    long num = 0;
    srand(time(0));                        //伪随机数种子随时间变化
    for(long i = 0;i < N;i ++ )
    {
        x = rand() * 1.0/RAND_MAX;         //int 型数据先转换为 double 型,再做除法
        y = rand() * 1.0/RAND_MAX;
        if(InCircle(x,y)) num ++ ;
    }
    cout <<"PI = "<<(num * 4.0)/N << endl;
    return 0;
}
```

10.2 综合实例

编写一个好的且有一定规模的程序不是一件容易的事情。接下来,我们以"求三角形种类和面积"这个题目为例,详细讨论较复杂的程序设计的过程,帮助读者学会从简单到复杂、逐步求精的程序设计方法。通过程序的修改与完善,希望读者能够对类似的问题举一反三,一题多解;转变思维模式和编程方法:从面向过程的程序设计转变到面向对象的程序设计。

10.2.1 用面向过程的方法求三角形种类和面积

【例 10-15】 编写程序。从键盘输入三角形 3 条边的长度,计算并输出三角形的面积。

程序如下：

```
#include<iostream>
#include<cmath>
using namespace std;
int main()
{
    double a,b,c,s,area;
```

```
    cout <<"输入三角形的 3 条边长: ";
    cin >> a >> b >> c;
    s = (a + b + c)/2.0;
    area = sqrt(s * (s - a) * (s - b) * (s - c));
    cout <<"该三角形的面积: "<< area << endl;
    return 0;
}
```

分析：上述程序存在如下所述两个问题。

(1) 没有对输入的数据进行合法性检查。比如，输入数据不大于 0，或者不能构成三角形的三条边长，不能接受，必须重新输入。

(2) 没有对三角形的种类进行判断。要求判断输出三角形是什么种类的三角形，包括等边三角形、等腰三角形、直角三角形、等腰直角三角形、锐角三角形以及钝角三角形。

以下是改进以后的程序。

```
#include < iostream >
#include < cmath >
using namespace std;
int main()
{
        double a,b,c,s,area;
        do{
            system("cls");              //调用系统函数,清屏幕
            cout <<"输入三角形的 3 条边长: ";
            cin >> a >> b >> c;
        }while(a <= 0||b <= 0||c <= 0);  //如果边长不是正数,则重新输入
        s = (a + b + c)/2.0;
        if(a >= s ||b >= s ||c >= s)
            {
                cout <<"不能构造三角形!"<< endl;
                exit(0);
            }
        if(a == b && b == c)
            cout <<"该三角形是等边三角形!"<< endl;
        else
            if(a == b||b == c||c == a)
                if(a * a + b * b == c * c || b * b + c * c == a * a || c * c + a * a == b * b)
                    cout <<"该三角形是等腰直角三角形!"<< endl;
                else
                    cout <<"该三角形是等腰三角形!"<< endl;
            else
                if(a * a + b * b == c * c || b * b + c * c == a * a || c * c + a * a == b * b)
                cout <<"该三角形是直角三角形!"<< endl;
                else
                    if(a * a + b * b >= c * c && b * b + c * c >= a * a && c * c + a * a >= b * b)
                        cout <<"该三角形是锐角三角形!"<< endl;
                    else
                        cout <<"该三角形是钝角三角形!"<< endl;

        area = sqrt(s * (s - a) * (s - b) * (s - c));
```

```
        cout <<"该三角形的面积: "<< area << endl;
        return 0;
}
```

上述程序从功能上来说基本满足要求,但是还存在以下两个问题。

(1) 运行以上程序,你是否发现一个问题?不论输入什么精度的数据,始终不会输出“该三角形是等腰直角三角形!”。比如输入边长为 1、1、1.41421356237(2 的平方根),应该输出“该三角形是等腰直角三角形!”,但实际上只输出“等腰三角形”。

为什么出现这种情况?原因是 double 或 float 型数据在运算过程中会产生误差,所以,要判断两个实数 a、b 是否相等,不能用 $a==b$ 的方式,而是要用两个实数之差的绝对值小于某个精度的形式,例如 fabs$(a-b)<1e-3$。

(2) 本程序存在的另一个问题是程序的各种功能混在一起,看起来不够清晰分明。因此,应该使用函数实现模块化程序设计。

改进后的程序如下:

```
#include <iostream>
#include <cmath>
using namespace std;
const double Eps = 1e - 3;                     //判断两实数是否相等的精度控制,设 Eps = 0.001
int angle(double a,double b,double c);  //判断是三角形是锐角、直角还是钝角三角形
void tri_input(double &a,double &b,double &c);   //输入三条边.注意:引用参数传递
void tri_kind(double a,double b,double c);   //判断三角形的种类
void tri_area(double a,double b,double c);   //计算并输出三角形面积
int main()
{
    double a,b,c;
    tri_input(a,b,c);
    tri_kind(a,b,c);
    tri_area(a,b,c);
    return 0;
}
int angle(double a,double b,double c)
{
    if(fabs(a * a + b * b - c * c)< Eps||fabs(b * b + c * c - a * a)< Eps|| fabs(c * c + a * a - b * b)< Eps)
        return 90;                        //返回值 = 90,表示是直角三角形
    else
        if(a * a + b * b >= c * c && b * b + c * c >= a * a && c * c + a * a >= b * b)
            return 89;                    //返回小于 90 的数,不妨取值为 89,表示是锐角三角形
        else
            return 91;                    //返回大于 90 的数,不妨取值为 91,表示是钝角三角形
}
void tri_input(double &a,double &b,double &c)  //输入 3 条边长度,并检查合法性
{
    do{
        system("cls");                    //调用系统函数,清屏幕
        cout <<"输入三角形的 3 条边长: ";
        cin >> a >> b >> c;
    }while(a <= 0||b <= 0||c <= 0);       //如果边长不是正数,则重新输入
```

```
}
void tri_kind(double a,double b,double c)
{
    double s = (a + b + c)/2.0;
    if(a >= s ||b >= s ||c >= s)         //若半周长比某条边长还小,则不能构成三角形
        {
            cout <<"不能构造三角形!"<< endl;
            exit(0);                     //程序终止运行
        }
    if(a == b && b == c)                 //如果三条边相等,则是等边三角形
        cout <<"该三角形是等边三角形!"<< endl;
    else
        if(a == b||b == c||c == a)
            if(angle(a,b,c) == 90)       //函数返回值为90,说明是直角三角形
                cout <<"该三角形是等腰直角三角形!"<< endl;
            else
                cout <<"该三角形是等腰三角形!"<< endl;
        else
            if(angle(a,b,c) == 90)       //函数返回值 = 90,说明是直角三角形
                cout <<"该三角形是直角三角形!"<< endl;
            else
                if(angle(a,b,c)< 90)     //函数返回值< 90,说明是锐角三角形
                    cout <<"该三角形是锐角三角形!"<< endl;
                else                     //函数返回值> 90,说明是钝角三角形
                    cout <<"该三角形是钝角三角形!"<< endl;
}
void tri_area(double a,double b,double c)
{
    double s = (a + b + c)/2.0;          //三角形的半周长
    double area = sqrt(s * (s - a) * (s - b) * (s - c));  //用海伦公式求三角形面积
    cout <<"该三角形的面积: "<< area << endl;
}
```

说明：以上程序还可以进一步完善，比如设置菜单界面，以方便用户选择，增强与计算机的交互；在 main 函数中增加循环结构，使得每次运行可以处理不止一个三角形；等等。

总之，一个程序可以不断地完善、优化，使其阅读更容易，功能更健全，容错性更强，执行效率更高。

10.2.2 用面向对象的方法求三角形种类和面积

10.2.1 节用面向过程的方法探讨了如何编写和完善求三角形种类和面积的程序。接下来，我们用面向对象的方法讨论如何编写和完善求三角形种类和面积的程序。

1. 如何将面向过程的程序转换成面向对象的程序

前面我们采用面向过程的方法编写了求三角形种类和面积的程序，程序的基本结构是 main 函数加上其他函数，下面我们将该程序转换成面向对象的程序。面向对象的程序的基本结构是 main 函数和“类”组成，因此这种转换主要包括以下几个方面。

(1) 定义三角形类 Triangle。私有数据成员为 3 条边 a、b、c；公有成员函数包括一个构

造函数(默认3条边长为0),还有另外4个成员函数——angle()、tri_input()、tri_kind()和tri_area()。细心的读者会发现,这4个函数的参数没有了,因为类的成员函数直接能操作其私有数据成员,所以这里不需要传递参数。另外,成员函数的定义放在类外实现,需要在函数名字前面加上类名和作用域限定符,即"Triangle::"。

(2) 在main函数中,删除"double a,b,c;"语句,增加语句"Triangle sjx;"。也就是说,只需要定义一个三角形对象,其数据成员就已经包含3条边长了。然后,通过对象调用成员函数完成相应的功能。

程序如下:

```
#include <iostream>
#include <cmath>
using namespace std;
const double Eps = 1e-3;                //判断两实数是否相等的精度控制,设 Eps = 0.001
class Triangle                          //定义三角形类 Triangle
{
    double a,b,c;                       //私有数据成员: 3 条边 a、b、c
public:
    Triangle(double a = 0,double b = 0,double c = 0)  //构造函数,形参默认值为 0
        {   }
    int angle();                        //判断三角形是锐角、直角还是钝角三角形
    void tri_input();                   //输入 3 条边长
    void tri_kind();                    //判断三角形的种类
    void tri_area();                    //计算并输出三角形面积
};
int main()
{
    Triangle sjx;}                      //定义三角形类的一个对象,名字为 sjx
    sjx.tri_input();                    //调用成员函数,输入 3 条边长
    sjx.tri_kind();                     //调用成员函数,判断三角形的种类
    sjx.tri_area();                     //调用成员函数,计算并输出三角形面积
    return 0;
}
int Triangle::angle()
{
    if(fabs(a*a+b*b-c*c)<Eps||fabs(b*b+c*c-a*a)<Eps||fabs(c*c+a*a-b*b)<Eps)
        return 90;                      //返回值 = 90,表示是直角三角形
    else
        if(a*a+b*b>=c*c && b*b+c*c>=a*a && c*c+a*a>=b*b)
            return 89;                  //返回小于 90 的数,不妨取值为 89,表示是锐角三角形
        else
            return 91;                  //返回大于 90 的数,不妨取值为 91,表示是钝角三角形
}
void Triangle::tri_input()              //输入 3 条边长度,并检查合法性
{
    do{
        system("cls");                  //调用系统函数,清屏幕
        cout<<"输入三角形的 3 条边长: ";
        cin>>a>>b>>c;
    }while(a<=0||b<=0||c<=0);           //如果边长不是正数,则重新输入
```

```
}
void Triangle::tri_kind()
{
    double s = (a + b + c)/2.0;
    if(a >= s||b >= s||c >= s)              //若半周长比某条边长还小,则不能构成三角形
      {
          cout <<"不能构造三角形!"<< endl;
          exit(0);                          //程序终止运行
      }
    if(a == b && b == c)                    //如果三条边相等,则是等边三角形
        cout <<"该三角形是等边三角形!"<< endl;
    else
        if(a == b||b == c||c == a)
            if(angle() == 90)               //函数返回值为 90,说明是直角三角形
                cout <<"该三角形是等腰直角三角形!"<< endl;
            else
                cout <<"该三角形是等腰三角形!"<< endl;
        else
            if(angle() == 90)               //函数返回值 = 90,说明是直角三角形
                cout <<"该三角形是直角三角形!"<< endl;
            else
                if(angle()< 90)             //函数返回值< 90,说明是锐角三角形
                    cout <<"该三角形是锐角三角形!"<< endl;
                else                        //函数返回值> 90,说明是钝角三角形
                    cout <<"该三角形是钝角三角形!"<< endl;
}
void Triangle::tri_area()
{
    double s = (a + b + c)/2.0;             //三角形的半周长
    double area = sqrt(s * (s - a) * (s - b) * (s - c));  //用海伦公式求三角形面积
    cout <<"该三角形的面积: "<< area << endl;
}
```

2. 使用面向对象的方法进一步完善求三角形种类和面积的程序

上面的程序使用了类与对象,体现了面向对象抽象和封装的特性,下面我们再对程序的以下几个方面进行修改和完善。

(1) 将面向对象的继承与派生的思想运用到程序中。先创建"点类"——Point,其私有数据成员为点的横坐标 x 和纵坐标 y。然后,由 Point 类派生出线段类——Line,其新增的成员函数 linelength()用于计算两点之间的距离,即获得线段的长度。最后,由 Line 类派生出三角形类——Triangle。

(2) 增添功能,主要包括将三角形边长及面积保存到文件中、从文件中读取数据、清空文件中的数据等。

(3) 建立人机交互菜单,方便用户操作。

程序实现的主要功能:

① 设计菜单实现功能选择;

② 输入三角形的三个顶点坐标;

③ 判断三角形的种类(等边、等腰、直角、锐角、钝角三角形,或不能构成三角形);

④ 计算并输出三角形的边长和面积;

⑤ 将输入的数据和计算出的面积存放到文件中以及从文件中读取数据;

⑥ 清空文件数据。

定义 Point、Line、Triangle 这 3 个类,Line 继承 Point,Triangle 继承 Line。类的详细设计见程序清单及其注释。

程序如下:

```
#include <iostream>
#include <cmath>
#include <fstream>
#include <iomanip>
using namespace std;
const double Eps = 1e-3;                 //判断两实数是否相等的精度控制,设 Eps = 0.001
class Point                              //点类,做线段类的基类
{
    double X,Y;
    public:
    Point()                              //点类无参构造函数
    {
        X = 0; Y = 0;
    }
    Point(double x,double y)             //点类带参构造函数
    {
        X = x; Y = y;
    }
};

//线段类
class Line: public Point                 //公有继承点类
{
    Point p1,p2;                         //点 p1 和 p2 为内嵌对象
    double X1,X2,Y1,Y2;
public:
    Line()                               //线段类无参构造函数
    {
        X1 = 0;X2 = 0;Y1 = 0;Y2 = 0;
    }
    Line(double x1,double y1,double x2,double y2):p1(x1,y1),p2(x2,y2) //线段类带参构造函数
    {
        X1 = x1;X2 = x2;
        Y1 = y1;Y2 = y2;
    }
    double linelength();                 //声明两点之间距离的函数
};

double Line::linelength()//定义两点之间距离的函数
{
    return sqrt((X1 - X2) * (X1 - X2) + (Y1 - Y2) * (Y1 - Y2));
```

```
}

//三角形类
class Triangle: public Line                //公有继承线段类
{
    Line l1,l2,l3;                         //线段类私有成员
    Point p1,p2,p3;                        //点类私有成员
double X1,X2,X3,Y1,Y2,Y3;                  //私有数据成员
public:
    Triangle(){}                           //三角形类无参构造函数
    //下面是三角形带参构造函数
    Triangle(double x1,double y1,double x2,double y2,double x3,double y3):l1(x1,y1,x2,y2),
l2(x1,y1,x3,y3),l3(x2,y2,x3,y3)
    {
        X1 = x1;X2 = x2;X3 = x3;
        Y1 = y1;Y2 = y2;Y3 = y3;
    }
    void tri_disp();                       //输出三角形边长
    void tri_kind();                       //判断三角形类型
    double tri_area();                     //计算三角形面积
    void tri_save();                       //写入数据文件
    void tri_check();                      //查看文件中的数据
    void tri_clear();                      //清空文件数据
};

void Triangle::tri_disp()                  //输出三角形边长
{
    cout << l1.linelength()<<"\t"<< l2.linelength()<<"\t"<< l3.linelength()<< endl;
}

void Triangle::tri_kind()                  //判断三角形类型
{
if(fabs((X2 - X1) * (Y3 - Y1) - (Y2 - Y1) * (X3 - X1))< Eps)  //判断是否三点共线
    {
        cout <<"这三点在一条直线是上,不能构成三角形!"<< endl;
        return;
    }
double a = l1.linelength(),b = l2.linelength(),c = l3.linelength();
if(a == b&&b == c)                         //判断是否三条边相等
    {
        cout <<"这是一个等边三角形,"<<"边长为:"<< a <<"."<< endl;
        return;
    }
if((a == b    &&fabs(a * a + b * b - c * c)< Eps)||(a == c     &&fabs(a * a + c * c - b * b)< Eps)||
(b == c &&fabs(b * b + c * c - a * a)< Eps))      //判断是否是等腰直角三角形
    {
        cout <<"这是一个等腰直角三角形,"<<"边长分别为: "<< a <<"\t"<< b <<"\t"<< c << endl;
        return;
    }

if(a == b || b == c || c == a)             //判断是否是等腰三角形
```

```
    {
        cout <<"这是一个等腰三角形,"<<"边长分别为: "<< a <<"\t"<< b <<"\t"<< c << endl;
        return;
    }
if(fabs(a * a + b * b - c * c)< Eps || fabs(b * b + c * c - a * a)< Eps || fabs(c * c + a * a - b * b)<
Eps)  //判断是否是直角三角形
    cout <<"这是一个直角三角形,"<<"边长分别为: "<< a <<"\t"<< b <<"\t"<< c << endl;
else if((a * a + b * b - c * c)> 0 &&(a * a + c * c - b * b)> 0 &&(b * b + c * c - a * a)> 0)
        cout <<"这是一个锐角三角形,"<<"边长分别为: "<< a <<"\t"<< b <<"\t"<< c << endl;
    else
        cout <<"这是一个钝角三角形,"<<"边长分别为: "<< a <<"\t"<< b <<"\t"<< c << endl;
}

double Triangle::tri_area()              //计算三角形的面积
{
    double a = l1.linelength();
    double b = l2.linelength();
    double c = l3.linelength();
    double p = (a + b + c)/2;
    return sqrt(p * (p - a) * (p - b) * (p - c));
}

void Triangle::tri_save()                //写入数据文件
{
    ofstream ftriangle;
    char c;
    cout <<"\n 保存三个点的坐标及面积数据,是否继续?[Y/N]:";
    cin >> c;
    if(toupper(c)! = 'Y') return;
    ftriangle.open("triangledata.txt", ios::out);
    ftriangle <<"<"<< X1 <<","<< Y1 <<">"<< endl <<"<"<< X2 <<","<< Y2 <<">"<< endl  <<"<"<<
X3 <<","  << Y3 <<">"<< endl <<"三点形成三角形的面积是: "<< tri_area()<< endl;
f     triangle.close();
     cout <<"\n 保存点数据及面积数据已经完成...\n";
}
void Triangle::tri_clear()               //清空文件中的数据
{
    char c;
    cout <<"\n 将会清空数据,是否继续?[Y/N]:";
    cin >> c;
    if(toupper(c) == 'Y')
    {
        ofstream ftriangle;
        ftriangle.open("triangledata.txt");
        ftriangle.clear();
        ftriangle.close();
        cout <<"\n 数据已经清空...\n";
    }
    else
        return;
}
```

```
void Triangle::tri_check()                    //查看文件中的数据
{
    char ch;
    ifstream ftriangle("triangledata.txt",ios::binary);
    if(ftriangle)
    {
        while(ftriangle.good())
        {
            ftriangle.get(ch);
            if(!ch)
                break;
            cout << ch;
        }
    }
    else
        cout <<"error:Cannot open file 'triangledata.txt'."<< endl;
    ftriangle.close();
    cout << endl <<"文件数据读取完毕!...\n";
}
void tri_input(Triangle &t)                   //录入三个点的坐标对操作数据进行初始化
{
    double x1,x2,x3,y1,y2,y3;
    cout <<"输入第一个点的坐标值: ";
    cin >> x1 >> y1;
    cout << endl <<"输入第二个点的坐标值: ";
    cin >> x2 >> y2;
    cout << endl <<"输入第三个点的坐标值: ";
    cin >> x3 >> y3;
    cout << endl;
    Triangle p(x1,y1,x2,y2,x3,y3);
    t = p;
}

void display()                                //显示菜单界面
{
    cout <<"\t\t\t ********* 三角形的类型与面积 ********* \n\n";
    cout <<"\t\t\t\t1 -- 三角形的类型\n";
    cout <<"\t\t\t\t2 -- 三角形的边长\n";
    cout <<"\t\t\t\t3 -- 计算三角形的面积\n";
    cout <<"\t\t\t\t4 -- 点坐标及面积写入文件\n";
    cout <<"\t\t\t\t5 -- 查看文件中的数据\n";
    cout <<"\t\t\t\t6 -- 清空数据文件\n";
    cout <<"\t\t\t\t0 -- 退出\n\n ";
    cout <<"\t\t\t 请选择(0-6):";
}

int main()
{
    Triangle t;
    char c;
```

```
    cout << setiosflags(ios::fixed)<< setprecision(2);      //设定数据输出精度(保留 2 位小数)
    while(1)
    {
        display();
        cin >> c;
        system("cls");
        switch(c)
        {
            case '1':
                tri_input(t);
                t.tri_kind();
                cout << endl;
                system("pause");        //调用系统函数,暂停,以便能观察运行结果
                break;
            case '2':
                tri_input(t);
                t.tri_disp();
                cout << endl;
                system("pause");
                break;
            case '3':
                tri_input(t);
                cout <<"这个三角形的面积为: "<< t.tri_area()<< endl << endl;
                system("pause");
                break;
            case '4':
                t.tri_save();
                cout << endl;
                system("pause");
                break;
            case '5':
                t.tri_check();
                cout << endl;
                system("pause");
                break;
            case '6':
                t.tri_clear();
                cout << endl;
                system("pause");
                break;
            case '0':
                exit(0);
            default:
                cout <<"请正确输入!\n";
                cout << endl;
                system("pause");
                break;
        }
        system("cls");                  //清屏幕
    }
    return 0;
}
```

运行菜单界面如图 10-16 所示。

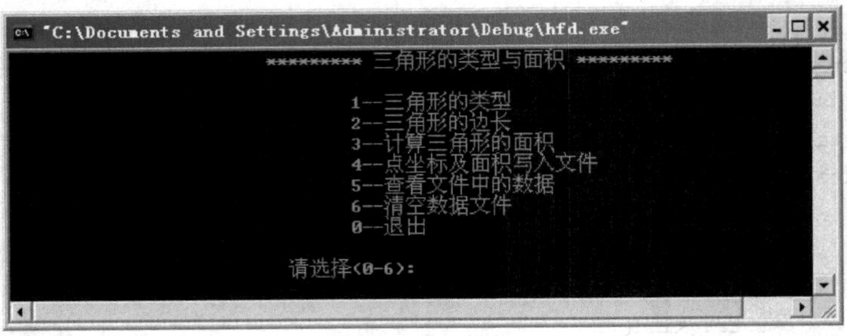

图 10-16　菜单界面

选择菜单 1,输入 3 个点坐标(0,0)、(3,1)、(2,4),运行结果如图 10-17 所示。

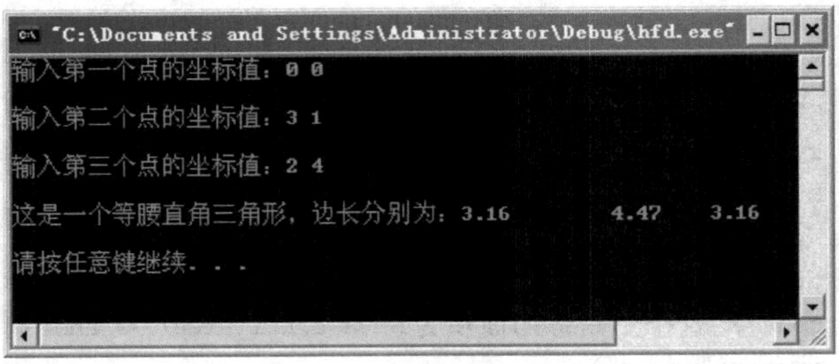

图 10-17　运行结果

读者可以从以上的程序中学习面向对象程序设计的思想,体会类和对象、封装、继承等特性。此程序还可以进一步修改,例如,扩展系统功能可以处理长方形、三角形、圆等各种多边形的周长和面积,此时需要定义多边形类,采用多态、抽象类、纯虚函数等概念解决相应的问题熟悉面向对象的程序设计与应用。

习题 10

1. 编程题

(1) 鸡兔同笼问题。中国古代《孙子算经》中的问题:今有雉兔同笼,上有三十五头,下有九十四足,问雉兔各几何?这四句话的意思是:有若干只鸡和兔子同在一个笼子里,从上面数,有 35 个头;从下面数,有 94 只脚。问笼中各有几只鸡和兔子?

(2) 有 3 种纪念邮票,第一种每套一张售价 2 元,第二种每套一张售价 4 元,第三种每套 9 张售价 2 元。现用 100 元买了 100 张邮票,问这三种邮票各买了几张?

(3) 编程找出能被其各位数字之和整除的所有两位数。

(4) 已知 4 位数 3025 有一个特殊性质:它的前两位数字 30 和后两位数字 25 的和是 55,而 55 的平方刚好等于该数(55×55=3025)。试编写程序打印所有具有这种性质的 4 位数。

(5) 纯粹素数是这样定义的:一个素数,去掉最高位,剩下的数仍为素数;再去掉剩下的数的最高位，余下的数还是素数；这样下去一直到最后剩下的个位数也还是素数。求出所有小于 3000 的 4 位纯粹素数。

(6) 楼梯有 N 级台阶，上楼可以一步上一级，也可以一步上两级，请编一递归程序，打印出所有从第 1 级上到第 N 级的走法。提示：$S(N)=S(N-1)+S(N-2)$。

(7) 回文质数。因为 151 既是一个质数又是一个回文数(从左到右和从右到左是看一样的)，所以 151 是回文质数。写一个程序来找出范围$[a,b]$($5\leqslant a<b\leqslant 100000000$)间的所有回文质数。

(8) 出售金鱼问题。出售金鱼者决定将缸里的金鱼分 5 次全部卖出：

① 第一次卖出全部金鱼的一半加二分之一条。

② 第二次卖出剩余金鱼的三分之一加三分之一条。

③ 第三次卖出剩余金鱼的四分之一加四分之一条。

④ 第四次卖出剩余金鱼的五分之一加五分之一条。

现在还剩下 11 条金鱼一次卖出，问缸里原来有多少条金鱼？

(9) 角谷猜想($3N+1$ 问题)。对于任意一个自然数 n，若 n 为偶数，则将其除以 2；若 n 为奇数，则将其乘以 3 再加 1。如此经过有限次运算后，总可以得到自然数 1。要求：编写一个程序，由键盘输入一个自然数 n，把 n 经过有限次运算后，最终变成自然数 1 的全过程打印出来。

(10) 用牛顿迭代法求 $f(x)=0$ 的一个实根。其中，$f(x)=x^2+3x-4$，迭代公式为 $x_1=x_0-f(x_0)/f'(x_1)$，x_0 的初值为 0，当$|f(x_0)|<10^{-5}$时迭代结束。

(11) 用二分法做上一题。迭代公式为 $x_0=(x_1+x_2)/2$，其中 x_1 和 x_2 从键盘输入。

(12) 用弦截法做第(10)题。迭代公式为 $x_0=(x_1f(x_2)-x_2f(x_1))/(f(x_2)-f(x_1))$，其中 x_1 和 x_2 从键盘输入。

(13) 编程计算 $s=a+aa+aaa+aaaa+a\cdots a$ 的值。其中 a 是一个数字，例如 5+55+555+…+5555555，此时共有 7 个数相加。a 的数值和数字个数由键盘输入。

(14) 分别用递归方法和非递归方法求两个正整数的最大公约数。

(15) 编写一个递归函数“int reverse(int n)”，功能是返回正整数 n 的逆序。例如，$n=1234$，则函数返回值为 4321。

(16) 一元三次方程求解。有形如“$ax^3+bx^2+cx+d=0$”的一个一元三次方程。给出该方程中各项的系数(a、b、c、d 均为实数)，并约定该方程存在 3 个不同实根(根的范围在 −100 至 100 之间)，且根与根之差的绝对值≥1。要求由小到大依次输出这 3 个实根，精确到小数点后 2 位。在 main 函数中输入“1 −5 −4 20”，验证方程的根(答案：−2.00 2.00 5.00)。要求：分别采用枚举法、分治法、牛顿迭代法。

(17) 用一元人民币兑换成 1 分、2 分和 5 分硬币，共有多少种不同的兑换方法？

(18) 用贪心法求解“删数问题”。通过键盘输入一个正整数 n，去掉其中任意 s 个数字后，剩下的数字将按原左右次序组成一个新的正整数。编程对给定的 n 和 s，寻找一种方案，使得剩下的数字组成的新数最小。例如，输入 $n=178543$，$s=4$，则输出 13。

(19) 用分治法来求解一个数组的最大值和最小值。提示：每次利用递归来求数组的一个小部分的最大值和最小值，递归的结束条件是数组中有两个元素或者一个元素。

(20) 如图 10-18 所示，有两条半径为 1 的圆弧，请用随机法求阴影图形面积，同时请用几何法验证计算结果。

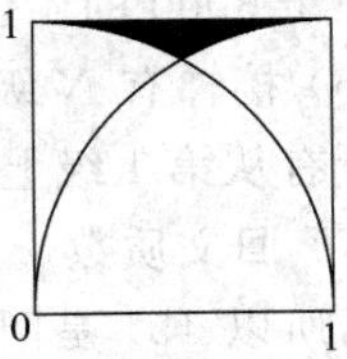

图 10-18 习题 10-1-20

2. 简答题

(1) 简述常用的算法及其特点。

(2) 递归法与递推法的执行效率哪个更高？是否任何递归法程序都能转换为递推法程序？

(3) 为什么说分治法本质上也是一种递归方法？

(4) 贪心法能否保证得到问题的最优解？

(5) 蒙特卡罗方法的基本思想是什么？适用于什么场合？

实 验 篇

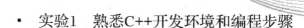

- 实验1 熟悉C++开发环境和编程步骤
- 实验2 数据类型与表达式
- 实验3 条件与开关语句
- 实验4 循环语句
- 实验5 数组
- 实验6 指针与字符串
- 实验7 函数
- 实验8 作用域、生存期、多文件结构
- 实验9 类与对象
- 实验10 继承与派生
- 实验11 运算符重载
- 实验12 多态性
- 实验13 输入输出流
- 实验14 模板

实验指导

1. C++上机实验的重要性

学习"C++程序设计"课程，一要掌握C++的语法，二要学会程序设计的方法。学习语法的目的是为编写合乎规范的程序。要真正学会利用程序设计解决实际问题，光靠"纸上谈兵"是不行的。很多同学有这样的体会，课本里的程序能看懂，但是一合上课本，自己编写就写不出来，即使写出来，也是错误百出。所以，上机实验在本课程中占有举足轻重的地位，一定要重视上机实验环节。从学时分配来说，上机实验的时间应不少于课堂学习的时间，为了弥补上机时间的不足，提倡增加课外上机实验环节。

通过上机实践，可以实现以下3个目标。

(1) 能够加深对课堂讲授的C++知识的理解。C++的很多语法规则枯燥、难记、难理解，比如对于$++i$和$i++$，通过编程能深刻体会它们的区别和用法。

(2) 可以熟悉一种编程环境，掌握相关开发工具的用法。C++语言的标准规范只有一个，但是C++的编程环境是多种多样的，除了常见的微软公司推出的Visual C++ 6.0(简称VC++ 6.0)开发环境以外，还有其他编程环境，比如Code::Blocks、MinGW Developer Studio等。这里之所以选择VC++ 6.0，主要是考虑到它在Windows平台下应用广泛，而且也是全国计算机等级考试用的编程环境。这些编程环境实际上都是将编辑、编译、连接、调试运行集成在一起的，使用非常方便。需要指出的是，由于不同的厂商对C++语言的实现有差别，有些非标准的程序可能在不同的环境下运行结果有差别，或者在一种环境下能编译通过，而在另一种环境下编译出错。为减少这种情况的出现，不要使用C++标准没有规定而依赖于具体的编译系统的规则，比如，"x=a*2+--a;"语句就可能引起不同的解释。

(3) 掌握调试程序的方法和技巧，积累编程经验，提高动手编程的能力。要想成为一名合格的程序员，需要熟悉编译和连接中出现的错误信息的含义，学会用工具调试程序的方法，学会给程序准备合适的测试数据；此外，还要掌握编写多文件结构的程序的方法，培养协作开发大中型程序的能力。

2. 上机实验的准备与安排

为了提高上机实验的效率，在每次实验之前，应该预习与实验相关的教学内容，将实验要求的程序事先准备好，不要等到上机时才动手写程序或者抄袭别人的程序。除了实验任务以外，对于课本中的例题以及作业有疑问的地方，也可以上机运行测试，以巩固所学的知识。

本书安排的实验总共有14个，每个实验根据内容的多少不同，一般安排2～6个学时，教师可根据总的实验学时数进行适当调整。每个实验的内容基本分成如下所述四部分，由浅入深，循序渐进。

(1) 分析程序。通过程序样例掌握C++的基本语法，属于验证型实验阶段。

(2) 完善程序。给出程序的框架和大部分代码，对于一些重点的算法和语句进行补充完善，主要培养学生阅读和理解程序的能力，属于从验证型实验向设计型实验过渡阶段。

(3) 编写程序。通过分析程序和完善程序的锻炼，训练编写和调试基本的程序，属于设计型实验阶段。

(4) 进阶提高。编程题目的难度和综合性进一步提高，属于设计型实验的提高阶段。

4 个部分对学生的要求逐步提高，一般要求完成前三个部分的任务即可，最后的进阶提高主要面向学有余力的学生。

3. 上机步骤与程序调试的方法

上机实验的步骤一般是编写程序、录入编辑、编译、连接、运行。这个过程往往要循环反复，如果在编译、连接、运行的任何一个环节出现错误，都要判断错误原因和错误位置，修改程序后重新编译、连接、运行。编程中常见的错误有语法错误、逻辑错误和运行错误 3 类。

(1) 语法错误：违背了 C++语言的规定，主要是语句的结构或拼写中存在的错误。语法错误又分为两种。第一种是严重的语法错误，在编译时错误信息显示为“error”，无法生成目标代码(.obj 文件)。出现“error”时，必须修改源程序。第二种是轻微的错误，在编译时的错误信息显示为“warning”，例如，变量未初始化就使用，双精度类型数据赋值给 float 型变量，等等。出现“warning”错误时，源程序不修改也能编译通过，并能生成目标文件。但是，程序员应该对这些警告信息高度重视，因为它提示程序存在隐患，得到的运行结果很可能不正确。

(2) 逻辑错误：由于程序员设计的算法有错或编写的程序有错，通知给系统的指令与解题的原意不相同，即出现了逻辑上的混乱。与语法错误相比，逻辑错误难于发现，因为语法错误能够依靠编译系统来自动检查，而逻辑错误主要在运行结果与预期不符时才发现，然后靠程序员的知识和经验，通过测试和调试程序，最终确定错误的原因、位置，然后进行修改。

(3) 运行错误：主要是由于缺少有关数据文件或者输入数据不合乎要求造成的问题，或者数组访问越界、指针使用问题、动态内存管理问题等。

经常遇到的错误是前两种。首先，排除语法错误主要借助于编译器对出错信息的提示，以及程序员的检查分析。但需要指出，编译器提示的出错信息位置未必准确，有可能是前面某个语句的错误导致其后的若干错误，这需要程序调试经验。其次，出现逻辑错误往往不在 C++方面，而是算法存在问题，也就是编程的思路、逻辑出问题了。这时需要耐心检查对问题的理解是否正确、数学模型是否正确、算法是否正确以及程序是否正确地描述了算法。比如，希望判断 x 与 y 是否相等，本来应该写成“if(x==y)”，如果写成“if(x=y)”，那么上述条件就跟预期完全不同了。

对于运行错误，由于编译和连接都通过了，单凭在系统运行时弹出的窗口错误信息难以确定错误的原因和位置。所以，主要靠编程经验查找运行错误。

4. 培养良好的编程风格与习惯

对于初学者来说，培养良好的编程风格与习惯非常重要。必须指出，很多初学者存在一个认识误区，认为只要编写的程序能得到正确的运行结果就万事大吉了。其实，得到正确的结果只是对程序的基本要求。在编写简单的、面向过程的程序时，要树立模块化编程的思想；在编写复杂的、面向对象的程序时，要贯穿封装、继承和多态的思想。一个好的程序，应当在保证结果正确的前提下满足如下要求。

(1) 程序容易阅读理解。在编程初期就要养成良好的编程风格与习惯。例如，给标识符起有意义的名字；每行只写一句；采用锯齿缩进格式书写程序，使得程序结构分明；适当添加注释语句；少用全局变量；多用系统提供的标准函数。总之，不要为了追求代码简短，而使得程序晦涩难懂。

(2) 程序的执行效率高，运行时间短，占用的存储空间少。选择好的算法，是提高程序效率的关键。对于一些经典的问题，我们要把自己编写的程序与经典的程序进行比较，分析二者之间的差别，探究如何进行优化。例如对于数组排序问题，在问题规模较小时，各种算法的效率差不多，但是随着问题规模的增大，算法的性能差距就会很明显，有的好的算法需要运行1分钟，差的算法可能需要几小时。

(3) 容错性强，健壮性高。往往会发生这种情况，尽管编写的程序正确，但是在运行时由于输入数据不合乎要求，而导致运行错误。比如，输入的变量值是0，而它在程序中恰好是作为除数；再比如求三角形面积，输入3条边长为1、2、4。如果程序不能检测和提示这些非法数据，那么这个程序就比较脆弱了。

(4) 可移植性强，可扩展性强。一个调试好的程序移到另一个开发环境中(比如从VC++ 6.0到GCC)能否正确运行？系统要添加功能，程序是否容易修改？

以上4个编程要求，对于初学者来说可能难以全部做到，但是至少应该要求自己做到第一条——编写容易理解的程序。

5. 编写实验报告

写实验报告是上机实验的最后一个环节，它是对本次上机实验的分析与总结。实验报告主要包括实验目的与要求、实验内容与实验步骤、算法与流程图、程序清单、运行结果以及编程过程中遇到的问题与解决方法、心得体会等。

对于实验报告，一定不要敷衍，不能抄袭，尤其要重视写好调试过程和体会部分。每个人在调试程序的过程中遇到的问题不同，解决的方法也不同，通过分析总结，有时便可使自己的某个模糊或者错误的概念得到澄清，某个算法得到优化，某个程序更加高效。总之，写实验报告对于积累编程经验、提高编程能力大有裨益。

实验 1 熟悉C++开发环境和编程步骤

1. 实验目的

(1) 熟悉 VC++ 6.0 编程环境。

(2) 了解 C++编程的步骤、C++程序的基本结构。

2. 实验要求

(1) 掌握在 VC++ 6.0 集成开发环境中编译、连接、调试与运行程序的方法。

(2) 了解 C++源程序的特点。

(3) 掌握一般的 C++程序的组成,学会使用简单的输入输出语句。

3. 实验内容与步骤

关于 VC++ 6.0 编程环境的介绍可参考第 1 章 1.4 节,在此不再赘述。

1) 分析程序

输入并运行以下程序:

```
# include < iostream >                       //A
using namespace std;                         //B
int main()                                   //C
{
    cout <<"我喜欢 C++程序设计!"<< endl;    //D
    return 0;                                //E
}
```

问题:

(1) 将程序中的 A 行或 B 行删除(或者在该语句最前面填加//),观察编译结果。

(2) 将 A 行和 B 行替换为一行"# include < iostream. h >",观察编译结果。

(3) 将程序中的西文分号改为中文分号,编译提示什么错误信息?

(4) 将程序中的西文双引号改为中文双引号,编译提示什么错误信息?

(5) 如果将 C 行的 main 误写成 mian,编译、连接能通过吗?

(6) 如果将 E 行的"return 0;"删除,观察编译结果,有什么警告信息?

2) 完善程序

```
# include <__________>
using ______________
```

```
int main()
{
____________//定义 3 个整型变量 x、y、z
____________// 输入 x、y、z 的值
____________//输出这 3 个数的平均值
return 0;
}
```

3）编写程序

(1) 编写一个程序，在第 1 行输出 10 个数字 0～9，在第 2 行输出 26 个大写英文字母 A～Z。

(2) 编写一个程序，针对你个人的真实情况，在屏幕上显示：

```
我的学号是:________
我的姓名是:________
我的专业是:________
我的年龄是:________
```

(3) 编写一个程序，输出如下图形：

```
   #
  ###
 #####
#######
```

(4) 编写一个程序，在屏幕上提示：从键盘上输入两个整数(被加数 x 和加数 y)，然后计算并输出 $x+y$ 之和。

实验2 数据类型与表达式

1. 实验目的

(1) 掌握 C++语言的数据类型。

(2) 学会使用 C++的有关运算符和表达式。

2. 实验要求

(1) 熟悉基本数据类型变量的表示方法、范围、赋值方法。

(2) 掌握常用运算符的优先级、结合性,特别注意 C++表达式与数学表达式写法的区别。

(3) 理解自增、自减的前置、后置运算的特点。

3. 实验内容与步骤

1) 分析程序

输入以下程序,编译、连接并分析运行结果。程序的功能如下。

(1) 测试一下当前机器上表示的各种数据类型占用的字节数是多少。

(2) 数据运算时,如果超出其表示范围,将发生溢出。

(3) 了解常见的转义字符的作用。

(4) 比较++i 与 i++的相同点与区别。

提醒:在输入程序时,其中的注释部分可以省略。

```
#include <iostream>
using namespace std;
int main()
{
    cout <<"sizeof(short int) = "<< sizeof(short int)<< endl;
    cout <<"sizeof(int) = "<< sizeof(int)<< endl;
    cout <<"sizeof(long int) = "<< sizeof(long int)<< endl;
    cout <<"sizeof(char) = "<< sizeof(char)<< endl;
    cout <<"sizeof(float) = "<< sizeof(float)<< endl;
    cout <<"sizeof(float) = "<< sizeof(double)<< endl;
    short int n = 32767;
    n = n + 3;                              //运算发生溢出
        cout <<"n = "<< n << endl;          //运行结果与你预期的是否相同?
        char c1 = 'a',c2 = 101;
```

```
    cout <<"c1 = "<< c1 <<" c2 = "<< c2 << endl;      //字符变量 c2 输出的是什么?
    cout <<'A'<<'\t'<<'B'<<'\n'<<'C'<<'\x42'<< endl;      //转义字符的输出
    int i,j;
    i = j = 1;
    cout <<"i = "<< ++ i <<" j = "<< j ++ << endl;      //前置、后置运算对结果有什么影响?
    cout <<"i = "<< i <<" j = "<< j << endl;
    return 0;
}
```

运行结果如实验图 2-1 所示。

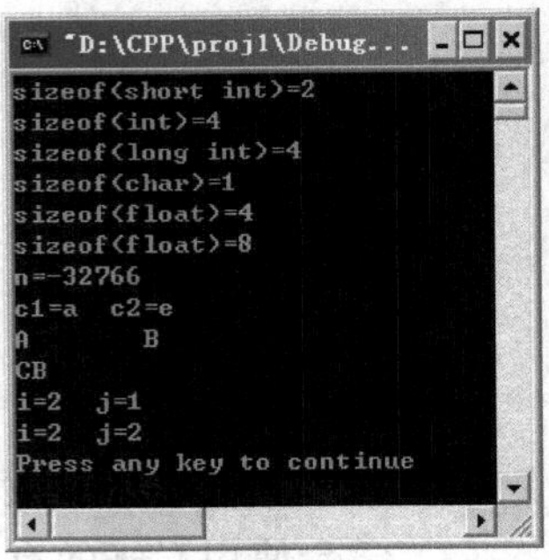

实验图 2-1 运行结果

观察运行结果与预期的是否一致。如果不一致,找出预期错误的原因。

2) 完善程序

按照提示,将程序中的下划线部分补充适当的代码。

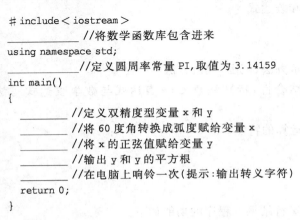

```
#include< iostream >
__________ //将数学函数库包含进来
using namespace std;
__________ //定义圆周率常量 PI,取值为 3.14159
int main()
{
   ________ //定义双精度型变量 x 和 y
   ________ //将 60 度角转换成弧度赋给变量 x
   ________ //将 x 的正弦值赋给变量 y
   ________ //输出 y 和 y 的平方根
   ________ //在电脑上响铃一次(提示:输出转义字符)
   return 0;
}
```

3) 编写程序

(1) 编写程序,输入两个整数,输出它们的商和余数。

(2) 设计一个程序,从键盘输入一个圆的半径值,求其周长和面积。

(3) 编写一个程序,功能是将输入的华氏温度转换成摄氏温度并输出。

温度转换的数学公式为:

$$C = \frac{5}{9}(F - 32)$$

问题:在 C++ 中,上述公式是否可以写成 $C=5/9(F-32)$? 为什么?

当输入 $F=104$,验证一下运行结果是否为 $C=40$。

(4) 编写程序,输入一个球的半径 r,输出其表面积和体积。

提示:球的表面积 $= 4\pi r^2$

　　　球的体积 $=4/3\pi r^3$

(5) 编写程序,从键盘输入一个小写字母,将它转换成大写字母输出。

4) 进阶提高

(1) 编写程序,从键盘输入一个 3 位正整数,将其逆序输出。例如,输入 123,输出 321。

(2) 输入两个整数 a、b,实现两个数的交换(不借助其他变量)。

实验3 循环语句

1. 实验目的

(1) 掌握 while、do…while、for 这 3 种语句的用法。
(2) 掌握循环结构程序设计的方法。

2. 实验要求

(1) 掌握 3 种循环语句的特点、用法。
(2) 掌握嵌套的循环程序设计。
(3) 熟悉 break、continue 的区别与用法。
(4) 掌握枚举法、迭代法、递推法等算法的设计方法。

3. 实验内容与步骤

1) 分析程序

(1)“百钱百鸡”问题。“今有鸡翁一,值钱伍;鸡母一,值钱三;鸡雏三,值钱一。百钱买鸡百只,问鸡翁、鸡母、鸡雏各几何?”

解:该问题可以用“枚举法”解决,就是列举出各个变量的可能取值,然后判断它们是否能构成一组解。

分析:假设用 x、y 和 z 分别表示鸡翁、鸡母、鸡雏,每种至少有一只,则有以下关系:

$$x + y + z = 100$$
$$5x + 3y + z / 3 = 100$$

程序如下:

```
#include <iostream>
using namespace std;
int main()
{
    int x,y,z;
    cout <<"鸡翁"<<'\t'<<"鸡母"<<'\t'<<"鸡雏"<< endl;
    for( x = 1; x <= 100; x++ )
        for(y = 1; y <= 100;y++ )
            for(z = 1;z <= 100;z++ )
            if( x * 5 + y * 3 + z/3 == 100 && x + y + z == 100 && z % 3 == 0)  //z % 3 == 0 什么作用?
                    cout << x <<'\t'<< y <<'\t'<< z << endl;
    return 0;
}
```

运行结果如实验图 3-1 所示。

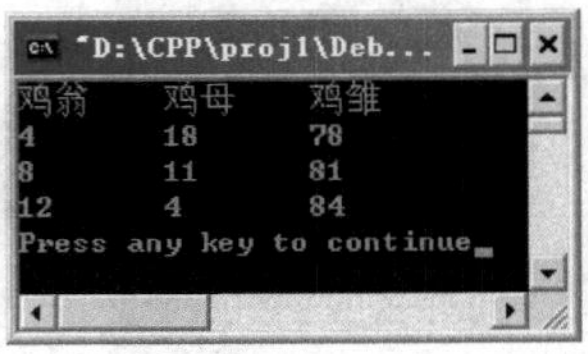

实验图 3-1 运行结果

思考：如果将程序中 if 语句改为“if(x * 5＋y * 3＋z/3== 100 && x＋y＋z==100)”，那么运行结果会有什么变化？为什么？

对于上面的程序，可以进行优化。根据题意，可缩小 x、y、z 的范围，从而减少循环次数。首先，100 元买公鸡不超过 20 只，母鸡不超过 33 只；其次，最内层的循环可以取消，也就是说，公鸡、母鸡数量确定了，小鸡个数也就确定了。这样，循环次数从 100^3 大幅度减少到 19×32 次。

对于一般的“枚举法”求解问题，我们不要盲目地“枚举”，而应该根据题意，尽量减少它们的取值范围。这对于多重循环来说，能显著提高程序的执行效率。

```
//改进的程序
#include <iostream>
using namespace std;
int main()
{
    int x,y,z;
    cout<<"鸡翁"<<'\t'<<"鸡母"<<'\t'<<"鸡雏"<<endl;
    for( x = 1; x < 20; x++ )
        for(y = 1; y < 33;y++ )
        {     z  =  100 - x - y;
              if( x * 5 + y * 3 + z/3 == 100 && z % 3 == 0 )
                   cout << x <<'\t'<< y <<'\t'<< z << endl;
        }
return 0;
}
```

(2) 从键盘输入任意多个整数(－999 为结束标志)，计算其中的正数之和。

分析：采用跳转语句 break 和 continue 实现。break 在循环体中用于退出本层循环；continue 用于结束本次循环。

程序如下：

```
#include <iostream>
using namespace std;
int main()
{
int x,s = 0;
while(1)
{
    cin>> x;
    if (x == - 999) break;                    //A
    if (x < 0) continue;                      //B
    s = s + x;
}
cout <<"s = "<< s << endl;
return 0;
}
```

思考：交换 A 行和 B 行的位置，观察程序运行结果如何。

2）完善程序

下面程序的功能是输出水仙花数，请完善程序。

```
#include <iostream>
using namespace std;
int main()
{    int a0,a1,a2,b;                      //b是一个3位数,a0、a1、a2分别代表个位、十位、百位数
     for(b = 100;b <= 999;b ++ )
     {    a2 = ______;
          a1 = ______;
          a0 = ______;
          if(__________ == b)
               cout << b << endl;
     }
     return 0;
}
```

3）编写程序

（1）编程输出 Fibonacci 数列的前 40 个数。

说明：Fibonacci 数依次为 1、1、2、3、5、8……，其规律为：

$F_1=1$　　　　$(n=1)$

$F_2=1$　　　　$(n=2)$

$F_n=F_{n-1}+F_{n-2}$　　　　$(n\geqslant 3)$

（2）输入一行字符，分别统计出其中的英文字母、空格、数字以及其他字符的个数。

（3）编写程序，根据公式 $e=1+1/1!+1/2!+1/3!+\cdots+1/n!$ 计算 e 的近似值，直到最后一项小于 10^{-5} 为止。

（4）求出 100～200 之间的所有素数，输出时一行打印 5 个素数。

（5）求出 1～599 中能被 3 整除且至少有一位数字为 5 的所有整数，例如，15、51、513 均是满足条件的整数。

（6）根据公式 $\sin(x)=x-x^3/3!+x^5/5!-x^7/7!+\cdots$ 编写程序，输出 $\sin x$ 值。假设计算精确到第 n 项，$n=10$，输入 $x=2.5$，运行结果为 0.598472。

4）进阶提高

（1）编程，输入一个整数，输出该整数各位数之和。例如，输入 1234，输出 10。

（2）编程，输入两个正整数，输出它们的最大公约数。提示：采用辗转相除法，用循环语句实现。例如，输入 15 和 6，15 除以 6 商余数是 3，然后，刚才的除数现在变为被除数，刚才的余数现在变成除数，6 除以 3 余数是 0，循环到此结束，此时的除数 3 就是它们的最大公约数。

（3）编程打印一个如实验图 3-2 所示的数字金字塔。

```
        1
       1 2 1
      1 2 3 2 1
     1 2 3 4 3 2 1
      … … … …
1 2 3 4 5 6 7 8 9 8 7 6 5 4 3 2 1
```

实验图 3-2　数字金字塔

实验4

条件与开关语句

1. 实验目的

(1) 掌握条件与开关语句的用法。

(2) 学会使用选择结构解决一般的实际问题。

2. 实验要求

(1) 熟悉 if 语句、switch 语句的特点和用法。

(2) 掌握逻辑表达式的用法。

3. 实验内容与步骤

1) 分析程序

以下程序的功能是将输入的百分制成绩转换成 5 分制成绩并输出，分别使用 if 语句和 switch 语句来实现。

(1) 采用 if 语句，程序如下：

```
#include <iostream>
using namespace std;
int main()
{
    int x;
    cout<<"请输入考试成绩：";
    cin>>x;
    if(x>=90)
        cout<<"优秀"<<endl;
    else if(x>=80)
        cout<<"良好"<<endl;
    else if(x>=70)
        cout<<"中等"<<endl;
    else if(x>=60)
        cout<<"合格"<<endl;
    else
        cout<<"不及格"<<endl;
    return 0;
}
```

(2) 采用 switch 语句，程序如下：

```
#include <iostream>
using namespace std;
int main()
{
    int x;
    cout <<"请输入考试成绩：";
    cin >> x;
    switch(x/10)
    {     case 10:
          case 9:
                cout <<"优秀"<< endl;
                break;
          case 8:
                cout <<"良好"<< endl;
                break;
          case 7:
                cout <<"中等"<< endl;
                break;
          case 6:
                cout <<"合格"<< endl;
                break;
          default:
                cout <<"不及格"<< endl;
    }
    return 0;
}
```

思考：

① 第 1 个程序中能否调整各个 else if 语句的前后顺序？

② 第 2 个程序中，switch 语句中的 x 为什么要除以 10？

③ 对于第 2 个程序，如果输入成绩为 110，运行结果怎样？程序应如何改进？

2) 完善程序

某商场购物打折促销。规则如下：

(1) 若每位顾客一次购物满 1000 元，打九八折。

(2) 若每位顾客一次购物满 2000 元，打九五折。

(3) 若每位顾客一次购物满 3000 元，打九折。

(4) 若每位顾客一次购物满 4000 元，打八八折。

(5) 若每位顾客一次购物 5000 元及以上，打八五折。

程序功能是输入购物款后输出实收款。请按照题意，将如下程序中下划线部分替换成适当的代码。

```
#include <iostream>
using namespace std;
int main()
```

```
{
 double y,s;                                        //y是应收的购物款,s是实际收的购物款
 cout<<"输入应收的购物款：";
 cin>>____;
 if(y<1000)
     ______;
 else if (y<2000)
     ______;
 else if(y<3000)
     ______;
 else if(y<4000)
     ______;
 else if(y<5000)
     ______;
 else
     ______;
 cout<<"实收款："<<______<<endl;
 return 0;
}
```

3）编写程序

(1) 有下列分段函数：

$$y=\begin{cases}x+1 & x<0\\ x^2-5 & 0\leqslant x<10\\ x^3 & x\geqslant 10\end{cases}$$

编写程序，输入 x，输出 y 的值。

(2) 从键盘上输入 3 个数，判断能否构成三角形的三条边，并输出判别结果。

(3) 编写程序，输入一个整数（在 0～6 之间，其他数字则提示输入非法数据），则输出它对应的星期几的英文名称，例如，0 对应 Sunday，1 对应 Monday……

4）进阶提高

(1) 编写一个求解一元二次方程的程序。方程：$ax^2+bx+c=0$，根据输入的 a、b、c 的值，输出该方程的解。具体可分为以下四种情形。

① 不是一元二次方程。

② 有两个不相等的实根。

③ 有两个相等的实根。

④ 无实根。

(2) 输入年份、月份、日期，输出该日期是该年份的第几天。

例如，假设输入的年份、月份、日期分别为 2012、5、1，则输出 122。

实验5

数组

1. 实验目的

(1) 掌握一维数组、二维数组的用法。
(2) 学会使用数组进行程序设计。

2. 实验要求

(1) 掌握数组的定义以及数组元素引用的方法。
(2) 掌握使用数组的一些常见算法,例如查找、排序、矩阵运算等。

3. 实验内容与步骤

1) 分析程序

有 n 个整数存放于一维数组中,要求对它们按照从小到大的顺序排序,并输出。

分析:将第一个数与其后面的数逐个进行比较,发现小者进行交换,完成后最小的数就放到了第一个的位置;原数组的第二个数与其后面的数逐个进行比较,发现小者进行交换,完成后次小的数就放到了第二个的位置;如此循环,直到原数组的第 $n-1$ 个数与第 n 个数进行比较,发现小者进行交换。这种排序方法称为冒泡排序,之所以叫这个名字,是因为每趟比较和交换之后,最小的元素像气泡一样"漂浮"到上面。

程序如下:

```
#include <iostream>
using namespace std;
const int N = 10;                          //数组大小要在编译时确定,不能是变量
int main()
{
    int a[N] = {3,6,4,2,8,7,5,1,9,0}; //不妨设有 10 个整数
    int i,j,t;
    for(i = 0;i < N - 1;i ++ )             //外层循环中,最后处理的是数组中倒数第 2 个元素
    {
        for(j = i + 1;j < N;j ++ )         //内层循环中,最后处理的是数组中倒数第 1 个元素
        {
            if(a[j]< a[i])                 //若发现有比 a[i]更小的元素 a[j],则交换 a[i]和 a[j]
            {
                t = a[i];
                a[i] = a[j];
```

```
                    a[j] = t;
                }
            }
        }
        cout <<"排序结果为: "<< endl;
        for(i = 0;i < N;i ++ )
            cout <<"a["<< i + 1 <<"] = "<< a[i]<< endl;      //为了与习惯一致,将数组下标加 1
        return 0;
    }
```

思考：最坏的情况下，对 N 个元素冒泡排序要交换多少次？

提示：考虑初始数据的排列呈现什么规律时，每次比较都要进行交换。

运行结果如实验图 5-1 所示。

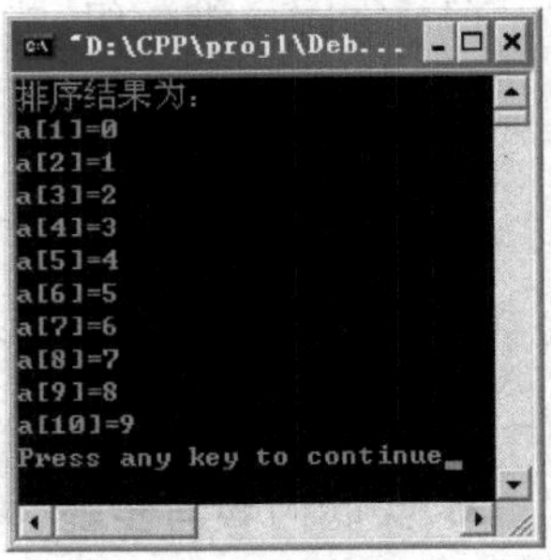

实验图 5-1 运行结果

2) 完善程序

(1) 以下程序实现矩阵转置。所谓矩阵转置，就是将原来的矩阵的第 i 行转换为新矩阵的第 i 列。假设矩阵 $\boldsymbol{a}$ 为 3 行 4 列，$\boldsymbol{a}$ 转置为矩阵 $\boldsymbol{b}$，则 $\boldsymbol{b}$ 为 4 行 3 列。请根据题意和注释，在下划线处填写适当的代码。

```
#include < iostream >
using namespace std;
const int M = 3,N = 4;
int main()
{
    int a[M][N] = {{1,3,5,7},{2,4,6,8},{11,22,33,44}};   //矩阵 a 为 M 行 N 列,并初始化
    int b[N][M];                                          //矩阵 a 的转置矩阵 b 为 N 行 M 列
    int i,j;
    for(i = 0;i < M;i ++ )
        for(j = 0;j < N;j ++ )
            ________;                  //求矩阵 a 的转置 b
    cout <<"矩阵 a:"<< endl;
    for(________)
    {
        for(________)
            cout << a[i][j]<<'\t';     //输出矩阵 a
        cout << endl;
    }
    cout <<"矩阵 b:"<< endl;
    for(________)
    {
        for(________)
            cout << b[i][j]<<'\t';     //输出矩阵 b
        cout << endl;
    }
    return 0;
}
```

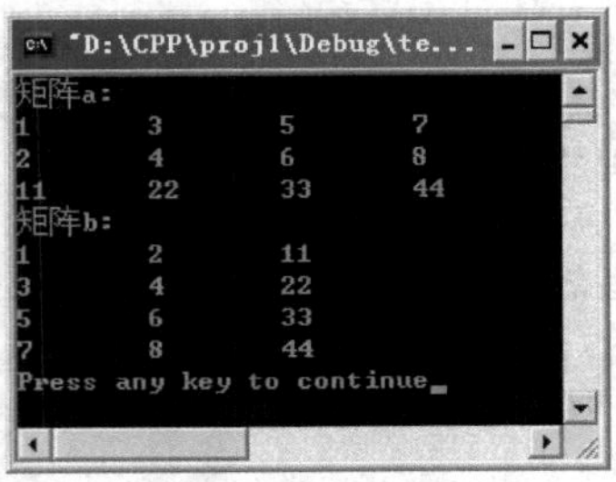

实验图 5-2 运行结果

运行结果如实验图 5-2 所示。

(2) 找出一个矩阵(二维数组)中的一个鞍点,即在该位置上的元素在该行最大,而在该列最小(也可能该矩阵没有鞍点)。根据题意要求完善如下程序。

```
#include <iostream>
using namespace std;
int main()
{
    int a[4][4] = {{9,6,14,11},{15,5,13,8},{12,7,16,10},{2,4,3,1}};
    int i,j,k,col,saddle,max,flag = 0;
    for(i = 0;i < 4;i ++ )
    {
        max = a[i][0];                //先假设每行的最大元素是该行的首个元素
        col = 0;
        for(j = 0;j < 4;j ++ )
            if(________)              //寻找第 i 行的最大值
            {
                max = a[i][j];
                col = j;              //记下第 i 行中最大值所在的列
            }
        for(k = 0;k < 4;k ++ )        //在第 i 行的最大值所在列中找最小值
            if(________)              //如果 max 不是该列中的最小值
                max = a[k][col];      //用本列中更小的值替换 max
        if(________)                  //如果第 i 行的最大值等于目前的 max
        {
            flag = 1;                 //将 flag 置 1,表示找到鞍点
            saddle = max;             //saddle 存放鞍点值
            break;                    //退出循环
        }
    }
    if(________)                      //如果找到鞍点
        cout <<"鞍点"<< saddle <<" 位于第"<< i + 1 <<"行,第"<< col + 1 <<"列"<< endl;
    else
        cout <<"无鞍点!"<< endl;
    return 0;
}
```

3) 编写程序

(1) 定义二维数组 a[3][5],从键盘上输入各元素值,编程找出其中的最大值、最小值及其对应的行、列位置。

(2) 从键盘上输入 5 个整数存放到一维数组中,然后按照逆序重新存放。例如,原来输入 8、15、23、10、2,那么现在数组中存放的元素依次为 2、10、23、15、8。

(3) 假设有数组定义:

int a[10]={23,14,45,26,90,85,67,48,62,65};

从键盘上输入一个数 x,判断如果能在数组中找到 x,则输出“找到”、下标位置,否则输出“未找到!”。

(4) 设 $\boldsymbol{A}$、$\boldsymbol{B}$、$\boldsymbol{C}$ 均为 m 行 n 列矩阵。设计矩阵加法程序,能完成 $\boldsymbol{C}=\boldsymbol{A}+\boldsymbol{B}$ 的操作。m 与 n 用 const 定义为常量,其值自定义。

4) 进阶提高

(1) 某班有 5 个学生,每个学生有 3 门课程——“高等数学”、“大学语文”、“英语”。编

写程序，完成以下功能。

① 将考试成绩输入一个二维数组。

② 求每门课的平均成绩、每门课的不及格学生的人数及每门课的最高分。

③ 求每个学生的平均成绩、不及格门数。

(2) 应用二维数组打印如实验图 5-3 所示的杨辉三角形。

```
1
1  1
1  2  1
1  3  3  1
1  4  6  4  1
```

实验图 5-3 杨辉三角形

实验6 指针与字符串

1. 实验目的

(1) 掌握指针的概念和用法。
(2) 掌握指针与数组、字符串的关系。
(3) 掌握C风格的字符串和string类的字符串两种字符串处理方法。
(4) 了解动态内存空间的概念。

2. 实验要求

(1) 掌握指针的定义与使用。
(2) 掌握指针与数组、字符串的关系。
(3) 理解字符数组与字符指针的区别以及字符串结束符'\0'的含义。
(4) 掌握申请与释放内存的操作——new、delete。

3. 实验内容与步骤

1) 分析程序

(1) 输入下面的程序,分析运行结果,体会指针的概念、操作以及指针与数组的关系。

```
#include <iostream>
using namespace std;
int main()
{
    int a[4] = {60,75,90,95};
    int *p, *q;
    p = &a[0];                        //p指向a[0]
    q = a;                            //q指向a的首元素,即a[0]
    cout <<"&p = "<< &p <<" p = "<< p <<" *p = "<< *p << endl;
    p = p + 2;                        //p指向元素a[2]
    cout <<"&p = "<< &p <<" p = "<< p <<" *p = "<< *p << endl;
    p--;                              //p指向元素a[1]
    *p = 88;                          //通过指针p间接修改a[1]的值
    cout <<"&p = "<< &p <<" p = "<< p <<" *p = "<< *p <<" a[1] = "<< a[1]<< endl;
    cout <<"p - q = "<< p - q <<" *p - *q = "<< *p - *q << endl;
    return 0;
}
```

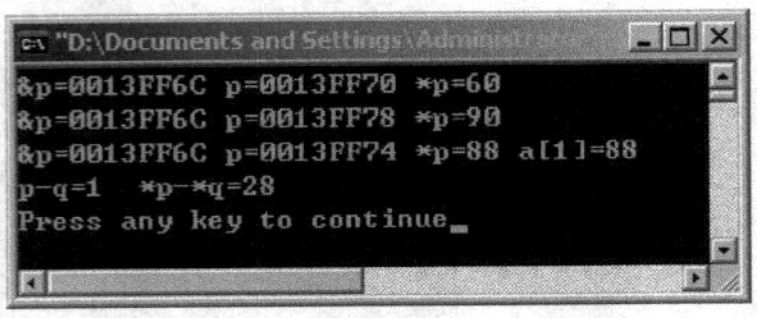

实验图 6-1 运行结果

运行结果如实验图 6-1 所示。

说明：运行结果中输出的有关地址在每个系统中不一定相同，但指针移动的偏移量是一样的。

(2) 编写程序，实现字符串的连接。

① 方法一：用 C 风格的字符串，程序如下：

```
#include <iostream>
using namespace std;
int main()
{
    char s1[200],s2[100];
    cout <<"输入第一个字符串: ";
    cin.getline( s1,100);                //为了支持输入的字符串含有空格,不用 cin >> s1;语句
    cout <<"输入第二个字符串: ";
    cin.getline( s2,100);
    char * p1 = s1, * p2 = s2;
    while( * p1! = '\0')
        p1 ++ ;
    while( * p2! = '\0')                //A
    {     * p1 = * p2;                  //B
          p1 ++ ;                       //C
          p2 ++ ;                       //D
    }                                   //E
     * p1 = '\0';                       //F
    cout <<"拼接后的字符串: "<< s1 << endl;
    return 0;
}
```

实验图 6-2 运行结果

运行结果如实验图 6-2 所示。

试一试：将以上程序中的 A～F 语句用一句"while (* p1++= * p2++);"来替换，效果相同，且更精练。

② 方法二：用 C++风格的字符串——string 类，程序如下：

```
#include <iostream>
#include <string>
using namespace std;
int main()
{
    string s1,s2;
    cout <<"输入第一个字符串: ";
    getline(cin,s1);
    cout <<"输入第二个字符串: ";
    getline(cin,s2);
    cout <<"拼接后的字符串: "<< s1 + s2 << endl;
return 0;
}
```

注意：由于 VC++ 6.0 自身的原因，以上程序中的 getline(cin,s1)语句在 VC++ 6.0 环境下运行有问题，而在其他环境下(比如 GCC)，运行结果与方法一相同。

(3) 创建动态数组。一般地，在 C++ 中，数组在定义时就要确定其中有多少个元素。为了能在运行时根据需要来确定数组的大小，可以利用 new 运算符动态申请空间，从而创建动态数组。程序如下：

```
#include <iostream>
using namespace std;
int main()
{
        int n;
        cout <<"输入数组的元素个数: ";
        cin >> n;
        int *p = new int[n];            //动态申请存储空间
        cout <<"\n 输入数组元素:"<< endl;
        for(int i = 0;i < n;i ++ )
        {     cout <<"第"<< i <<"个元素: ";
              cin >> p[i];
        }
        cout <<"p[0] = "<< p[0]<< endl;
        delete [] p;                     //释放申请到的空间
        cout <<"delete 之后,p[0] = "<< p[0]<< endl;      //这时的 p[0]无定义
        return 0;
}
```

2) 完善程序

以下程序的功能是将一个十进制整数转换为其他进制。请根据题意和注释，在下划线处填写适当的代码。

编程思路：首先采用“除 r 取余”的方法将十进制整数 n 转换成 r 进制整数，存放到字符数组 s 中，不过这样得到的字符串序列与实际顺序正好相反；然后需要将该字符串的顺序再颠倒过来，方法是对左右两边的字符进行交换。

```
#include <iostream>
using namespace std;
int main()
{
    char s[200];                        //字符数组 s 存放转换前和转换后的字符串
    int n,r;                            //n 转换成 r
    cout <<"请输入要转换的十进制整数: ";
    cin >> n;                           //输入要转换的十进制整数 n
    cout <<"希望将以上数据转换成几进制数?";
    cin >> r;                           //希望转换成 r 进制整数
    int i = 0,t;
    while(n! = 0)                       //转换的方法: 不断地除以 r 取余数,直到商为零
    {
        t = n % r;                      //t 保存余数
        if(t >= 10)                     //余数有可能大于 10(比如十六进制)
            s[i ++ ] = ________;        //大于 10 的数字要转换成字符 A～F
        else
            s[i ++ ] = ________;        //其余的数字 0～9 转换成字符'0'～'9'
        n = n/r;                        //用商作为新的被除数,准备下次的取余转换
```

```
    }
    s[i] = '\0';                     //在末尾加上字符串结束标识符
    //以下程序通过字符交换,将字符数组 s 存放的字符顺序颠倒过来
    char * p = s, * q = s + strlen(s) - 1;  //指针 p 和 q 分别指向左右两端的要交换的字符
    while(________)
    {
        char c = * p;
        * p = * q;
        * q = c;
        p ++ ;
        q -- ;
    }
    cout << s << endl;
    return 0;
}
```

实验图 6-3　运行结果

运行结果如实验图 6-3 所示。

3) 编写程序

(1) 编程,用字符指针统计字符串长度,并输出该字符串。

(2) 编程,从键盘上输入一串字符(不包含汉字),判断该字符串是否为回文(即正反读都一样,比如 AMDMA)。如果是回文,则输出 Yes,否则输出 No。

思考: 如果字符串全部是汉字,怎样判断是否为回文? 比如,"前门大碗茶,茶碗大门前"是汉字回文,但是以上程序对汉字不适用。

4) 进阶提高

(1) 从键盘上输入两个字符串 s1 和 s2(s1 的长度比 s2 的长度大),判断 s2 是否是 s1 的子串(即在 s1 中能找到 s2)。如果是,则输出总共出现多少次; 如果不是,则输出 0。

(2) 先从键盘上输入 int 型变量 N,然后输入 N 个 double 型数据,将它们存放在通过 new 运算符申请到的动态数组中,最后通过指针再将它们按照与输入时相反的顺序输出。

实验 7 函数

1. 实验目的

(1) 掌握函数的概念和用法。

(2) 学会用函数进行程序设计,理解模块化编程的思想。

2. 实验要求

(1) 掌握函数的定义和调用方法。熟悉常见的数学函数、字符串处理函数的用法。

(2) 掌握参数传递的原理、值传递和引用传递的用法以及引用与指针作为函数参数的区别。

(3) 了解函数的嵌套调用、递归函数。

(4) 了解重载函数、带默认值的形参的概念。

3. 实验内容与步骤

1) 分析程序

(1) 编写程序,求两个自然数 m 和 n 的最大公约数和最小公倍数。最小公倍数 $=m\times n/$最大公约数。

分析:最大公约数就是能同时整除 m 和 n 的最大正整数,可用辗转相除法求两个数(m、n)相除的余数 $r(r=m\%n)$,当余数不为零时,m 取 n 的值,n 取 r 的值;再求两个数相除的余数,反复进行。直到余数为 0,此时的除数 n 就是最大公约数。

程序如下:

```
#include <iostream>
using namespace std;
int gcd(int x, int y);                    //函数声明
int main()
{
    int a,b;
    cout<<"请输入两个整数:";
    cin>>a>>b;
    int g = gcd(a,b);
    cout<<"这两个整数的最大公约数是:"<<g<<endl;
    cout<<"这两个整数的最小公倍数是:"<<(a*b/g)<<endl;
    return 0;
}
int gcd(int x, int y)                     //用非递归方法求最大公约数
```

```
{
    int t;
    while(y! = 0)
    {
        t = x % y;
        x = y;
        y = t;
    }
    return x;
}
```

思考：当输入 9 和 24 时，观察运行结果。

本题中，函数 gcd 也可以用递归函数实现，可使程序显得更简练，从执行效率来说，还是非递归方法执行效率更高。递归函数实现函数 gcd 的程序如下：

```
int gcd(int x, int y)
{    if(x % y == 0) return y;
     return gcd(y,x % y);
}
```

(2) 以下程序中，函数 swap 的功能是交换两个变量的值，分别使用 3 种形式的参数传递方式，观察程序运行结果，分析不同的参数传递方式对运行结果的影响。

① 方式一：值传递。

```
#include <iostream>
using namespace std;
void swap(int a, int b);
int main()
{
    int x(5), y(10);
    cout <<"交换前: x = "<< x <<", y = "<< y << endl;
    swap(x,y);
    cout <<"交换后: x = "<< x <<", y = "<< y << endl;
    return 0;
}
void swap(int a, int b)                    //参数传递方式: 传值
{
    int t;
    t = a;
    a = b;
    b = t;
}
```

运行结果如实验图 7-1 所示。

② 方式二：引用传递。

```
#include <iostream>
using namespace std;
void swap(int &a, int &b);
int main()
{
```

实验图 7-1　运行结果

```
    int x(5), y(10);
    cout <<"交换前: x = "<< x <<",y = "<< y << endl;
    swap(x,y);
    cout <<"交换后: x = "<< x <<",y = "<< y << endl;
    return 0;
}
void swap(int &a, int &b)                    //参数传递方式: 引用
{
    int t;
    t = a;
    a = b;
    b = t;
}
```

运行结果如实验图 7-2 所示。

③ 方式三：指针作为函数参数。

```
#include < iostream >
using namespace std;
void swap(int * p1, int * p2);
int main()
{
    int x(5), y(10);
    cout <<"交换前: x = "<< x <<",y = "<< y << endl;
    swap(&x,&y);                             //注意: 这里要用实参的地址!
    cout <<"交换后: x = "<< x <<",y = "<< y << endl;
    return 0;
}
void swap(int * p1, int * p2)                //参数传递方式: 指针
{
    int t;
    t = * p1;                                //注意: 交换的是 * p1 和 * p2,而不是 p1 和 p2
    * p1 = * p2;
    * p2 = t;
}
```

运行结果如实验图 7-3 所示。

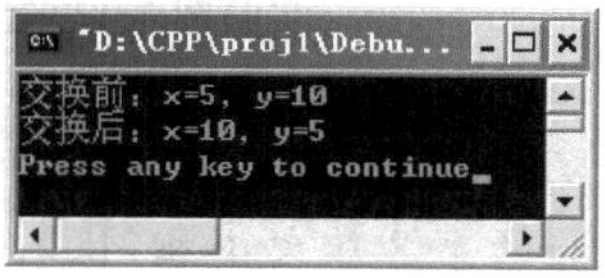

实验图 7-2　运行结果

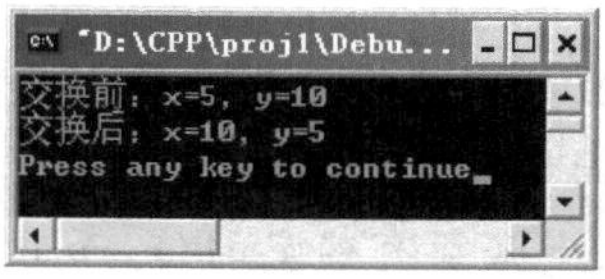

实验图 7-3　运行结果

思考：

① 比较这 3 种参数传递方式，你有什么结论？哪种参数传递方式能最终实现变量交换？

② 哪种参数传递方式既能实现变量交换，又使用简便？

③ 哪种参数传递方式的实参不允许是常量或表达式？

(3) 矩阵加法。体会数组名作为函数参数的用法。

```
#include<iostream>
using namespace std;
const int M=3,N=4;
void print(int x[][N])                     //函数 print 用于输出一个矩阵
{
    for(int i=0;i<M;i++)
    {
        for(int j=0;j<N;j++)
            cout<<x[i][j]<<'\t';
        cout<<endl;
    }
}
void matrix_add(int a[][N],int b[][N],int c[][N])     //函数 matrix_add 用于矩阵相加
{
    for(int i=0;i<M;i++)
        for(int j=0;j<N;j++)
            c[i][j]=a[i][j]+b[i][j];
}
int main()
{
    int a[M][N] = {{1,2,3,4},{5,6,7,8},{9,10,11,12}};
    int b[M][N] = {{10,20,30,40},{50,60,70,80},{100,200,300,400}};
    int c[M][N] ={0};
matrix_add(a,b,c);
cout<<"矩阵 a:"<<endl;
print(a);
cout<<"\n 矩阵 b:"<<endl;
print(b);
cout<<"\n 矩阵 a+b:"<<endl;
print(c);
return 0;
}
```

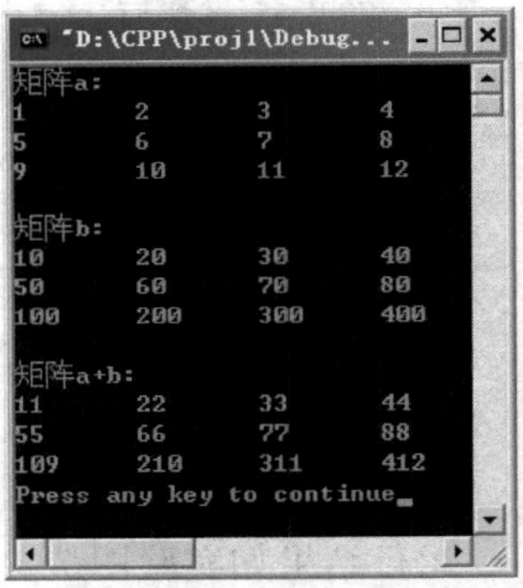

实验图 7-4　运行结果

运行结果如实验图 7-4 所示。

注意:

① 数组名可以作为函数的形参或实参,传递的是数组的起始地址,而不是整个数组的元素。如果二维数组作为函数形参,其第 1 维大小可省略,但是第 2 维大小必须有确定的值,而且要与对应的实参数组的第 2 维大小相同。例如,本例中数组名 a 作为形参可以写成“int a[3][4];”或者“int [][4];”,但是不能写成“int a[][];”或者“int a[3][];”。

② 由于指针和数组有时可以混用,因此,在函数定义和调用时,可能有以下 4 种组合。

形参:	数组	数组	指针	指针
实参:	数组	指针	数组	指针

(4) 编写一个函数，用于求一维数组中的最大值及其位置序号。

假设函数原型为：

```
int find_max(int a[], int n, int pos);
```

其中，函数返回值为数组中的最大元素，3 个参数分别是数组 a、数组 a 的长度、最大元素的下标。

程序如下：

```
#include <iostream>
using namespace std;
int find_max(int x[],int n,int &pos)
{
    int t = x[0];
    pos = 0;
    for(int i = 0;i < n;i ++ )
        if(x[i]> t)
        {
            t = x[i];
            pos = i;
        }
    return t;
}
int main()
{
    int a[10] = {49,74,36,45,28,88,55,50,75,66};
    int max,pos;
    max = find_max(a,10,pos);
    cout <<"最大整数是: "<< max << endl;
    cout <<"它是数组的第"<< pos + 1 <<"个数"<< endl;      //按照习惯,计数从 1 开始
    return 0;
}
```

思考：

① 函数 find_max 的第 3 个形参描述为 int &pos，能否去掉“&”？

② 函数 find_max 的第 2 个形参是 int n，传递数组长度，有人想省略此参数，而是在函数中通过 sizeof 计算出数组长度，修改的代码如下，是否可行？

```
#include <iostream>
using namespace std;
int find_max(int x[],int &pos)
{
    int t = x[0];
    pos = 0;
    for(int i = 0;i < sizeof(x);i ++ )
        if(x[i]> t)
        {
            t = x[i];
            pos = i;
        }
```

```
    return t;
}
int main()
{
        int a[10] = {49,74,36,45,28,88,55,50,75,66};
    int max,pos;
    max = find_max(a,pos);
    cout <<"最大整数是: "<< max << endl;
    cout <<"它是数组的第"<< pos + 1 <<"个数"<< endl;
    return 0;
}
```

2）完善程序

(1) 已知 $f(x)=e^x+\sin x-3$,用牛顿迭代法求解方程 $f(x)=0$ 的一个实根。其中,x 的初始值为 0,要求精确到 10^{-5},即 $|f(x)|<10^{-5}$ 时迭代结束。迭代公式为 $x_1=x_0-f(x_0)/f'(x_0)$,其中 $f'(x)$表示 $f(x)$的导数。

根据题意,完善程序,并查看运行结果(答案: $x=0.819443$)。

```
#include< iostream >
#include< cmath >                          //程序中,e^x、sin x、绝对值的计算都需要用此函数库
using namespace std;
float f(float x)
{     float y;
      y = ________;
      return y;
}
float df(float x)                          //df 是函数 f(x)的导数
{     float y;
      y = ________;
      return y;
}
int main()
{
    float x1,x0;
    x1 = 0;
    do
    {    x0 = x1;
         x1 = ________;
    }while(________);
    cout <<"x = "<< x1 << endl;
    return 0;
}
```

(2) 假设一维整型数组 a 已经按照从小到大排好顺序,现在要查找整数 x 是否在该数组中,如果找到,则返回该元素的下标,否则返回－1。

分析:如果该数组是无序的,必须从头到尾依次查找。现在既然数组是有序的,就要充分利用这个条件,避免盲目查找。假设数组中间的那个元素的下标是 mid,那么只要进行如下判断处理即可。

① 如果 x 与 a[mid]相等,则找到 x,查找成功,返回 mid。

② 如果 x<a[mid],则只要在左半部分(起初是 a[0]~a[mid-1])查找。

③ 如果 x>a[mid],则只要在右半部分(起初是 a[mid+1]~a[n-1])查找。

可见,执行第②、③步骤可以节省一半时间,所以这种查找称为折半查找或者二分查找。对于②、③两个步骤又可以继续分别完成这 3 个步骤,也就是所谓的"递归调用"。每次递归,需要相应地修改 mid 值以及查找的左右边界范围。

请完善程序,并调试运行。

```
#include <iostream>
using namespace std;
int find(int a[],int left,int right,int x)
{
    int mid;
    if(left <= right)
    {
        mid = ________;                    //mid 是 left 和 right 中间的数
        if(a[mid] == x)
            return mid;                    //找到
        else if(x < a[mid])
            return find(________);         //继续在左半边找
        else
            return find(________);         //继续在右半边找
    }
    return -1;                             //未找到
}
int main()
{
    int a[10] = {5,8,16,20,37,43,56,69,78,85};
    int x;
    cout <<"请输入要查找的整数: ";
    cin >> x;
    int i = find(________);                //调用 find 函数
    if(i == -1)
        cout <<"未找到!"<< endl;
    else
        cout <<"查找成功!该元素的下标是: "<< i << endl;
    return 0;
}
```

3) 编写程序

(1) 编写一个计算阶乘的函数,在 main 函数中输入 m 和 $n(n>m)$,求 C_n^m 的值。

其中:

$$C_n^m = \frac{n!}{m!(n-m)!}$$

(2) 采用重载函数,分别计算圆、矩形、梯形和三角形的面积,要求各个函数的形参的默认值为:圆的半径=1;矩形长=10、宽=5;梯形的上底=4、下底=8、高=6;三角形的三条边长为 6、8、10。

(3) 自定义字符串函数,实现与系统提供的字符串函数相同的功能。例如字符串的复制函数 strcpy、连接函数 strcat、比较函数 strcmp、求长度函数 strlen 等。

4）进阶提高

(1) 编写一个矩阵乘法的函数。假设矩阵 ***a*** 为 3 行 4 列，***b*** 为 4 行 2 列，***a*** 和 ***b*** 的乘积 ***c*** 为 3 行 2 列。矩阵乘法的函数原型为：

```
void MultiMatrix (int a[][4],int b[][2],int c[][2],int arow, int brow, int crow);
```

另外，还要编写从键盘输入矩阵的函数 Input、矩阵按行输出的函数 Print。

(2) 已知 5 个学生 4 门课的成绩，要求主函数分别调用各函数实现如下功能。

① 找出每门课成绩最高的学生序号。

② 找出有课程不及格的学生的序号及其各门课的全部成绩。

③ 求每门课程的平均分数，并输出。

④ 将学生按总分由高到低排序。

实验 8
作用域、生存期、多文件结构

1. 实验目的

(1) 掌握变量的作用域和生存期的概念。
(2) 了解 C++的文件结构。

2. 实验要求

(1) 理解变量的作用域，理解局部变量与全局变量，理解同名屏蔽的原则。
(2) 理解变量生存期的概念，理解动态变量与静态变量，理解常见的存储类型。
(3) 学会在一个项目中用多个.cpp 文件和头文件进行编程的方法。

3. 实验内容与步骤

1) 分析程序

(1) 理解局部变量的作用域，程序如下：

```
#include <iostream>
using namespace std;
int main()
{
     int i = 1;
    {     int j = 3;
          {     int k = 5;
                      cout << i << j << k << endl;
           }
          //A
    }
    cout << i << endl;
     //B
    return 0;
}
```

思考：分析上述程序的运行结果。
① 在注释 A 处，删除注释，增加语句“cout≪k≪endl;”，结果怎样？
② 在注释 B 处，删除注释，增加语句“cout≪j≪endl;”，结果怎样？
(2) 理解全局变量的作用域，程序如下：

```
#include <iostream>
```

```
using namespace std;
int x = 1,y;
void f()
{     x ++ ;
      y ++ ;
}
int main()
{
    int x = 10,y = 20;
    cout <<"全局变量 x = "<<::x <<"\t y = "<<::y << endl;
    cout <<"局部变量 x = "<< x <<"\t y = "<< y << endl;
    f();
    cout <<"全局变量 x = "<<::x <<"\t y = "<<::y << endl;
    cout <<"局部变量 x = "<< x <<"\t y = "<< y << endl;
    return 0;
}
```

思考：分析上述程序的运行结果。

① 为什么全局变量 y 可以不赋初值？main 函数中定义的 y 不赋初值会怎样？

② 全局变量和局部变量同名，在局部变量作用域内如何引用同名的全局变量？

(3) 理解静态局部变量的作用，程序如下：

```
#include < iostream >
using namespace std;
void f()
{     int i = 1;
       static int a = 1;
       a ++ ;
      i ++ ;
      cout <<"i = "<< i <<",a = "<< a << endl;
}
int main()
{
    f();
    f();
    return 0;
}
```

思考：第 1 次调用函数 f 后，i 和 a 的值一样；第 2 次调用函数 f 后，i 和 a 的值为什么不相同了？

(4) 理解命名空间的概念和用法。

以下程序包含 3 个文件：一个源文件 ex8_3. cpp，两个头文件 head1. h 和 head2. h。head1. h 中使用的命名空间为 actor，head2. h 中使用的命名空间为 writer。在 ex8_3. cpp 源文件中，函数 disp_actor 和 disp_writer 的输出语句相同，但是分别使用命名空间 actor 和 writer，所以最终输出结果不同。

```
//head1.h 文件
namespace actor
{
```

```
    char name[10] = "周立波";
    char occupation[5] = "演员";
    char birthday[11] = "1967 - 04 - 22";
    char works[20] = "海派清口:笑侃大上海";
}
//head2.h
namespace writer
{
    char name[10] = "周立波";
    char occupation[5] = "作家";
    char birthday[11] = "1908 - 08 - 09";
    char works[20] = "长篇小说:暴风骤雨";
}
//ex8_3.cpp 文件
#include <iostream>
using namespace std;
#include "head1.h"
#include "head2.h"
void disp_actor()
{     using namespace actor;
      cout <<"姓名:"<< name << endl;
      cout <<"职业:"<< occupation << endl;
      cout <<"生日:"<< birthday << endl;
      cout <<"作品:"<< works << endl;
}
void disp_writer()
{     using namespace writer;
      cout <<"姓名:"<< name << endl;
      cout <<"职业:"<< occupation << endl;
      cout <<"生日:"<< birthday << endl;
      cout <<"作品:"<< works << endl;
}
int main()
{
    disp_writer();
    cout << endl;
    disp_actor();
    return 0;
}
```

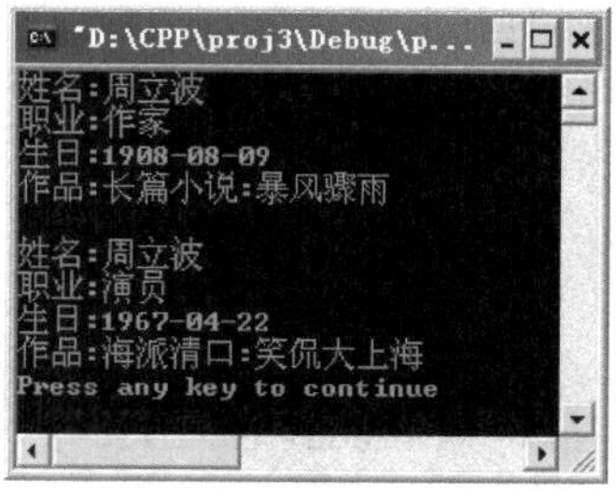

实验图 8-1　运行结果

运行结果如实验图 8-1 所示。

思考：如果删除源程序中的"using namespace std;"语句，程序将出现错误。如果希望程序正常执行，需要如何修改？

① 在每个 cout 和 endl 前面添加 std::（使用标准命名空间和作用域分辨符），但是会太烦琐。

② 用"#include <iostream.h>"代替"#include <iostream>"（不过这不是 C++标准提倡的）。

2）完善程序

(1) 理解静态局部变量的概念。以下程序可以求得 1!+2!+3!+4!+5!的结果。根据题意补充程序,并调试运行。

```
#include <iostream>
using namespace std;
int f(int i)
{
    static int n = 1;                    //A
    ________;
    return n;
}
int main()
{
    int x, sum = 0;
    for(________)
        sum = ________;
    cout <<"sum = "<< sum << endl;
    return 0;
}
```

思考：如果删除程序中注释 A 处的 static,程序运行结果会怎样？为什么？

(2) 理解多文件结构、全局变量、静态全局变量及外部变量的关系与区别。以下程序首先建立一个 C++ 项目文件,然后依次向该项目文件中添加两个源文件 file1. cpp 和 file2. cpp,每个源文件作为一个独立的编译单位进行编译,最后再进行连接、运行。根据注释提示补充程序并调试运行。

```
//file1.cpp 文件
int a[5] = {5,8,2,6,3};                 //定义一个全局整型数组 a
int static sum;                         //sum 是静态全局变量
double average;                         //average 是全局变量
void fun()
{
    int total = 0;                      //total 是局部变量
    for(int i = 0;i<5;i++)
        total += a[i];                  //求和
    sum = total;
    average = total/5.0;
}

//file2.cpp 文件
#include<iostream>
using namespace std;
int main()
{
    __________;     //声明 average 是外部 double 型变量
    __________;     //声明函数 fun 是外部函数,返回类型为 void
    __________;     //调用函数 fun
    cout << average << endl;             //输出平均值 average
    return 0;
}
```

说明：

① 在 file1. cpp 文件中，变量 sum 和 average 都是在函数体之外定义的，所以是全局变量，但是又有所不同。sum 前面有 static 修饰，所以 sum 是静态全局变量，仅在包含它的 file1. cpp 文件内有效，而在其他文件（比如 file2. cpp）中不能引用 sum。average 作为全局变量，不仅在 file1. cpp 内有效，而且可以在其他文件中使用（比如在 file2. cpp 中使用），当然在使用前，需要先声明 average 作为外部变量。

② 由于 file1. cpp 文件不涉及 cin、cout 等操作，所以，此处可以省略一般程序中的头两行“#include <iostream>”、“using namespace std;”。

③ fiel2. cpp 文件中，要想使用变量 average，必须先声明它是外部变量。

④ 如果在 file2. cpp 文件中声明 sum、total、i 为外部变量，并进行输出，编译能否通过？连接能否通过？

3）编写程序

编写一个函数，求从 n 个不同的数中取 r 个数的所有组合的种数 C_n^m。

要求：

① 将 main() 函数放在一个. cpp 文件中。

② 将阶乘函数 fac(int n)、组合函数 Cnr(int n, int r) 放在另一个. cpp 文件中。

③ 将函数原型声明放在一个头文件中。

④ 建立一个项目，将这 3 个文件加到项目中，编译、连接，并调试运行。

实验9 类与对象

1. 实验目的

(1) 掌握类与对象的概念、定义与用法。
(2) 建立面向对象的编程思想,体会它与面向过程的编程的区别及其优势。
(3) 掌握友元的用法,理解引入友元的目的。

2. 实验要求

(1) 了解面向对象的程序设计的特点。
(2) 掌握对象的定义与使用以及类的数据成员与函数成员的访问权限。
(3) 掌握构造函数与析构函数的定义和用法。
(4) 熟悉类的静态成员、友元、this 指针的概念和用法。

3. 实验内容与步骤

1) 分析程序

(1) 定义一个 CPU 类,包括等级(rank)、主频(frequency)、电压(voltage)等属性,有两个公有成员函数: Run、Stop。其中,rank 为 char 类型,frequency 为单位是 MHz 的整型数,voltage 为浮点型的电压值。观察构造函数、析构函数、成员函数的调用顺序。

```
#include<iostream>
using namespace std;
class CPU
{
private:
    char rank;
    int frequency;
    float voltage;
public:
    CPU(char r,int f,float v)
    {
        rank=r;
        frequency=f;
        voltage=v;
        cout<<"构造了一个 CPU!"<<endl;
        cout<<"CPU 等级:"<<rank<<" 主频:"<<frequency;
        cout<<" 电压:"<<voltage<<endl;
```

```
    }
    ~CPU() { cout <<"析构了一个 CPU! "<< endl; }
    void Run()
        { cout <<"CPU 开始运行!"<< endl; }
    void Stop()
        { cout <<"CPU 停止运行!"<< endl; }
};
int main()
{
    CPU a('6',300,2.8f);
    a.Run();
    a.Stop();
    return 0;
}
```

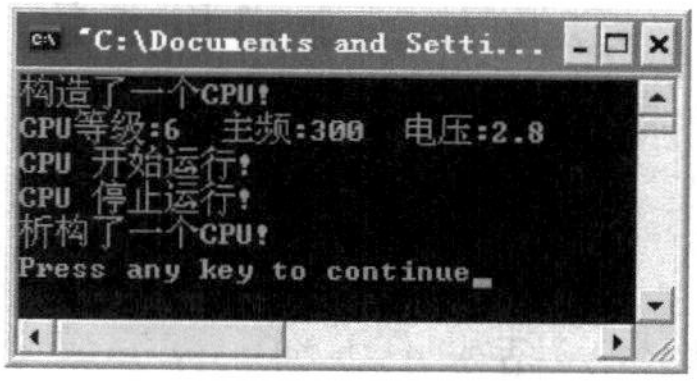

实验图 9-1　运行结果

运行结果如实验图 9-1 所示。

(2) 下面的程序定义了一个日期类，构造函数的形参带默认值，成员函数 inc 的作用是将日期加 1，成员函数 print 用于输出日期信息。

```
#include < iostream >
using namespace std;
class date
{       int year,month,day;
public:
        date(int y = 2012,int m = 1,int d = 1);
        date inc(date d)              //函数 inc 的返回值类型为 date 类
            {this -> year = year;     //this 指针指向当前调用的 inc 函数的对象
             this -> month = month;
             this -> day = day + 1;
             return *this;
            }
        void print();
};
date::date(int y,int m,int d)
{   year = y;
    month = m;
    day = d;
}
void date::print( )
{
        cout << year << " - "<< month <<" - "<< day << endl;
}
int main()
{
        date today,tomorrow,loveday(2012,2,14);
        cout <<"today is: ";
        today.print();
        cout <<"Loveday is: ";
        loveday.print();
        tomorrow.inc(today);              //today 加 1 就是 tomorrow
        cout <<"tomorrow is: ";
```

```
        tomorrow.print();
        return 0;
    }
```


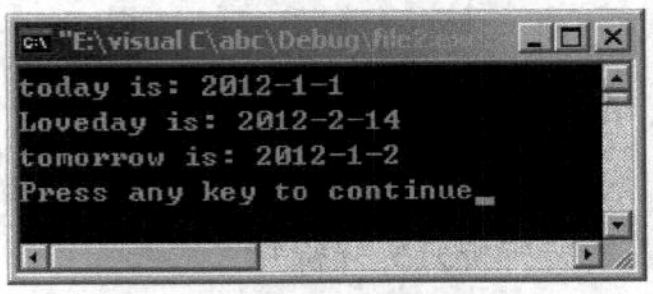

实验图 9-2　运行结果

运行结果如实验图 9-2 所示。

修改该程序：

① 增加一个析构函数，当执行析构函数时将显示 Destructor。

② 增加一个复制构造函数。定义对象 d1，用 today 初始化 d1，将显示"Copy Construct!"。

③ inc 函数没有考虑每月的天数以及闰年，所以当 today 为月底时，tomorrow. inc (today)结果不正确。需完善 inc 函数。

(3) 理解静态数据成员和静态成员函数的概念和用法。

```
#include<iostream>
using namespace std;
class Student
{char name[10];                              //姓名
 static char specialty[10];                  //专业名称，静态数据成员
 static int count;                           //班级人数，静态数据成员
public:
    Student(char s[10])                      //构造函数
    {     strcpy(name,s);                    //将参数 s 复制到 name 中
          cout << name <<"入学!"<< endl;
          count ++ ;                         //班级人数增 1
    }
    static void disp_class()                 //静态成员函数
    {cout << specialty <<"班当前人数:"<< count << endl;}       //输出班级信息：专业、班级人数
    void leave()                             //退学时，调用此函数
    {
        cout << name <<"退学!"<< endl;
        count -- ;                           //班级人数减 1
    }
};
char Student::specialty[10] = "武术";        //静态数据成员的初始化必须在类体外进行
int Student::count = 0;                      //同上
int main()
{
    cout <<"招生之前: "<< endl;
    Student::disp_class();
    Student s1("武松");
    s1.disp_class();
    Student s2("鲁智深");
    s2.disp_class();
    Student s3("林冲");
    s2.disp_class();
    s2.leave();
    s2.disp_class();                         //A
    return 0;
}
```

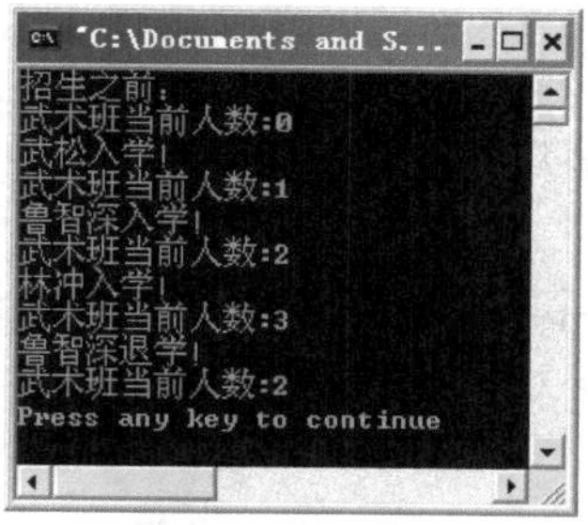

实验图 9-3　运行结果

运行结果如实验图 9-3 所示。

思考:

① 如果程序中最后一句(注释为 A 的语句),改为“Student::disp_class();”或者“s1. disp_class();”,运行结果有什么变化?

② 静态数据成员的初始化是否可以在类体内实现?

2) 完善程序

掌握友元函数的概念和用法。下面的程序定义了一个 Point 类和该类的友元函数 dist,该友元函数用于求两个点之间的距离。请根据题意完善程序。

提示:点 $p_1(x_1, y_1)$ 和 $p_2(x_2, y_2)$ 之间的距离 $=\text{sqrt}((x_1-x_2)^2+(y_1-y_2)^2)$。

程序如下:

```
#include < iostream >
#include < cmath >
using namespace std;
class Point
{
private:
    double x,y;
public:
    Point(double x,double y)
    {
        ________ = x;
        ________ = y;
    }
    void print()
    {
        cout <<"点("<< x <<","<< y <<")"<< endl;
    }
    friend double dist(Point p,Point q); //A
};
double dist(Point p,Point q)              //B
    {
        double t1 = ________, t2 = ________;
        return sqrt(t1 * t1 + t2 * t2);
    }
int main()
{
    Point p1(3,5),p2(7,8);
    p1.print();
    p2.print();
    cout <<"以上两点之间的距离是:"<<________<< endl;
    return 0;
}
```

实验图 9-4　运行结果

运行结果如实验图 9-4 所示。

思考：

① 程序中注释 A 所在行的语句能否移动到“private:”后面？

② 程序中注释 B 所在行的语句前面能否加上 friend 关键字？

3）编写程序

(1) 定义一个关于日期的类，其中包括私有数据成员 year、month、day，公有成员函数有构造函数、输出函数及判断是否闰年的函数。然后在主函数中定义对象，判断该日期的年份是否闰年并输出相关信息。

(2) 定义几何图形圆的类 Circle，包括圆心 O(另定义 Point(点)类实现)和半径 R 两个属性，成员函数包括圆心位置获取函数 GetO、半径获取函数 GetR、半径位置设置函数 SetR、圆的位置移动函数 MoveTo 以及圆的信息打印函数 Display 等。

(3) 定义一个三角形的类 triangle，其私有数据成员为三条边长 a、b、c(double 型)，友元函数 print 用于计算并输出三角形的周长和面积。在主函数中，用类 triangle 定义一个边长分别为 3、4、5 的三角形对象，并调用 print 函数输出该三角形的周长和面积。

4）进阶提高

(1) 定义一个描述学生通讯录的类，数据成员包括姓名、学校、电话号码和邮编；成员函数包括输出各个数据成员的值、分别设置和获取各个数据成员的值。

(2) 定义一个学生类(Student)，数据成员有学号、姓名、年龄、高等数学成绩、英语成绩及大学计算机成绩，包括若干成员函数。同时编写主函数使用这个类，实现对学生数据的赋值和输出。要求：

① 使用构造函数完成数据的输入。

② 使用成员函数 print()实现数据的输出。

③ 编写主函数，定义对象数组，完成相应功能。

编写函数 search(int n)，以学号 n 为参数，在数组中查找学号是 n 的学生，并返回该学生的全部信息。

实验10 继承与派生

1. 实验目的

（1）掌握继承与派生的概念。
（2）体会类的继承性特点在面向对象程序设计中的优越性。

2. 实验要求

（1）掌握派生类的定义与使用方法。
（2）掌握派生类及其对象对基类成员的访问特性，掌握 public、protected、private 的区别。
（3）了解多继承中的二义性问题以及虚基类的概念和用法。

3. 实验内容与步骤

1）分析程序

（1）下面的程序首先定义了一个“车辆”类 vehicle，它包含车轮、重量等私有属性，然后再派生出“轿车”类 car，最后在主函数中定义一种轿车对象，并调用相关的成员函数输出有关信息。

```
#include<iostream>
using namespace std;
class vehicle
{    int wheels;
     float weight;
public:
    vehicle(int in_wheels,float in_weight)
    {    wheels = in_wheels; weight = in_weight; }
    int get_wheels( )
    {    return wheels; }
    float get_weight( )
    {    return weight; }
};
class car:public vehicle
{int passenger_load;
public:
    car(int in_wheels,float in_weight,int people = 5):vehicle(in_wheels,in_weight)
        {    passenger_load = people;}
```

```
    int get_passenger( )
        {    return passenger_load ; }
};
int main( )
{    car bulebird(4,1000);
     cout <<"蓝鸟轿车:"<< endl;
     cout <<"轮子:"<< bulebird.get_wheels( )<<"\t";
     cout <<"重量:"<< bulebird.get_weight( )<<"\t";
     cout <<"载客数:"<< bulebird.get_passenger( )<< endl;
     return 0;
}
```

思考:

① 理解派生类 car 的构造函数怎样实现,特别是初始化列表的用法。

② 在 main 函数中,为什么不能直接输出数据成员,而是通过调用成员函数来实现?

(2) 以下程序涉及多继承的概念。分析程序运行结果,理解多继承中的构造函数执行顺序。

```
#include <iostream>
using namespace std;
class B1
{    int b1;
public:
    B1(int i)
    {    b1 = i;
         cout <<"构造函数 B1."<< b1 << endl;
    }
    void print() { cout << b1 << endl; }
};
class B2
{    int b2;
public:
    B2(int i)
    {    b2 = i;
         cout <<"构造函数 B2."<< b2 << endl;
    }
    void print() { cout << b2 << endl;}
};
class B3
{    int b3;
public:
    B3(int i)
    {
        b3 = i;
        cout <<"构造函数 B3."<< b3 << endl;
    }
    int getb3() { return b3; }
};
```

```
class A : public B2, public B1              //A
{     int a;
      B3 bb;
public:
    A(int i, int j, int k, int l):B1(i), B2(j), bb(k)
    {
        a = l;
        cout <<"构造函数 A."<< a << endl; }
    void print()
    {
        B1::print();
        B2::print();
        cout << a << endl;}
};
int main()
{
    A aa(1, 2, 3, 4);
    aa.print();
    return 0;
}
```

运行结果如实验图 10-1 所示。

思考：本程序中，在注释 A 所在行的两个 public 前面分别添加 virtual 关键字，观察运行结果有没有变化。为什么？

2）完善程序

以下程序定义了 vehicle 类，并派生出 motorcar 类和 bicycle 类，然后以 motorcar 和 bicycle 作为基类，再派生出 motorcycle 类。要求将 vehicle 作为虚基类，避免二义性问题。请在程序中的横线处填写适当的代码，然后删除下划线，以实现上述类定义。此程序的正确运行结果如实验图 10-2 所示。

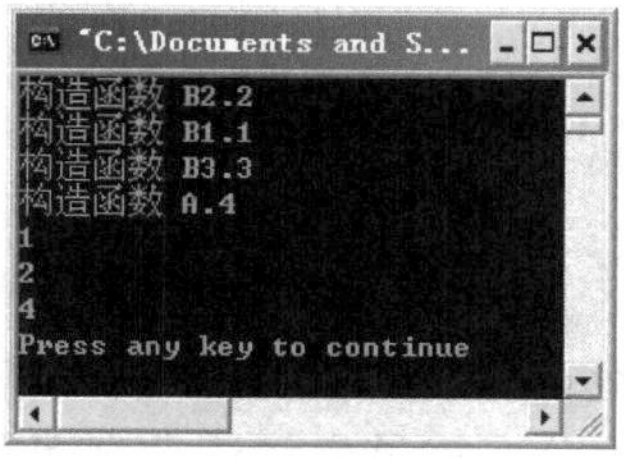

实验图 10-1 运行结果

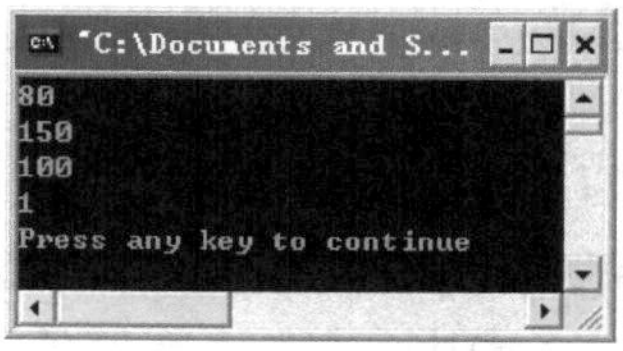

实验图 10-2 运行结果

```
#include <iostream>
using namespace std;
class vehicle
{     int MaxSpeed;
      int Weight;
public:
  vehicle(int maxspeed, int weight): ____________
  ~vehicle(){};
```

```
 int getMaxSpeed() { return MaxSpeed; }
int getWeight() { return Weight; }
};
class bicycle :  ________ public vehicle
{
  int Height;
public:
    bicycle(int maxspeed, int weight, int height):vehicle(maxspeed, weight),Height(height){}
    int getHeight(){ return Height; };
};

class motorcar :  ________ public vehicle
{     int SeatNum;
public:
 motorcar(int maxspeed, int weight, int seatnum):vehicle(maxspeed, weight),SeatNum(seatnum){}
int getSeatNum(){ return SeatNum; };
};

class motorcycle :  ____________
{
public:
    motorcycle(int maxspeed, int weight, int height):     vehicle(maxspeed,weight),
bicycle(maxspeed, weight,height),motorcar(maxspeed, weight, 1){ }
};
int main()
{
 motorcycle a(80,150,100);
 cout << a.getMaxSpeed()<< endl;
 cout << a.getWeight()<< endl;
 cout << a.getHeight()<< endl;
 cout << a.getSeatNum()<< endl;
 return 0;
}
```

3）编写程序

（1）声明一个基类 Animal，有私有整型成员变量 age，构造其派生类 Dog，在其成员函数 SetAge(int n)中直接给 age 赋值可以吗？把 age 改为公有成员变量还会有问题吗？声明一个 Dog 类的对象，观察其基类与派生类的构造函数和析构函数的调用顺序。

（2）编写程序，声明一个基类 Shape，再派生出矩形类 Rectangle 和圆类 Circle，二者都有计算面积的函数 GetArea()。再用 Rectangle 类派生出正方形类 Square。在主函数中，定义矩形、正方形、圆 3 个对象并进行初始化，输出它们的面积。

（3）设计一个圆类 Circle 和一个桌子类 Table，再设计一个圆桌类 Roundtable，它是由前两个类派生出来的，要求输出圆桌的高度、面积、颜色等数据。其中，Circle 类包含数据成员 Radius 和计算面积的成员函数，Table 类包含数据成员 height 和返回高度的成员函数，Roundtable 类再添加数据成员 color 和相应的成员函数。

4）进阶提高

编写程序，定义一个基类 Person，包含 name 和 age 两个数据成员，再由它派生出学生类 Student 和教师类 Teacher，其中，学生类添加学号 no、考试平均分数 mean，教师类添加部门 department、职称 title、工资 salary；然后由 Student 类派生出研究生类 Graduate，添加属性专业 subject 和导师 adviser；最后，再由 Teacher 和 Graduate 派生出在职研究生类 Graduate_teacher。要求每个类都有构造函数和析构函数，创建有关的对象，进行数据测试。

注意：在操作 Graduate_teacher 类的对象时怎样避免发生二义性？如何使用虚基类？

实验11 运算符重载

1. 实验目的

(1) 了解运算符重载的概念和用法。
(2) 体会运算符重载的好处。

2. 实验要求

(1) 掌握运算符重载为成员函数和友元函数的方法和区别。
(2) 掌握几种常见的运算符重载的定义与使用方法。

3. 实验内容与步骤

1) 分析程序

以下程序定义了一个有理数的类(即分数,分子、分母均为整型数),并进行分数的+、-、*、/运算符的重载,在主函数中创建两个分数,并进行加、减、乘、除运算。

要求:将+、-、*、/运算符重载为友元函数,运算结果要约分。

输入数据并调试运行程序,熟悉运算符重载的用法。

说明:由于 VC++ 6.0 的缺陷,它的不带后缀.h 的头文件不支持友元函数,为了使程序能在 VC++ 6.0 下正常运行,这里将头文件换成原始形式"#include < iostream.h >"。以后遇到类似情况可照此办理。在 GCC 等其他编译环境下不会出现这种问题。

程序如下:

```
#include< iostream.h>
#include< math.h>
class Rationalnumber                        //定义一个分数类
{
    int fz;                                 //分子
    int fm;                                 //分母
public:
    Rationalnumber(int pfz,int pfm)         //构造函数
        {   fz = pfz;    fm = pfm; }
    void display()                          //分数显示
    {     if(fz == 0)
              cout << 0 << endl;
        else if (fm == 1)
              cout << fz << endl;
```

```
        else
                cout << fz <<'/'<< fm << endl;
    }
    void yf();                              //约分
    //以下4句将分数的+、-、*、/运算重载为友元函数
    friend Rationalnumber operator + (Rationalnumber& s1,Rationalnumber& s2);
    friend Rationalnumber operator - (Rationalnumber& s1,Rationalnumber& s2);
    friend Rationalnumber operator * (Rationalnumber& s1,Rationalnumber& s2);
    friend Rationalnumber operator/(Rationalnumber& s1,Rationalnumber& s2);
};
void Rationalnumber::yf()
{     if(fm == 0)
      cout <<"分母不能为零!"<< endl;
      int x = abs(fz),y = abs(fm),r;        //先不考虑分子和分母的正负
      r = x % y;
      while(r! = 0)                         //用辗转相除法,得到 fz 和 fm 的最大公约数 y
         {x = y;
          y = r;
          r = x % y;
         }
     fz = fz/y;
     fm = fm/y;
     if(fm < 0)                             //如果分母为负数,则将分母变为正数,分子改变正负号
        {fz = - fz;fm = - fm;}
}
Rationalnumber operator + (Rationalnumber& s1,Rationalnumber& s2)      //重载加法
{
    Rationalnumber t(s1.fz * s2.fm + s2.fz * s1.fm,s1.fm * s2.fm);
    t.yf();                                 //调用约分函数 yf(),对分子、分母进行约简
    return t;
}
Rationalnumber operator - (Rationalnumber& s1,Rationalnumber& s2)      //重载减法
{
    Rationalnumber t(s1.fz * s2.fm - s2.fz * s1.fm,s1.fm * s2.fm);
    t.yf();
    return t;
}
Rationalnumber operator * (Rationalnumber& s1,Rationalnumber& s2)      //重载乘法
{
    Rationalnumber t(s1.fz * s2.fz,s1.fm * s2.fm);
    t.yf();
    return t;
}
Rationalnumber operator/(Rationalnumber& s1,Rationalnumber& s2)      //重载除法
{
    Rationalnumber t(s1.fz * s2.fm,s1.fm * s2.fz);
    t.yf();
    return t;
}
int main()
{
```

```
    Rationalnumber fs1(2,12),fs2(3,9); //定义两个分数对象: fs1 = 2/12,fs2 = 3/9
    cout <<"a = ";          fs1.display(); //显示分数
    cout <<"b = ";          fs2.display();
    cout <<"a + b = ";     (fs1 + fs2).display(); //分数之和仍是分数,再调用成员函数 display()
    cout <<"a - b = ";     (fs1 - fs2).display();
    cout <<"a * b = ";     (fs1 * fs2).display();
    cout <<"a/b = ";      (fs1/fs2).display();
    return 0;
}
```

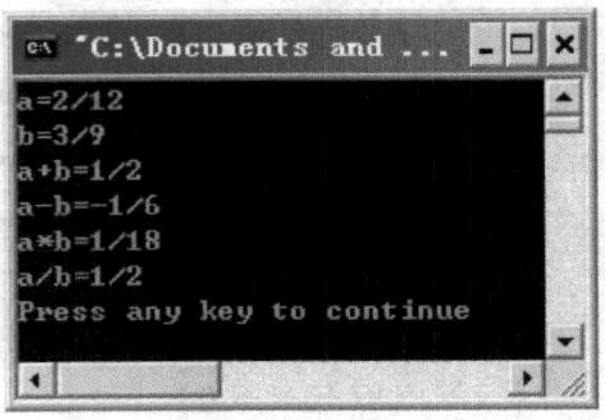

实验图 11-1　运行结果

运行结果如实验图 11-1 所示。

2) 完善程序

下面的程序设计了一个三角形类 Triangle,包含三角形三条边长的数据成员;另有一个重载运算符+,以实现求两个三角形对象的面积之和;还定义了用于测试该类的主函数 main。请在下划线处填上适当的代码并把下划线删除,使程序能实现其功能。

```
#include <iostream.h>
#include <math.h>
class Triangle
{
  int x,y,z ;
    double area ;
public:
    Triangle(int i, int j, int k)
    {
    double s ;
    x = i ; y = j ; z = k ;
    s = (x + y + z) / 2.0 ;
    area = ________________;
    }
void display()
    {
    cout << "Area = " << area << endl ;
    }
    friend double operator + (________)
    {
    return ________;
    }
};
int main()
{
    Triangle t1(3,4,5), t2(4,5,6) ;
    double s ;
          cout << "t1:";t1.display() ;
          cout << "t2:";t2.display() ;
          s = ________;
          cout << "总面积 = " << s << endl ;
          return 0;
}
```

实验图 11-2　运行结果

运行结果如实验图 11-2 所示。

3）编写程序

编写程序定义 Point 类，在类中定义整型的私有成员变量_x、_y，并定义成员函数 Point& operator++()；和 Point operator++(int)，以实现对 Point 类重载"++"(自增)运算符，实现对坐标值的改变。

如果希望将"++"(自增)运算符重载为友元函数，如何实现？

4）进阶提高

将矩阵的加法、减法、转置运算重载为友元函数，并在主函数中进行测试。

实验12 多态性

1. 实验目的

(1) 理解多态性的概念。
(2) 体会动态多态性在 C++编程中的优越性。

2. 实验要求

(1) 理解动态联编的概念,掌握虚函数的定义和用法。
(2) 掌握纯虚函数、抽象类的定义和用法。

3. 实验内容与步骤

1) 分析程序

以下程序定义了 CharShape 类、Triangle 类和 Rectangle 类,其中,CharShape 是一个抽象基类,它表示由字符组成的图形(简称字符图形),纯虚函数 Show 用做显示不同字符图形的相同操作接口。Triangle 和 Rectangle 是 CharShape 的派生类,它们分别用于表示字符三角形和字符矩形,并且都定义了成员函数 Show,用于实现各自的显示操作。

本程序的输出结果如实验图 12-1 所示。

程序如下:

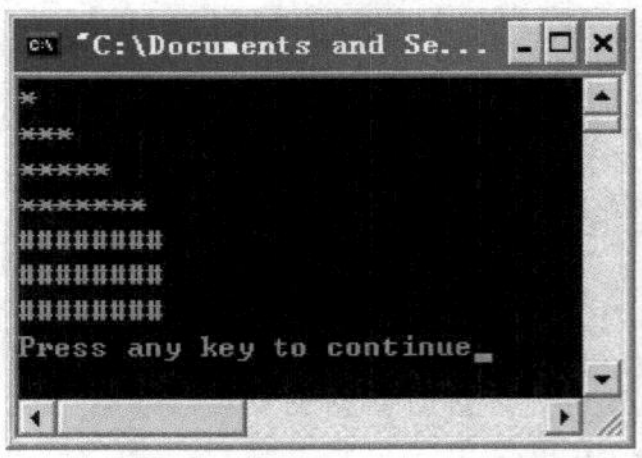
"C:\Documents and Se...
*
***
*****
****
#########
#########
#########
Press any key to continue

实验图 12-1　运行结果

```
#include <iostream>
using namespace std;
class CharShape {
public:
     CharShape(char ch) : _ch(ch) {};
     virtual void Show() = 0;
protected:
    char _ch;                          // 组成图形的字符
};
class Triangle : public CharShape {
public:
    Triangle(char ch, int r) : CharShape(ch), _rows(r) {}
    void Show();
private:
    int _rows;                         // 行数
};
class Rectangle: public CharShape {
```

```
public:
     Rectangle(char ch, int r, int c):CharShape(ch),_rows(r), _cols(c) {}
     void Show();
private:
    int _rows, _cols;                      // 行数和列数
};
void Triangle::Show()                      // 输出字符组成的三角形
{
    for (int i = 1; i <= _rows; i++) {
        for (int j = 1; j <= 2 * i - 1; j++)
            cout << _ch;
        cout << endl;
    }
}
void Rectangle::Show()                     // 输出字符组成的矩形
{
    for (int i = 1; i <= _rows; i++) {
        for (int j = 1; j <= _cols; j++)
            cout << _ch;
    cout << endl;
    }
}
void fun(CharShape &cs)
         { cs.Show(); }
int main()
{
    Triangle tri('*', 4);
    Rectangle rect('#', 3, 8);
    fun(tri);
    fun(rect);
    return 0;
}
```

思考：本程序是如何实现多态的？注释为 A 的所在行中能否将“CharShape &cs”改为“CharShape cs”？如果将“CharShape &cs”改为“CharShape * cs”，还要修改程序的哪些地方？

2）完善程序

定义 CPolygon 类("多边形")，它包含一个计算面积的纯虚函数 area。由 CPolygon 类再派生出类 CRectangle("矩形")和 CTriangle("三角形")。

程序最终输出结果为：

```
20
10
```

程序如下：

```
#include <iostream>
using namespace std;
class CPolygon {
public:
```

```
    ________                                    //纯虚函数 area 声明
    void printarea (void)
    { cout <<________ << endl; }
    };
    class CRectangle: public CPolygon {
        int width;                              //长方形宽
        int height;                             //长方形高
    public:
        CRectangle(int w, int h):width(w),height(h){}
        int area (void){ return (width * height); }
    };
    class CTriangle : public CPolygon {
        int length;                             //三角形一边长
        int height;                             //该边上的高
    public:
        CTriangle(int l, int h):length(l),height(h){}
        int area (void){ return (________)/2; }
    };
    int main ()
    {
            CRectangle rect(4,5);
        CTriangle trgl(4,5);
        ________ *ppoly1, *ppoly2;
        ppoly1 = &rect;
        ppoly2 = &trgl;
        ppoly1->printarea();
        ppoly2->printarea();
        return 0;
    }
```

思考：将本程序中的纯虚函数改为一般的虚函数是否可行？虚函数与纯虚函数有什么区别？

3）编写程序

定义抽象类 Shape，它包括纯虚函数计算面积的函数 GetArea()和计算周长的函数 GetPerim()。由 Shape 类再派生出矩形类 Rectangle 和圆类 Circle，它们都含有纯虚函数的实现。在主函数中定义矩形和圆对象，调用成员函数计算面积、周长。

4）进阶提高

编写程序，定义 Shape 类和 Point 类。Shape 类表示抽象的形状，其成员函数 draw 声明显示形状的接口（纯虚函数）。Point 是 Shape 的派生类，表示平面直角坐标系中的点，其成员函数 draw 用于在屏幕上显示 Point 对象，成员函数 distance 用于计算两个点之间的距离。

提示：点(x_1,y_1)和点(x_2,y_2)之间的距离为 $d=\sqrt{(x_1-x_2)^2+(y_1-y_2)^2}$。

实验 13

输入输出流

1. 实验目的

（1）掌握文件流类的概念。

（2）了解常用的输入输出格式控制符的用法。

2. 实验要求

（1）掌握流类库中常用的类及其成员函数的用法。

（2）掌握磁盘文件的概念，掌握文本文件、二进制文件的打开、读、写、关闭等操作方法。

（3）学会在 cin、cout 语句中使用输入输出格式控制符。

3. 实验内容与步骤

1）分析程序

以下程序从已经存在的文本文件 Input.txt（见实验图 13-1）中读取字符，并存放到字符数组 s 中（假设不超过 1000 个字符），然后统计 26 个英文字母出现的次数（不区分大写和小写字母），将出现的次数在屏幕上显示，并依次写入文本文件 Out.txt 中。

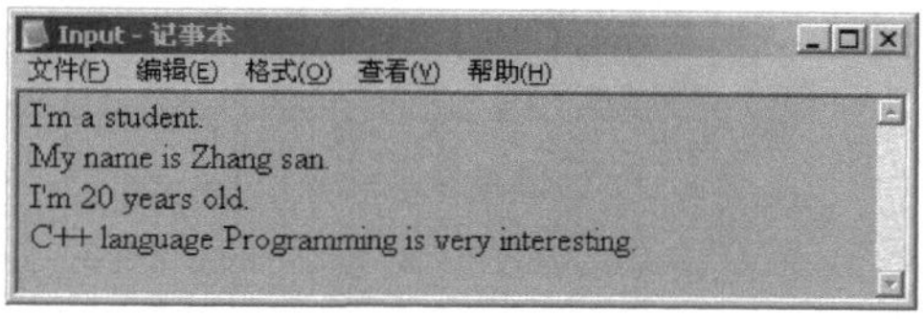

实验图 13-1　文本文件 Input.txt 的内容

```
#include<iostream>
#include<fstream>                            //文件流
using namespace std;
const int N=1001;                            //假设要读入的西文字符不超过 1000 个
void main()
{     char t,s[N];                           //数组 s 存放从 Input.txt 文件读入的字符
      int counter[26]={0};                   //用于存放 26 个字母对应的出现次数
      int i,index=0;           //下标 index=0 对应 a 或 A 出现,counter[0] 对应 a 或 A 出现次数
      //依此类推,下标 index=25 对应 z 或 Z 出现,counter[25] 对应 z 或 Z 出现次数
      ifstream myFile("Input.txt");          //打开 Input.txt 文件
      for(i=0;(t=myFile.get())!=EOF;i++)     //将字符逐个存入字符数组 s
          s[i]=t;
```

```
        s[i] = '\0';                              //字符串结束标识符存入最后位置
        myFile.close();                           //关闭输入文件
        for(i = 0;s[i]! = '\0';i ++ )             //统计 26 个字母出现的次数
           if(s[i]> = 'a'&&s[i]< = 'z'||s[i]> = 'A'&&s[i]< = 'Z')
              {
                 index = s[i]> = 'a'?s[i] - 'a':s[i] - 'A';
                 counter[index] ++ ;
              }
        ofstream outFile("Out.txt");              //打开输出文件
        for(i = 0;i < 26;i ++ )
        {     outFile << counter[i]<<',';         //将字母出现的次数写入输出文件,用逗号分隔数据
              cout <<(char)('a' + i)<<":"<< counter[i]<<'\t';      //在屏幕上显示
        }
        cout << endl;
        outFile.close();                          //关闭输出文件
}
```

运行结果如实验图 13-2 所示。

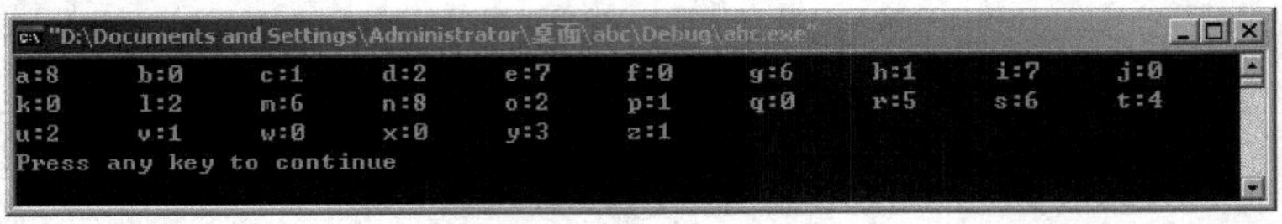

实验图 13-2　运行结果

2）完善程序

以下程序的功能是向 out.txt 文件中写入一些内容,然后再把该文件读出来,并在屏幕上显示。请在下划线处填上适当的代码,并调试运行。

```
#include < iostream >
#include < fstream >
using namespace std;
int main()
{
     char s[100];
     fstream out;
     ____________;
     out <<"C++ language programming";
     out.put('\n');
     out <<"100 分";
     out.seekg(0);
     while(____________)
     {
          out.getline(s,100);
          ____________;
     }
     cout << endl;
     return 0;
}
```

3）编写程序

（1）编写程序，将E盘根目录下的文件Mydata.txt的内容读出并显示在屏幕上。

（2）编写程序，将一个文本文件内容复制到另一个文本文件中。分别采用两种方法来实现：一次复制一个字符；一次复制一行。

提示：一次复制一个字符，可参考以下程序：

```
while ((ch = file1.get())! = EOF)
    {       cout << ch;
            file2.put(ch);
    }
```

一次复制一行，可参考以下程序：

```
while ( ! file1.eof())
    {       file1.getline (buf,100);
            file2 << buf;
            file2 <<"\n";
    }
```

4）进阶提高

（1）建立一个二进制文件，存放自然数1～100及其平方根，然后输入1～100范围内的一个整数，在屏幕上显示其平方根。

提示：根据题目要求，建立二进制文件的同时能进行输入输出操作，所以文件打开方式为ios::in|ios::out|ios::binary。查找操作需要随机读取二进制文件，要用到seek和read函数。

（2）设计一个管理图书的简单程序，提供的基本功能是：可连续将新书存入文件"book.dat"中，将新书信息加入文件的尾部；也可以根据输入的书名进行查找；还可以把文件"book.dat"中同书名的所有书显示出来。为简单起见，描述一本书的信息，包括书号、书名、出版社、作者和价格。

实验14 模板

1. 实验目的

(1) 理解模板的抽象性,体会模板在C++编程中的优势。
(2) 掌握模板的概念和用法。

2. 实验要求

(1) 掌握函数模板的定义与用法。
(2) 掌握类模板的声明方法和成员函数的实现方法。

3. 实验内容与步骤

1) 分析程序

(1) 使用函数模板求数值型数组的全部元素的和,程序如下:

```
#include <iostream>
using namespace std;
template<class T>
T sum(T *array,int size = 0)
{
    T total = 0;
    for(int i=0;i<size;i++)
        total+=array[i];
    return total;
};
int main()
{
    int int_array[] = {1,3,5,7,9};
    double double_array[] = {1.2, 3.0, 4.8, 5.6, 7.2};
    cout<<"整型数组元素之和:"<<sum(int_array,5)<<endl;
    cout<<"实型数组元素之和:"<<sum(double_array,5)<<endl;
    return 0;
}
```

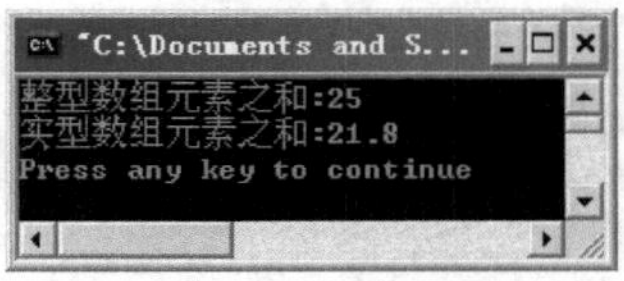

实验图14-1 运行结果

运行结果如实验图14-1所示。

思考:与函数重载相比,函数模板有什么特点和区别?如果在某个程序中模板函数与重载函数的名字相同,编译系统如何对函数调用进行匹配？

(2) 设计一个模板类Find，用于对一个有序数组采用二分法查找元素下标。

```
#include <iostream>
using namespace std;
const int Max = 100;
template <class T>
class Find
{
    T A[Max];
    int n;
public:
    Find(){}
    Find(T a[],int i);
    int seek(T c);
    void disp()
    {
        for(int i = 0;i < n;i ++ )
        cout << A[i]<<" ";
        cout << endl;
    }
};
template <class T>
Find<T>::Find(T a[],int i)
{
    n = i;
    for(int j = 0;j < i;j ++ )
        A[j] = a[j];
}
template <class T>
int Find<T>::seek(T c)
{
    int low = 0,high = n - 1,mid;
    while(low < = high)
    {
        mid = (low + high)/2;
        if(A[mid] == c)
            return mid;
        else if(A[mid]< c) low = mid + 1;
        else high = mid - 1;
    }
    return -1;
}
int main()
{    //在整型数组a里查找元素6
     int a[] = {1,3,5,6,8};
     Find< int > s(a,sizeof(a)/sizeof(a[0]));
     cout <<"元素序列: "; s.disp();
     cout <<"6的下标:"<< s.seek(6)<< endl << endl;
     //在字符数组b里查找元素'x'
```

```
    char b[] = "abcmnpqxyz";
    Find<char> str(b,sizeof(b)/sizeof(b[0]));
    cout<<"元素序列: "; str.disp();
    cout<<"'x'的下标:"<< str.seek('x')<< endl;
    return 0;
}
```

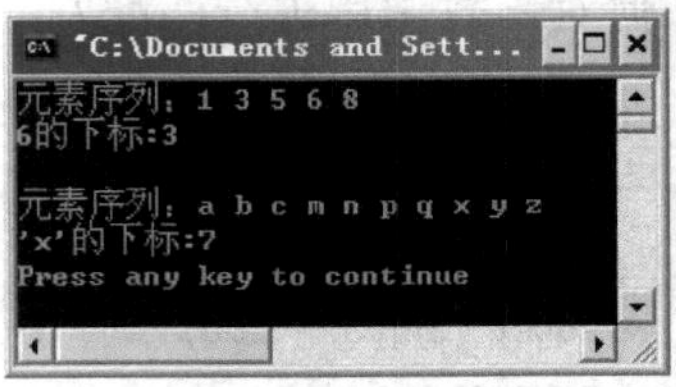

实验图 14-2　运行结果

运行结果如实验图 14-2 所示。

2）完善程序

在下面的程序中定义了一个类模板，它将输入的一组数据按照相反的次序输出。该模板有类型参数 *T* 和 int 型参数 *N* 两个参数，其私有数据成员 data 数组的类型为可变类型 *T*，数组大小由参数 *N* 确定；公有成员函数包括构造函数 Reverse()，将输入的数据存放到数组 data 中；Print()函数将数组 data 按照逆序输出。请根据题意和注释要求，在下划线处填写适当的代码。

```
#include <iostream>
using namespace std;
template <class T,int N>
class Reverse
{
    T data[N];
public:
    Reverse();                              //构造函数的声明
    void Print();                           //Print 函数的声明
};
template <class T,int N>
________Reverse()                           //构造函数的定义
{
    cout<<N<<"个:";
    for(int i=0;i<N;i++)
        cin>>data[i];
}
template <class T,int N>
________Print()                             //Print 函数的定义
{
    cout<<"其逆序输出为: ";
    for(____________)
        cout<<data[i]<<' ';
    cout<<endl;
}
int main()
{
    cout<<"请输入实数";
    ____________;                           //创建对象 obj_d,其 data 有 5 个元素,double 型
    obj_d.Print();
    cout<<"请输入字符";
    ____________;                           //创建对象 obj_c,其 data 有 7 个元素,char 型
    obj_c.Print();
```

```
    return 0;
}
```

运行结果如实验图 14-3 所示。

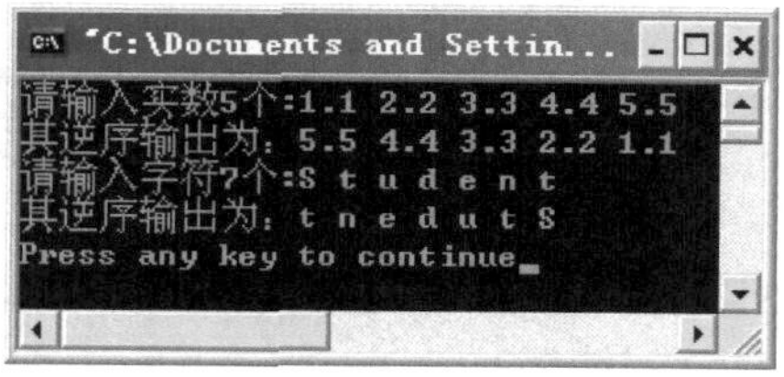

实验图 14-3　运行结果

3）编写程序

编写一个函数模板，用于返回两个值中的较大者。在主函数中用 int、float、char 型数据进行验证。

4）进阶提高

编写一个类模板，用于实现栈（stack）的功能。所谓栈，是一种“后进先出”的数据结构，可以用一个数组表示。有关栈的操作主要有数据进栈（push 函数）、数据出栈（pop 函数）。在主函数中，用 int、float、char 型数据对类模板实例化，进行验证。

提示：栈类模板形式如下。

```
template < class T, int N >              //T 表示栈内的数据类型,N 表示栈内的数据个数
class Stack
{
    …
};
```

附录A C++模拟试题

一、笔试部分(90分钟)

1. 选择题(2×35分)

(1) 为了提高函数调用的实际运行速度,可以将较简单的函数定义为(　　)。

A. 内联函数　　B. 重载函数　　C. 递归函数　　D. 函数模板

(2) 若AA为一个类,a为该类的非静态数据成员,在该类的一个成员函数定义中访问a时,其书写格式为(　　)。

A. a　　B. AA.a　　C. a()　　D. AA::a()

(3) 当派生类从一个基类保护继承时,基类中的一些成员在派生类中成为保护成员,这些成员在基类中原有的访问属性是(　　)。

A. 任何　　B. 公有或保护　　C. 保护或私有　　D. 私有

(4) 若要对Data类中重载的加法运算符成员函数进行声明,下列选项中正确的是(　　)。

A. Data+(Data);　　B. Data operator+(Data);

C. Data+operator(Data);　　D. operator+(Data,Data);

(5) 下列关于函数模板的描述中,正确的是(　　)。

A. 函数模板是一个实例函数

B. 使用函数模板定义的函数没有返回类型

C. 函数模板的类型参数与函数的参数相同

D. 通过使用不同的类型参数,可以从函数模板得到不同的实例函数

(6) C++系统预定义了4个用于标准数据流的对象,下列选项中不属于此类对象的是(　　)。

A. cout　　B. cin　　C. cerr　　D. cset

(7) Windows环境下,由C++源程序文件编译而成的目标文件的扩展名是(　　)。

A. cpp　　B. exe　　C. obj　　D. lik

(8) 字符串“a+b=12\n\t”的长度为(　　)。

A. 12　　B. 10　　C. 8　　D. 6

(9) 若磁盘上已存在某个文本文件,其全路径文件名为“d:\ncre\test.txt”,下列语句中不能打开该文件的是(　　)。

A. ifstream file("d:\\ncre\\test.txt");

B. ifstream file("d:\ncre\test. txt");

C. ifstream file;file. open("d:\\ncre\\test. txt");

D. ifstream * pFile=new ifstream("d:\\ncre\\test. txt");

(10) 有如下程序:

```
#include<iostream>
using namespace std;
int main()
{
    int f,f1 = 0,f2 = 1;
    for(int i = 3;i<= 6;i++)
    {
        f = f1 + f2;
        f1 = f2;
        f2 = f;
    }
    cout << f << endl;
    return 0;
}
```

运行结果是(　　)。

A. 2　　B. 3　　C. 5　　D. 8

(11) 已知函数 FA 调用 FB,若要把这两个函数定义在同一个文件中,则(　　)

A. FA 必须定义在 FB 之前

B. FB 必须定义在 FA 之前

C. 若 FA 定义在 FB 之后,则 FA 的原型必须出现在 FB 的定义之前

D. 若 FB 定义在 FA 之后,则 FB 的原型必须出现在 FA 的定义之前

(12) 有如下两个类定义:

```
class AA{};
class BB{
  AA v1, * v2;
  BB v3;
  int * v4;
};
```

其中有一个成员变量的定义是错误的,这个变量是(　　)

A. v1　　B. v2　　C. v3　　D. v4

(13) 有如下类定义:

```
class XX{
    int xdata;
public:
    XX(int n = 0) : xdata (n) { }
};
class YY : public XX{
    int ydata;
public:
```

```
    YY(int m = 0, int n = 0) : XX(m), ydata(n) { }
};
```

YY 类的对象包含的数据成员的个数是(　　)。

A. 1　　B. 2　　C. 3　　D. 4

(14) 下列有关运算符函数的描述中,错误的是(　　)。

A. 运算符函数的名称总是以 operator 为前缀

B. 运算符函数的参数可以是对象

C. 运算符函数只能定义为类的成员函数

D. 在表达式中使用重载的运算符相当于调用运算符重载函数

(15) 下列关于模板形参的描述中,错误的是(　　)。

A. 模板形参表必须在关键字 template 之后

B. 模板形参表必须用括弧( )括起来

C. 可以用 class 修饰模板形参

D. 可以用 typename 修饰模板形参

(16) 在下列枚举符号中,用来表示"相对于当前位置"文件定位方式的是(　　)。

A. ios_base::cur　　B. ios_base::beg

C. ios_base::out　　D. ios_base::end

(17) 下列字符串可以用做 C++标识符的是(　　)。

A. 2009var　　B. goto　　C. test-2009　　D. _123

(18) 下列枚举类型的定义中,包含枚举值 3 的是(　　)。

A. enum test {RED, YELLOW, BLUE, BLACK};

B. enum test {RED, YELLOW=4, BLUE, BLACK};

C. enum test {RED=-1, YELLOW,BLUE, BLACK};

D. enum test {RED, YELLOW=6, BLUE, BLACK};

(19) 有如下程序段:

```
int i = 1;
while (1) {
i ++ ;
if(i == 10) break;
if(i % 2 == 0) cout << '*';
}
```

执行这个程序段输出字符 * 的个数是(　　)。

A. 10　　B. 3　　C. 4　　D. 5

(20) 已知数组 arr 的定义如下:

```
int arr[5] = {1,2,3,4,5};
```

下列语句中输出结果不是 2 的是(　　)。

A. cout << *arr+1 <<endl;

B. cout << *(arr+1)<<endl;

C. cout << arr[1] <<endl;

D. cout ≪ ＊arr ≪endl;

(21) 计算斐波那契数列第 n 项的函数定义如下：

```
int fib(int n){
    if (n == 0) return 1;
    else if (n == 1) return 2;
    else return fib(n-1) + fib(n-2);
}
```

若执行函数调用表达式 fib(2)，函数 fib 被调用的次数是(　　)。

A. 1　　B. 2　　C. 3　　D. 4

(22) Sample 是一个类，执行下面的语句后，调用 Sample 类的构造函数的次数是(　　)。

```
Sample a[2], *p = new Sample;
```

A. 0　　B. 1　　C. 2　　D. 3

(23) 下列关于虚基类的描述中，错误的是(　　)。

A. 使用虚基类可以消除由多继承产生的二义性

B. 构造派生类对象时，虚基类的构造函数只被调用一次

C. 声明"class B : virtual public A"说明 B 类为虚基类

D. 建立派生类对象时，首先调用虚基类的构造函数

(24) 将运算符重载为类成员函数时，其参数表中没有参数，说明该运算是(　　)。

A. 不合法的运算符　　B. 一元运算符

C. 无操作数的运算符　　D. 二元运算符

(25) 有如下模板声明：

```
template<typename T1, typename T2> class A;
```

下列声明中，与上述声明不等价的是(　　)。

A. template <class T1,class T2> class A;

B. template <class T1,typename T2> class A;

C. template <typename T1,class T2> class A;

D. template <typename T1,T2> class A;

(26) 下列关于 C++流的描述中，错误的是(　　)。

A. cout≫'A'表达式可输出字符 A

B. eof()函数可以检测是否到达文件尾

C. 对磁盘文件进行流操作时，必须包含头文件 fstream

D. 以 ios_base::out 模式打开的文件不存在时，将自动建立一个新文件

(27) 有如下程序：

```
#include <iostream>
using namespace std;
class Toy{
public:
    Toy(char* _n) { strcpy (name,_n); count++;}
    ~Toy(){ count--; }
```

```
    char * GetName(){ return name; }
    static int getCount(){ return count; }
private:
    char name[10];
    static int count;
};
int Toy::count = 0;
int main(){
    Toy t1("Snoopy"),t2("Mickey"),t3("Barbie");
    cout << t1.getCount()<< endl;
return 0;
}
```

运行时的输出结果是(　　)。

A. 1　　B. 2　　C. 3　　D. 运行时出错

(28) 有如下程序:

```
#include <iostream>
using namespace std;
class A {
public:
    A(int i):x(i) { }
  void print( ) {cout <<'E'<< x <<' - ';}
    void print( ) const {cout <<'C'<< x * x <<' - ';}
private:
    int x;
};
int main()
{
        A a1(2);
    const A a2(4);
    a1.print();
    a2.print();
    return 0;
}
```

运行时的输出结果是(　　)。

A. 运行时出错　　B. E2-C16-

C. C4-C16-　　D. E2-E4-

(29) 有如下程序:

```
#include <iostream>
using namespace std;
class Name{
    char name[20];
public:
    Name()
        {strcpy(name,"");
        cout <<'?';
        }
```

```
    Name(char * fname)
    {strcpy(name,fname);
     cout<<'?';
    }
};
int main()
{
    Name names[3] = {Name("张三"),Name("李四")};
    return 0;
}
```

运行此程序输出符号？的个数是(　　)。

A. 0　　B. 1　　C. 2　　D. 3

(30) 有如下程序：

```
#include<iostream>
using namespace std;
class AA{
public:
    AA(){ cout<<'1'; }
};
class BB: public AA
{
    int k;
public:
    BB():k(0){ cout<<'2'; }
    BB(int n):k(n){ cout<<'3';}
};
int main()
{
    BB b(4), c;
    return 0;
}
```

运行时的输出结果是(　　)。

A. 1312　　B. 132　　C. 32　　D. 1412

(31) 有如下程序：

```
#include<iostream>
using namespace std;
class C1
{
public:
    ~C1(){ cout<<1; }
};
class C2: public C1
{
public:
    ~C2(){ cout<<2; }
};
```

```
int main()
{
    C2 cb2;
    C1 *cb1;
    return 0;
}
```

运行时的输出结果是(　　)。

A. 121　　B. 21　　C. 211　　D. 12

(32) 有如下程序:

```
#include<iostream>
using namespace std;
class Publication{ //出版物类
char name[30];
public:
Publication(char *name="未知名称"){
strcpy(this->name,name);
}
const char * getName()const{ return name; }
virtual const char * getType()const{ return "未知类型";}
};
class Book: public Publication{ //书类
public:
Book(char *name): Publication(name){}
virtual const char * getType()const{ return "书";}
};
void showPublication( Publication &p){
cout<<p.getType()<<":"<<p.getName()<<endl;
}
int main(){
Book book("精彩人生");
showPublication(book);
return 0;
}
```

运行时的输出结果是(　　)。

A. 未知类型:未知名称　　B. 未知类型:精彩人生

C. 书:未知名称　　D. 书:精彩人生

(33) 下列关于运算符重载的描述中,错误的是(　　)。

A. ::运算符不能重载

B. ->运算符只能作为成员函数重载

C. 将运算符作为非成员函数重载时必须定义为友元

D. 重载[]运算符应完成“下标访问”操作

(34) 有如下程序:

```
#include<iostream>
#include<iomanip>
using namespace std;
```

```
int main(){
int s[] = {123, 234};
cout << right << setfill('*')<< setw(6);
for(int i = 0; i < 2; i ++ ) { cout << s[i]<< endl; }
return 0;
}
```

运行时的输出结果是(　　)。

A. 123
234　　B. ***123
234　　C. ***123
***234　　D. ***123
234***

(35) 有如下类定义：

```
class A {
char * a;
public:
A():a(0){}
A(char * aa){ //把 aa 所指字符串复制到 a 所指向的存储空间
a = ________ ;
strcpy(a,aa);
strcpy(a,aa);
}
~A() {delete []a;}
};
```

横线处应填写的表达式是(　　)。

A. new char[strlen(aa)+1]　　B. char[strlen(aa)+1]

C. char[strlen(aa)]　　D. new char[sizeof(aa)-1]

2. 填空题(2×15 分)

(1) 若表达式 $(x+(y-z)*(m/n))+3$ 中的变量均为 double 型，则表达式值的类型为【1】。

(2) 若 x 和 y 是两个整形变量，在执行了语句序列"x=5; y=6; y+=x--;"后，$x+y$ 的值为【2】。

(3) 请将下面的类 Date 的定义补充完整，使得由语句

"Date FirstDay;"定义的对象 FirstDay 的值为 2012 年 1 月 1 日。

```
class Date{
public:
Date(【3】):year(y),month(m),day(d){ }
private:
int year,month,day;    //依次表示年、月、日
};
```

(4) 与成员访问表达式 p->name 等价的表达式是【4】。

(5) 从实现的角度划分，C++支持的两种多态性分别是【5】时的多态性和运行时的多态性。

(6) 将一个函数声明为一个类的友元函数必须使用关键字【6】。

(7) 有如下循环语句：

```
for(int i = 50; i > 20; i -= 2)
    cout << i <<',';
```

运行时循环体的执行次数是【7】。

(8) 利用表达式 a[*i*]可以访问 int 型数组 a 中下标为 *i* 的元素。在执行了语句"int * p=a;"后，利用指针 *p* 也可访问该元素，相应的表达式是【8】。

(9) 下面是一个递归函数，其功能是使数组中的元素反序排列。请将函数补充完整。

```
void reverse(int * a, int size)
{
    if(size < 2) return;
    int k = a[0];
    a[0] = a[size - 1];
    a[size - 1] = k;
    reverse(a + 1, 【9】);
}
```

(10) 如下类定义中，Sample 类的构造函数将形参 data 赋值给数据成员 data。请将类定义补充完整。

```
class Sample{
public:
    Sample(int data = 0);
private:
    int data;
};
Sample::Sample(int data)
{
    【10】
}
```

(11) 有如下类定义：

```
class Sample{
public:
    Sample();
    ~Sample();
private:
    static int date;
};
```

将静态数据成员 data 初始化为 0 的语句是【11】。

(12) 如下类定义中，图形类 Shape 中定义了纯虚函数 CalArea()，三角形类 Triangle 继承了 Shape 类，请将 Triangle 类中的 CalArea 函数补充完整。

```
class Shape{
public:
    virtual int CalArea() = 0;
};
class Triangle: public Shape{
public:
```

```
    Triangle(int s, int h): side(s),height(h) {}
    【12】{ return side * height/2 ; }
private:
    int side;
    int height;
};
```

(13) 有如下程序：

```
#include <iostream>
using namespace std;
class GrandChild{
public:
    GrandChild(){ strcpy (name,"Unknown"); }
    const char * getName()const { return name; }
    virtual char * getAddress()const = 0;
private:
    char name[20];
};
class GrandSon : public GrandChild
{
public:
    GrandSon(char * name) {}
    char * getAddress() const { return "Shanghai";}
};
int main()
{
    GrandChild * gs = new GrandSon("Feifei");
    cout << gs -> getName()<<"住在"<< gs -> getAddress()<< endl;
    delete gs;
    return 0;
}
```

运行时的输出结果是【13】。

(14) 如下程序定义了单词类 word,类中重载了<运算符,用于比较单词的大小,返回相应的逻辑值。程序的输出结果为"After Sorting: Happy Welcome",请将程序补充完整。

```
#include <iostream>
#include <string>
using namespace std;
class Word
{
public:
    Word(string s) : str(s) { }
    string getStr(){ return str; }
    【14】const { return (str < w.str); }
    friend ostream& operator << (ostream& output, const Word &w)
        { output << w.str; return output; }
private:
    string str;
};
```

```
int main()
{
    Word w1("Happy"),w2("Welcome");
    cout <<"After Sorting: ";
    if(w1 < w2)
        cout << w1 <<' '<< w2;
    else
        cout << w2 <<' '<< w1;
    return 0;
}
```

(15) 请将下列模板类 Data 的定义补充完整。

```
template < typename T >
class Data{
public:
    void put (T v) { val = v; }
    【15】get()  //返回数据成员 val 的值,返回类型不加转换
        { return val; }
private:
    T val;
};
```

二、上机操作题(90 分钟)

1. 基本操作题(30 分)

请使用 VC++ 6.0 打开"考生"文件夹下的工程文件,该工程含有一个源程序文件。其中位于每个注释"//ERROR ************ found ************ "之后的一行语句存在错误。请修正这些错误,使程序的输出结果为:

```
Constructor called.
The value is 10
Max number is 20
Destructor called.
```

注意:只需要修改注释"//ERROR ***** found *************** "的下一行语句,不要改动程序中的其他内容。**

待修改的源程序文件如下:

```
#include < iostream >
using namespace std;
class MyClass {
public:
// ERROR ********** found **********
    void MyClass(int i)
    { value = i; cout << "Constructor called." << endl; }
    int Max(int x, int y) { return x > y ? x : y; }            // 求两个整数的最大值
// ERROR ********** found **********
    int Max(int x, int y, int z = 0)                           // 求 3 个整数的最大值
        {
```

```
            if (x > y)
                return x > z ? x : z;
            else
                return y > z ? y : z;
        }
    int GetValue() const { return value; }
    ~MyClass() { cout << "Destructor called." << endl; }
private:
    int value;
};
int main()
{
    MyClass obj(10);

    // ERROR ********** found **********
    cout << "The value is " << value() << endl;
    cout << "Max number is " << obj.Max(10,20) << endl;
    return 0;
}
```

2. 简单应用题(40 分)

请使用"答题"菜单或使用 VC++ 6.0 打开"考生"文件夹下的工程文件,该工程含有一个源程序文件,其中定义了 Base1 类、Base2 类和 Derived 类。

Base1 类是一个抽象类,其类体中声明了纯虚函数 Show。Base2 类的构造函数负责动态分配一个字符数组,并将形参指向的字符串复制到该数组中,复制功能要求通过调用 strcpy 函数实现。Derived 类的构造函数的成员初始化列表中调用 Base2 类的构造函数。

请在横线处填写适当的代码并删除横线,以实现类 Base1、Base2 和 Derived 的功能。此程序的正确输出结果为:

```
I'm a derived class.
```

注意:只需在指定位置编写适当的代码,不要改动程序中的其他内容,也不能删除或移动"// *********** found **********"。

待完善的源程序文件如下:

```
#include <iostream>
#include <cstring>
using namespace std;
class Base1 {
public:
// ******** found ******** 下列语句需要声明纯虚函数 Show
    ________;
};
class Base2 {
protected:
        char * _p;
        Base2(const char * s)
        {
            _p = new char[strlen(s) + 1];
```

```
        //***** found ***** 下列语句将形参指向的字符串常量复制到该类的字符数组中
            ________;
        }
        ~Base2() { delete [] _p; }
};

//******** found ******** Derived类公有继承Base1,私有继承Base2类
class Derived : ________{
public:
//******** found ******** 以下构造函数调用Base2类的构造函数
    Derived(const char * s) : ________
        { }
    void Show()
    { cout << _p << endl; }
};
int main()
{
    Base1 * pb = new Derived("I'm a derived class.");
    pb->Show();
    delete pb;
    return 0;
}
```

3. 综合应用题(30分)

请使用VC++ 6.0打开“考生”文件夹下的工程文件。此工程包含一个源程序文件,其中定义了用于表示平面坐标中的点的类MyPoint和表示圆的类MyCircle;程序运行结果应当显示:

```
(1,2),5,31.4159,78.5398
```

但程序中有缺失部分,请按下面的提示,把下划线处标出的缺失部分补充完整。

(1) //**1** *********** found *********** 的下方是构造函数的定义,它用参数提供的圆心和半径分别对cen和rad进行初始化。

(2) //**2** ************ found *********** 的下方是非成员函数perimeter的定义,它返回圆的周长。

(3) //**3** ************ found *********** 的下方是友元函数area的定义,它返回圆的面积。

注意:只需在指定位置编写适当的代码,不要改动程序中的其他内容,也不能删除或移动“// ************** found ************* ”。

待修改的源程序文件如下:

```
#include<iostream>
#include<cmath>
using namespace std;
const double PI = 3.1415926535;
class MyPoint{                                  //表示平面坐标系中的点的类
    double x;
    double y;
```

```
public:
    MyPoint (double x,double y){this->x=x;this->y=y;}
    double getX()const{ return x;}
    double getY()const{ return y;}
    void show()const{ cout<<'('<<x<<','<<y<<')';}
};
class MyCircle{                                     //表示圆形的类
    MyPoint cen;                                    //圆心
    double rad;                                     //半径
public:
     MyCircle(MyPoint,double);
     MyPoint center()const{ return cen;}            //返回圆心
     double radius()const{ return rad;}             //返回圆半径
     friend double area(MyCircle);                  //返回圆的面积
};
//**1************found**********
    MyCircle::MyCircle(MyPoint p,double r): cen(p)________{}
double perimeter(MyCircle c)                        //返回圆 c 的周长
{//**2************found**********
  return PI*________________;
}
//**3************found**********
double area(________________)                       //返回圆 a 的面积
{
    return PI*a.rad*a.rad;
}
int main( )
{
    MyCircle c(MyPoint(1,2),5.0);
    c.center().show();
     cout<<','<<c.radius()<<','<<perimeter(c)<<','<<area(c)<<endl;
     return 0;
}
```

附录B ASCII码字符表

1. ASCII 码字符表

ASCII 值	控制字符	ASCII 值	控制字符	ASCII 值	控制字符	ASCII 值	控制字符
0	NUT	32	(space)	64	@	96	、
1	SOH	33	!	65	A	97	a
2	STX	34	”	66	B	98	b
3	ETX	35	#	67	C	99	c
4	EOT	36	$	68	D	100	d
5	ENQ	37	%	69	E	101	e
6	ACK	38	&	70	F	102	f
7	BEL	39	,	71	G	103	g
8	BS	40	(	72	H	104	h
9	HT	41	)	73	I	105	i
10	LF	42	*	74	J	106	j
11	VT	43	+	75	K	107	k
12	FF	44	,	76	L	108	l
13	CR	45	—	77	M	109	m
14	SO	46	.	78	N	110	n
15	SI	47	/	79	O	111	o
16	DLE	48	0	80	P	112	p
17	DC1	49	1	81	Q	113	q
18	DC2	50	2	82	R	114	r
19	DC3	51	3	83	X	115	s
20	DC4	52	4	84	T	116	t
21	NAK	53	5	85	U	117	u
22	SYN	54	6	86	V	118	v
23	TB	55	7	87	W	119	w
24	CAN	56	8	88	X	120	x
25	EM	57	9	89	Y	121	y
26	SUB	58	:	90	Z	122	z
27	ESC	59	;	91	[	123	{
28	FS	60	<	92	/	124	|
29	GS	61	=	93	]	125	}
30	RS	62	>	94	^	126	～
31	US	63	?	95	—	127	DEL

2. 控制字符含义

NUL	空	VT	垂直制表	SYN	空转同步
SOH	标题开始	FF	走纸控制	ETB	信息组传送结束
STX	正文开始	CR	回车	CAN	作废
ETX	正文结束	SO	移位输出	EM	纸尽
EOY	传输结束	SI	移位输入	SUB	换置
ENQ	询问字符	DLE	空格	ESC	换码
ACK	承认	DC1	设备控制 1	FS	文字分隔符
BEL	报警	DC2	设备控制 2	GS	组分隔符
BS	退一格	DC3	设备控制 3	RS	记录分隔符
HT	横向列表	DC4	设备控制 4	US	单元分隔符
LF	换行	NAK	否定	DEL	删除

附录C 常用的库函数

1. 数学函数(头文件：cmath 或 math.h)

函 数 声 明	功 能
int abs(int i)	返回整型参数 i 的绝对值
double fabs(double x)	返回双精度参数 x 的绝对值
double exp(double x)	返回指数函数 e^x 的值
double log(double x)	返回自然对数 ln x 的值
double log10(double x)	返回对数 lg x 的值(以 10 为底)
double pow(double x,double y)	返回 x^y 的值
double sqrt(double x)	返回 x 的平方根值
double cos(double x)	返回 x 的余弦 cos(x)值,x 为弧度
double sin(double x)	返回 x 的正弦 sin(x)值,x 为弧度
double tan(double x)	返回 x 的正切 tan(x)值,x 为弧度
double ceil(double x)	返回不小于 x 的最小整数
double floor(double x)	返回不大于 x 的最大整数
void srand(unsigned seed)	初始化随机数发生器
int rand()	产生一个随机数并返回这个数
double fmod(double x,double y)	返回 x/y 的余数

2. 字符处理函数(头文件：cctype 或 ctype.h)

函 数 声 明	功 能
int isalpha(int ch)	若 ch 是字母('A'～'Z','a'～'z'),返回非 0 值,否则返回 0
int isalnum(int ch)	若 ch 是字母('A'～'Z','a'～'z')或数字('0'～'9'),返回非 0 值,否则返回 0
int isascii(int ch)	若 ch 是字符(ASCII 码中的 0～127),返回非 0 值,否则返回 0
int iscntrl(int ch)	若 ch 是控制字符(0x00～0x1F)返回非 0 值,否则返回 0
int isdigit(int ch)	若 ch 是数字('0'～'9'),返回非 0 值,否则返回 0
int isgraph(int ch)	若 ch 是可打印字符(不含空格,0x21～0x7E),返回非 0 值,否则返回 0
int islower(int ch)	若 ch 是小写字母('a'～'z'),返回非 0 值,否则返回 0
int isprint(int ch)	若 ch 是可打印字符(含空格,0x20～0x7E),返回非 0 值,否则返回 0
int ispunct(int ch)	若 ch 是标点字符(0x00～0x1F)返回非 0 值,否则返回 0
int isspace(int ch)	若 ch 是空格、制表符('\t'、'\v')、换行符,则返回非 0 值；否则返回 0
int isupper(int ch)	若 ch 是大写字母('A'～'Z'),返回非 0 值,否则返回 0
int isxdigit(int ch)	若 ch 是 16 进制数('0'～'9','A'～'F','a'～'f'),返回非 0 值,否则返回 0
int tolower(int ch)	若 ch 是大写字母('A'～'Z'),返回相应的小写字母('a'～'z')
int toupper(int ch)	若 ch 是小写字母('a'～'z'),返回相应的大写字母('A'～'Z')

3. 字符串处理函数(头文件：cstring)

函数声明	功能
char strcpy(char * dest,const char * src)	将字符串 src 复制到 dest
char strcat(char * dest,const char * src)	将字符串 src 添加到 dest 末尾
int strcmp(const char * s1,const char * s2)	根据 s1 与 s2 的大小返回负数、0、正数
int strlen(const char * s)	返回字符串 s 的长度
char * strlwr(char * s)	将字符串 s 中的大写字母转换成小写字母,并返回转换后的字符串
char * strupr(char * s)	将字符串 s 中的小写字母转换成大写字母,并返回转换后的字符串
char * strrev(char * s)	将字符串 s 中的字符颠倒顺序,并返回排列后的字符串
char * strstr(const char * s1,const char * s2)	扫描字符串 s2,并返回第一次出现 s1 的位置

4. 时间函数(头文件：ctime 或 time. h)

函数声明	功能
long time(long * *t*)	获得日历时间,即从一个时间点(通常的编译系统为 1970 年 1 月 1 日零时)到当前时刻的秒数。
char * ctime(const long * *t*)	将日历时间转换成本地时间,然后再转换成"星期几、月、日、时、分、秒、年"的字符串显示格式。
char * asctime(const tm * tmptr)	将 tm 结构的时间转换成"星期几、月、日、时、分、秒、年"的字符串显示格式。
long mktime(tm *)	将 tm 结构的时间转换成日历时间
tm * localtime(const long * *t*)	将日历时间转换成本地时间
tm * gmtime(const long * *t*);	将日历时间转换成世界区标准时间(格林尼治时间)
double difftime(long t1, long t2)	时间 t1 和 t2 相差的秒数

注：

```
struct  tm {
    int tm_sec;        // 秒,取值区间为[0,59]
    int tm_min;        // 分,取值区间为[0,59]
    int tm_hour;       // 时,取值区间为[0,23]
    int tm_mday;       // 一个月中的日期,取值区间为[1,31]
    int tm_mon;        // 月份(从 1 月开始,0 代表 1 月),取值区间为[0,11]
    int tm_year;       // 年份,其值等于实际年份减去 1900
    int tm_wday;       // 星期,取值区间为[0,6],其中 0 代表星期天,1 代表星期一,以此类推
    int tm_yday;       // 从每年的 1 月 1 日开始算起的天数,取值区间为[0,365]
    int tm_isdst;      // 夏令时标识符,实行夏令时为正,不实行时为 0; 不了解情况时,tm_isdst()为负
    };
```

5. 调用操作系统函数(头文件：cstdlib 或 stdlib. h)

函数用法	功能
system("操作系统命令");	执行操作系统的有关命令
system("pause");	使系统暂停运行,显示"按任意键继续",以便于观察运行结果
system("cls");	清除屏幕原有的显示

参考文献

[1] Stanley B. Lippman,Josee Lajoie 著. C++Primer.3 版. 潘爱民译. 北京：中国电力出版社,2002
[2] Bruce Eckel. C++编程思想(第 1 卷：标准 C++导引).刘宗田译. 北京：机械工业出版社,2002
[3] 谭浩强. C++程序设计. 北京：清华大学出版社,2011
[4] 郑莉,董渊,何江舟. C++语言程序设计.4 版. 北京：清华大学出版社,2010
[5] 翁惠玉. C++程序设计思想与方法.2 版. 北京：人民邮电出版社,2012
[6] Ira Pohl 著. C++教程. 陈朔英,等译. 北京：人民邮电出版社,2007
[7] 王晓东. 计算机算法设计与分析.2 版. 北京：电子工业出版社,2004
[8] 王庆宝,朱红. C++程序设计上机实践与学习辅导. 北京：清华大学出版社,2008
[9] 汪名杰,尹静,郝立. C++答疑解惑与典型题解. 北京：北京邮电大学出版社,2010

图 书 资 源 支 持

感谢您一直以来对清华版图书的支持和爱护。为了配合本书的使用，本书提供配套的资源，有需求的读者请扫描下方的“书圈”微信公众号二维码，在图书专区下载，也可以拨打电话或发送电子邮件咨询。

如果您在使用本书的过程中遇到了什么问题，或者有相关图书出版计划，也请您发邮件告诉我们，以便我们更好地为您服务。

我们的联系方式：

清华大学出版社计算机与信息分社网站：https://www.shuimushuhui.com/

地　　址：北京市海淀区双清路学研大厦 A 座 714

邮　　编：100084

电　　话：010-83470236　010-83470237

客服邮箱：2301891038@qq.com

QQ：2301891038（请写明您的单位和姓名）

资源下载：关注公众号“书圈”下载配套资源。

资源下载、样书申请

书圈

图书案例

清华计算机学堂

观看课程直播